大学本科经济应用数学基础特色教材系列

经济应用数学基础（一）

微积分（第四版）

（经济类与管理类）

周誓达　编著

中国人民大学出版社
·北京·

第四版前言

大学本科经济应用数学基础特色教材系列是为大学本科各专业编著的高等数学教材,包括《微积分》、《线性代数与线性规划》及《概率论与数理统计》. 这是一套特色鲜明的教材系列,其特色是:密切结合实际工作的需要,充分注意逻辑思维的规律,突出重点,说理透彻,循序渐进,通俗易懂. 本书以习近平新时代中国特色社会主义思想为指导,全面融入党的二十大精神,始终把提高学生的思想道德素质与专业素养融为一体,培养学生诚实守信、爱岗敬业等优秀品质,为中国式现代化建设提供高技能人才支撑。

经济应用数学基础(一)《微积分》共分七章,介绍了实际工作所需要的一元微积分、二元微积分及无穷级数、一阶微分方程等,书首列有预备知识初等数学小结. 本书着重讲解基本概念、基本理论及基本方法,发扬独立思考的精神,培养解决实际问题的能力与熟练运算能力.

本书本着"打好基础,够用为度"的原则,去掉了对于实际工作并不急需的某些内容与某些定理的严格证明,而用较多篇幅详细讲述那些急需的内容,讲得流畅,讲得透彻,实现"在战术上以多胜少"的策略. 本书不求深、不求全,只求实用,重视在实际工作中的应用,注意与专业课接轨,体现"有所为,必须有所不为".

本书本着"服务专业,兼顾数学体系"的原则,不盲目攀比难度,做到难易适当,深入浅出,举一反三,融会贯通,达到"跳一跳就能够着苹果"的效果. 本书在内容编排上做到前后呼应,前面的内容在后面都有归宿,后面的内容在前面都有伏笔,形象直观地说明问题,适当注意知识面的拓宽,使得"讲起来好讲,学起来好学".

质量是教材的生命,质量是特色的反映,质量不过硬,教材就站不住脚. 本书在质量上坚持高标准,不但内容正确无误,而且编排科学合理,尤其在复合函数导数运算法则的讲解上,在不定积分第一换元积分法则与分部积分法则的论述上,以及在二重积分计算的处理上都有许多独到之处，便于学生理解与掌握．衡量教材质量的一项重要标准是减少以至消灭差错，本书整个书稿都经过再三验算，作者自始至终参与排版校对，实现零差错．

例题、习题是教材的窗口，集中展示了教学意图．本书对例题、习题给予高度重视，例题、习题都经过精心设计与编选，它们与概念、理论、方法的讲述完全配套，其中除计算题、证明题及经济应用题外，尚有考查基本概念与基本运算技能的填空题与单项选择题．填空题要求将正确答案直接填在空白处；单项选择题是指在四项备选答案中，只有一项备选答案是正确的，要求将正确备选答案前面的字母填在括号内．书末附有全部习题答案，便于检查学习效果．

相信读者学习本书后会大有收获，并对学习微积分产生兴趣，快乐地学习微积分，增强学习信心，提高科学素质．记得尊敬的老舍先生关于文学创作曾经说过：写什么固然重要，怎样写尤其重要．这至理名言对于编著教材同样具有指导意义．诚挚欢迎各位教师与广大读者提出宝贵意见，作者本着快乐微积分的理念，将不断改进与完善本书，坚持不懈地提高质量，突出自己的特色，更好地为教学第一线服务．

特邀华北光学仪器厂第一科研设计所葛利达同志校对书稿、验算习题答案，谨表示衷心的感谢．

本书尚有配套辅导书《微积分学习指导》，它包括各章学习要点与全部习题详细解答，引导读者在全面学习的基础上抓住重点，达到事半功倍的效果。本书教学课件与《微积分学习指导》通过中国人民大学出版社网站供各位教师免费下载使用，进行交流，请登录 http://www.crup.com.cn/jiaoyu 获取．

周誓达

目　录

引　论

微积分思路

经济类与管理类高等数学是研究经济领域内数量关系与优化规律的科学，微积分是高等数学的基础.

微积分研究的对象是函数，主要是初等函数，研究的主要工具是极限.

微积分中最重要的基本概念是导数、微分、不定积分及定积分，最重要的基本运算是求导数与求不定积分.

应用微积分解决经济方面函数的数量关系与优化问题，是微积分的重要内容.

作为一元函数微积分学的延续，二元函数微分学在经济领域内有着广泛的应用.

作为微积分的发展，无穷级数是经济领域研究工作的有力数学工具.

微积分的精髓在于：在变化中考察各量之间的关系. 可以说，没有变化就没有微积分. 因此，必须以变化的观点学习微积分.

预备知识

初等数学小结

微积分是以初等数学作为基础的,学习微积分必须熟练掌握下列初等数学知识.

1. 区间

全体实数与数轴上的全体点一一对应,因此不严格区别数与点:实数 x 代表数轴上点 x,数轴上点 x 也代表实数 x.

在表示数值范围时,经常采用区间记号.已知数 a 与 b,且 $a<b$,则开区间

$$(a,b)=\{x \mid a<x<b\}$$

闭区间

$$[a,b]=\{x \mid a\leqslant x\leqslant b\}$$

半开区间

$$(a,b]=\{x \mid a<x\leqslant b\}$$
$$[a,b)=\{x \mid a\leqslant x<b\}$$

上述三类区间是有穷区间,点 a 称为左端点,点 b 称为右端点.此外还有无穷区间:

$$(-\infty,b)=\{x \mid x<b\}$$
$$(-\infty,b]=\{x \mid x\leqslant b\}$$
$$(a,+\infty)=\{x \mid x>a\}$$
$$[a,+\infty)=\{x \mid x\geqslant a\}$$
$$(-\infty,+\infty)=\{x \mid x \text{ 为实数}\}$$

2. 幂

数学表达式 a^b 称为幂,其中 a 称为底,b 称为指数.当指数取值为有理数时,相应幂的表达式表示为

$$a^n = \underbrace{a\,a\,\cdots\,a}_{n个} \quad (n为正整数)$$

$$a^{-n} = \frac{1}{a^n} \quad (a \neq 0, n为正整数)$$

$$a^0 = 1 \quad (a \neq 0)$$

$$a^{\frac{m}{n}} = \sqrt[n]{a^m} = (\sqrt[n]{a})^m \quad (a \geqslant 0, m, n为互质正整数，且 n > 1)$$

$$a^{-\frac{m}{n}} = \frac{1}{\sqrt[n]{a^m}} = \frac{1}{(\sqrt[n]{a})^m} \quad (a > 0, m, n为互质正整数，且 n > 1)$$

在等号两端皆有意义的条件下，幂恒等关系式为

(1)$a^{b_1}a^{b_2} = a^{b_1+b_2}$

(2)$\dfrac{a^{b_1}}{a^{b_2}} = a^{b_1-b_2}$

(3)$(a^{b_1})^{b_2} = a^{b_1b_2}$

(4)$(a_1a_2)^b = a_1^ba_2^b$

(5)$\left(\dfrac{a_1}{a_2}\right)^b = \dfrac{a_1^b}{a_2^b}$

3. 函数的概念

定义 0.1　已知变量 x 与 y，当变量 x 任取一个属于某个非空实数集合 D 的数值时，若变量 y 符合对应规则 f 的取值恒为唯一确定的实数值与之对应，则称对应规则 f 表示变量 y 为 x 的函数，记作

$$y = f(x)$$

其中变量 x 称为自变量，自变量 x 的取值范围 D 称为函数定义域；函数 y 也称为因变量，函数 y 的取值范围称为函数值域，记作 G；对应规则 f 也称为对应关系或函数关系.

若函数 $f(x)$ 的定义域为 D，又区间 $I \subset D$，则称函数 $f(x)$ 在定义域 D 或区间 I 上有定义.

考虑对应规则 $y^2 = x$，无论变量 x 取任何正实数，变量 y 恒有两个实数值与之对应，因此对应规则 $y^2 = x$ 不表示变量 y 为 x 的函数，但是可以限制变量 y 的取值范围为 $y \leqslant 0$ 或 $y \geqslant 0$，而使得它分别代表函数 $y = -\sqrt{x}$ 与 $y = \sqrt{x}$.

函数关系的表示方法有公式法、列表法及图形法，在应用公式法表示函数关系时，函数表达式主要有显函数 $y = f(x)$ 与隐函数即由方程式 $F(x, y) = 0$ 确定变量 y 为 x 的函数.

定义 0.2　已知函数 $y = f(x)$，从表达式 $y = f(x)$ 出发，经过代数恒等变形，将变量 x 表示为 y 的表达式，若这个对应规则表示变量 x 为 y 的函数，则称它为函数 $y = f(x)$ 的反函数，记作

$$x = f^{-1}(y)$$

如果函数 $y = f(x)$ 存在反函数 $x = f^{-1}(y)$，则函数 $x = f^{-1}(y)$ 也存在反函数 $y = f(x)$，因此函数 $y = f(x)$ 与 $x = f^{-1}(y)$ 互为反函数.

定义 0.3 已知函数 $y=f(u)$ 的定义域为 U_1，函数 $u=u(x)$ 的值域为 U_2，若交集 $U_1\cap U_2$ 非空集，则称变量 y 为 x 的复合函数，记作

$$y=f(u(x))$$

其中变量 x 称为自变量，变量 u 称为中间变量，复合函数 y 也称为因变量.

只有一个自变量的函数称为一元函数，有两个自变量的函数称为二元函数.

4. 函数定义域与函数值

对于并未说明实际背景的函数表达式，若没有指明自变量的取值范围，则求函数定义域的基本情况只有四种：

(1) 对于分式 $\dfrac{1}{P(x)}$，要求 $P(x)\neq 0$；

(2) 对于偶次根式 $\sqrt[2n]{Q(x)}$(n 为正整数)，要求 $Q(x)\geqslant 0$；

(3) 对于对数式 $\log_a R(x)(a>0,a\neq 1)$，要求 $R(x)>0$；

(4) 对于反正弦式 $\arcsin S(x)$ 与反余弦式 $\arccos S(x)$，要求 $-1\leqslant S(x)\leqslant 1$.

求函数定义域的方法是：观察所给函数表达式是否含上述四种基本情况. 如果函数表达式含上述四种基本情况中的一种或多种，则解相应的不等式或不等式组，得到函数定义域；如果函数表达式不含上述四种基本情况中的任何一种，则说明对自变量取值没有任何限制，所以函数定义域为全体实数，即 $D=(-\infty,+\infty)$.

已知函数 $y=f(x)$，当自变量 x 取一个属于定义域 D 的具体数值 x_0 时，它对应的函数 y 值称为函数 $y=f(x)$ 在点 $x=x_0$ 处的函数值，记作 $y\Big|_{x=x_0}$ 或 $f(x_0)$，意味着在函数 $y=f(x)$ 的表达式中，自变量 x 用数 x_0 代入所得到的数值就是函数值 $y\Big|_{x=x_0}$ 即 $f(x_0)$.

有时为了简化函数记号，函数关系也可以记作 $y=y(x)$，其中等号左端的记号 y 表示函数值，等号右端的记号 y 表示对应规则.

在平面直角坐标系中，一元函数的图形通常是一条平面曲线，称为函数曲线.

5. 幂函数

在幂的表达式中，若底为变量 x，而指数为常数 α，则称函数 $y=x^\alpha$ 为幂函数. 当然有

$$\frac{1}{x}=x^{-1}$$

$$\frac{1}{x^2}=x^{-2}$$

$$\frac{1}{x^{10}}=x^{-10}$$

$$\sqrt{x}=x^{\frac{1}{2}}$$

$$\sqrt{x^3}=x^{\frac{3}{2}}$$

$$\sqrt[3]{x}=x^{\frac{1}{3}}$$

$$\frac{1}{\sqrt{x}}=x^{-\frac{1}{2}}$$

幂函数 $y=x,y=x^2,y=\dfrac{1}{x}$ 及 $y=\sqrt{x}$ 的图形如图 0-1.

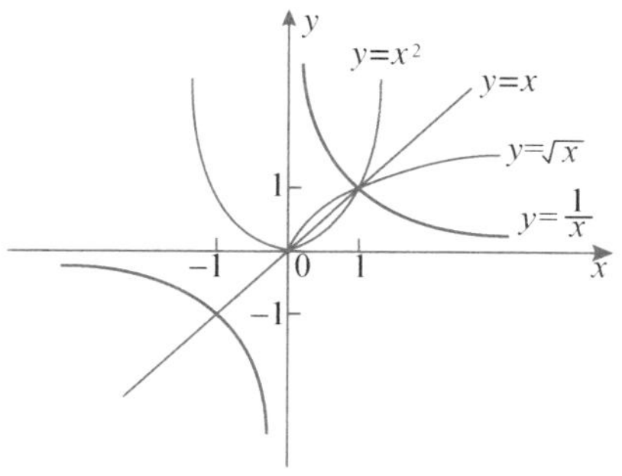

图 0-1

6. 指数函数

在幂的表达式中，若底为常数 $a(a>0,a\neq 1)$，而指数为变量 x，则称函数 $y=a^x$ 为指数函数.

指数函数 $y=a^x(a>1)$ 的图形如图 0-2.

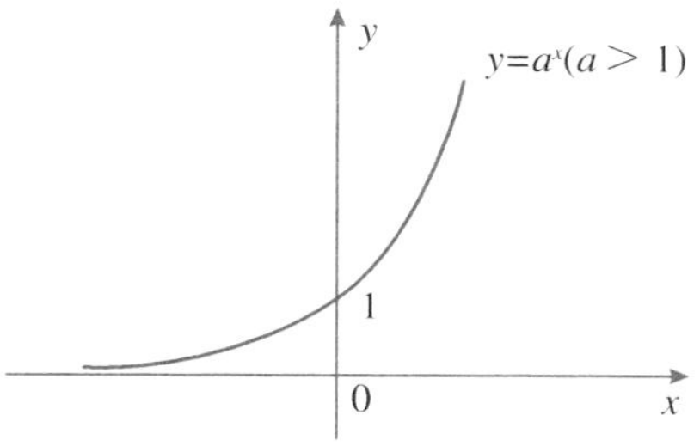

图 0-2

7. 对数函数

若 $a^y=x(a>0,a\neq 1)$，则将 y 表示为 $\log_a x$，称函数 $y=\log_a x$ 为对数函数，其中 a 称为底，x 称为真数，y 称为对数. 指数式 $a^y=x$ 与对数式 $\log_a x=y$ 是表示 a，x，y 三者同一关系的不同表示方法，这两种形式可以互相转化. 以 10 为底的对数称为常用对数，变量 x 的常用对数记作 $\lg x$，即 $\lg x=\log_{10}x$.

根据对数函数与指数函数的关系，再根据反函数的定义，可知对数函数 $y=\log_a x$ 的反函数为指数函数 $x=a^y(a>0,a\neq 1)$.

特殊的对数函数值为真数取值等于 1 或底时的对数值，即

$$\log_a 1=0$$

$$\log_a a=1$$

在等号两端皆有意义的条件下，对数恒等关系式为

(1) $\log_a x_1x_2=\log_a x_1+\log_a x_2$

(2) $\log_a \dfrac{x_1}{x_2}=\log_a x_1-\log_a x_2$

(3) $\log_a x^\alpha=\alpha\log_a x$

对数函数 $y = \log_a x\ (a > 1)$ 的图形如图 0-3.

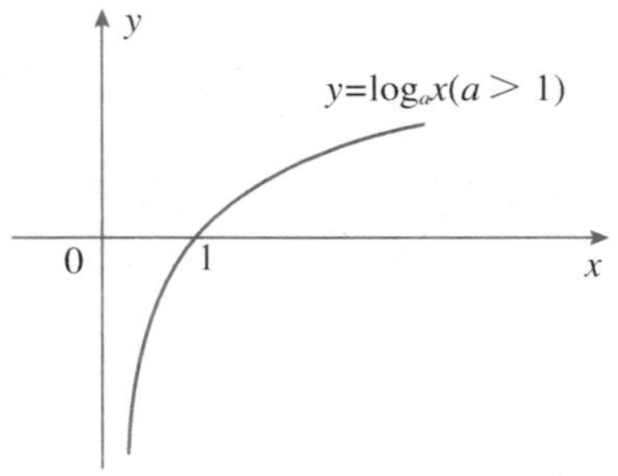

图 0-3

8. 三角函数

以弧度作为度量角的单位时,"弧度"二字经常省略不写,弧度与度的换算关系为:π 弧度 $= 180°$,从而得到:0 弧度 $= 0°$,$\frac{\pi}{6}$ 弧度 $= 30°$,$\frac{\pi}{4}$ 弧度 $= 45°$,$\frac{\pi}{3}$ 弧度 $=60°$,$\frac{\pi}{2}$ 弧度 $=90°$. 角 x 的正弦、余弦、正切、余切、正割及余割函数统称为三角函数,分别表示为 $y = \sin x$,$y = \cos x$,$y = \tan x$,$y = \cot x$,$y = \sec x$ 及 $y = \csc x$.

特别当角 x 为锐角时,其三角函数可以用直角三角形有关两条边的比值表示,如图 0-4,在 Rt$\triangle ABC$ 中,设锐角 x 的对边为 a,邻边为 b,斜边为 b,斜边为 c,当然斜边 $c = \sqrt{a^2 + b^2}$,则有

$$\sin x = \frac{\text{对边}}{\text{斜边}} = \frac{a}{c}$$

$$\cos x = \frac{\text{邻边}}{\text{斜边}} = \frac{b}{c}$$

$$\tan x = \frac{\text{对边}}{\text{邻边}} = \frac{a}{b}$$

$$\cot x = \frac{\text{邻边}}{\text{对边}} = \frac{b}{a}$$

$$\sec x = \frac{\text{斜边}}{\text{邻边}} = \frac{c}{b}$$

$$\csc x = \frac{\text{斜边}}{\text{对边}} = \frac{c}{a}$$

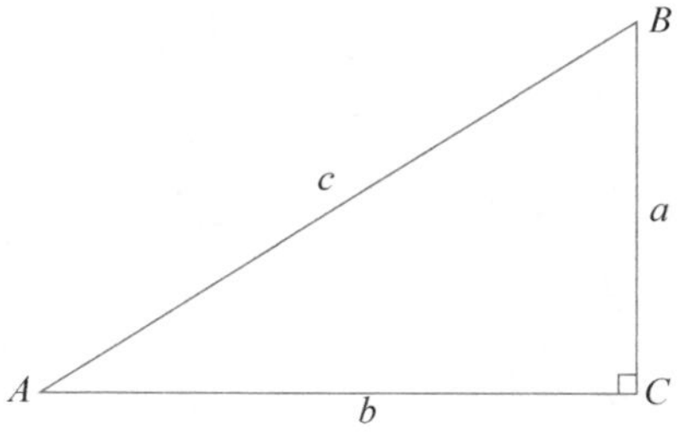

图 0-4

特殊角的正弦函数值、余弦函数值及正切函数值列表如表 0－1：

表 0－1

x	0	$\frac{\pi}{6}$	$\frac{\pi}{4}$	$\frac{\pi}{3}$	$\frac{\pi}{2}$	π	2π
$\sin x$	0	$\frac{1}{2}$	$\frac{\sqrt{2}}{2}$	$\frac{\sqrt{3}}{2}$	1	0	0
$\cos x$	1	$\frac{\sqrt{3}}{2}$	$\frac{\sqrt{2}}{2}$	$\frac{1}{2}$	0	-1	1
$\tan x$	0	$\frac{\sqrt{3}}{3}$	1	$\sqrt{3}$	不存在	0	0

在等号两端皆有意义的条件下，同角三角函数恒等关系式主要有

(1)$\tan x = \frac{\sin x}{\cos x}$

(2)$\cot x = \frac{\cos x}{\sin x}$

(3)$\tan x \cot x = 1$

(4)$\sec x = \frac{1}{\cos x}$

(5)$\csc x = \frac{1}{\sin x}$

(6)$\sin^2 x + \cos^2 x = 1$

(7)$1 + \tan^2 x = \sec^2 x$

(8)$1 + \cot^2 x = \csc^2 x$

异角三角函数恒等关系式中有

(1)$\sin(-x) = -\sin x$

(2)$\cos(-x) = \cos x$

正弦函数 $y = \sin x$ 的图形如图 0－5.

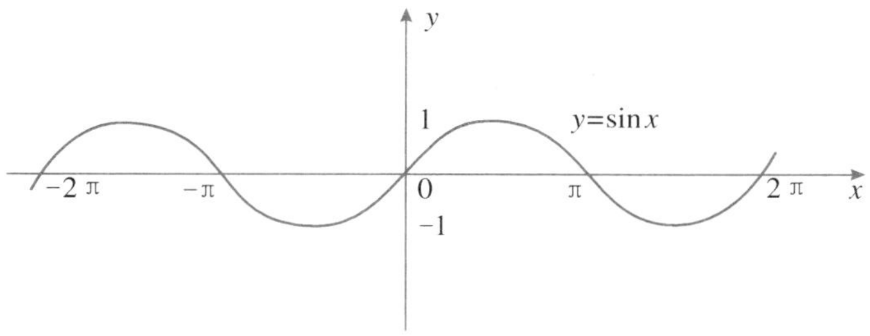

图 0－5

9. 反三角函数

若 $\sin y = x\left(-\frac{\pi}{2} \leqslant y \leqslant \frac{\pi}{2}\right)$，则将 y 表示为 $\arcsin x$，称函数 $y = \arcsin x$ 为反正弦函数；

若 $\cos y = x(0 \leqslant y \leqslant \pi)$,则将 y 表示为 $\arccos x$,称函数 $y = \arccos x$ 为反余弦函数;

若 $\tan y = x\left(-\frac{\pi}{2} < y < \frac{\pi}{2}\right)$,则将 y 表示为 $\arctan x$,称函数 $y = \arctan x$ 为反正切函数;

若 $\cot y = x(0 < y < \pi)$,则将 y 表示为 $\operatorname{arccot} x$,称函数 $y = \operatorname{arccot} x$ 为反余切函数.

上述函数统称为反三角函数.

根据反三角函数与三角函数的关系,再根据反函数的定义,可知反正弦函数 $y = \arcsin x$ 的反函数为正弦函数 $x = \sin y\left(-\frac{\pi}{2} \leqslant y \leqslant \frac{\pi}{2}\right)$,反正切函数 $y = \arctan x$ 的反函数为正切函数 $x = \tan y\left(-\frac{\pi}{2} < y < \frac{\pi}{2}\right)$.

特殊的反正弦函数值与反正切函数值列表如表 0-2:

表 0-2

x	0	$\frac{1}{2}$	1	$\sqrt{3}$
$\arcsin x$	0	$\frac{\pi}{6}$	$\frac{\pi}{2}$	无意义
$\arctan x$	0		$\frac{\pi}{4}$	$\frac{\pi}{3}$

反正切函数 $y = \arctan x$ 的图形如图 0-6.

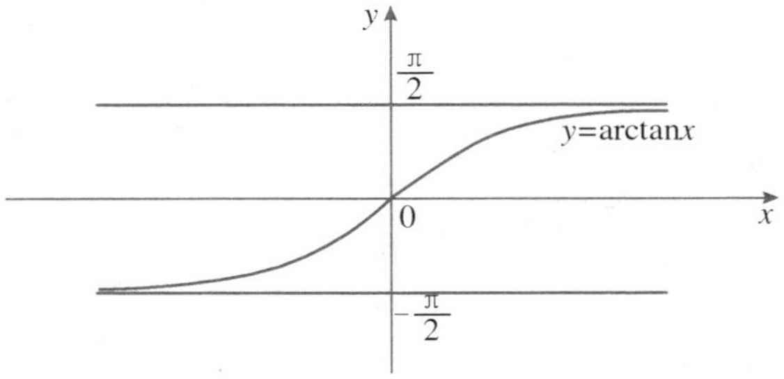

图 0-6

10. 平面直线、圆及抛物线

在平面直角坐标系 Oxy 中,方程式

$$ax + by + c = 0 \quad (a,b\text{ 不同时为 }0)$$

代表直线. 特别地,方程式 $y = y_0(y_0 \neq 0)$ 代表经过点$(0,y_0)$且平行于 x 轴的直线,方程式 $y = 0$ 代表 x 轴;方程式 $x = x_0(x_0 \neq 0)$ 代表经过点$(x_0,0)$且平行于 y 轴即垂直于 x 轴的直线,方程式 $x = 0$ 代表 y 轴. 经过点 $M_0(x_0,y_0)$ 且斜率为 k 的直线方程的点斜式为

$$y - y_0 = k(x - x_0)$$

存在斜率的两条直线平行意味着斜率相等.

在平面直角坐标系 Oxy 中,方程式

$$x^2+y^2=r^2 \quad (r>0)$$

代表圆心在原点、半径为 r 的圆. 特别地,方程式 $y=-\sqrt{r^2-x^2}$ 代表下半圆,方程式 $y=\sqrt{r^2-x^2}$ 代表上半圆.

在平面直角坐标系 Oxy 中,方程式

$$y=ax^2 \quad (a\neq 0)$$

代表顶点在原点、对称于 y 轴的抛物线. 若系数 $a<0$,则开口向下;若系数 $a>0$,则开口向上.

11. 其他

(1) 完全平方与立方

$$(a+b)^2=a^2+2ab+b^2$$
$$(a-b)^2=a^2-2ab+b^2$$
$$(a+b)^3=a^3+3a^2b+3ab^2+b^3$$
$$(a-b)^3=a^3-3a^2b+3ab^2-b^3$$

(2) 因式分解

$$a^2-b^2=(a+b)(a-b)$$
$$a^3+b^3=(a+b)(a^2-ab+b^2)$$
$$a^3-b^3=(a-b)(a^2+ab+b^2)$$
$$x^2+(m+n)x+mn=(x+m)(x+n)$$

(3) 有理化因式

无理式 $\sqrt{a}-\sqrt{b}$ 与 $\sqrt{a}+\sqrt{b}$ 互为有理化因式,有

$$(\sqrt{a}-\sqrt{b})(\sqrt{a}+\sqrt{b})=a-b$$

(4) 阶乘

前 n 个正整数的连乘积称为 n 的阶乘,记作

$$n!=n(n-1)\cdot\cdots\cdot 1 \quad (n\text{ 为正整数})$$

并规定 $0!=1$.

(5) 绝对值

实数 x 的绝对值

$$|x|=\begin{cases}-x, & x<0\\ x, & x\geqslant 0\end{cases}$$

对于任何实数 x 都有关系式 $\sqrt{x^2}=|x|$. 当然,当 $x\geqslant 0$ 时,才有关系式 $\sqrt{x^2}=x$.

(6) 一元二次方程式

一元二次方程式 $(x-x_1)(x-x_2)=0$ 的根为 $x=x_1$, $x=x_2$.

(7) 一元二次不等式

一元二次不等式 $(x-x_1)(x-x_2)\geqslant 0\,(x_1<x_2)$ 的解为 $x\leqslant x_1$ 或 $x\geqslant x_2$;

一元二次不等式 $(x-x_1)(x-x_2)\leqslant 0\,(x_1<x_2)$ 的解为 $x_1\leqslant x\leqslant x_2$.

学习微积分还应了解下列初等数学知识.

1. n 方差

$$a^n - b^n = (a-b)(a^{n-1} + a^{n-2}b + \cdots + ab^{n-2} + b^{n-1}) \quad (n\text{ 为正整数})$$

2. 对数换底

$$\log_a b = \frac{1}{\log_b a}$$

3. 三角函数和差化积

$$\sin\alpha - \sin\beta = 2\sin\frac{\alpha-\beta}{2}\cos\frac{\alpha+\beta}{2}$$

$$\cos\alpha - \cos\beta = -2\sin\frac{\alpha-\beta}{2}\sin\frac{\alpha+\beta}{2}$$

4. 反三角函数基本关系

$$\arcsin x + \arccos x = \frac{\pi}{2}$$

$$\arctan x + \operatorname{arccot} x = \frac{\pi}{2}$$

5. 等比数列的前 n 项和

首项 $a \neq 0$,公比 $q \neq 1$ 的等比数列

$$a, aq, aq^2, \cdots, aq^{n-1}, \cdots$$

的前 n 项和

$$S_n = a + aq + aq^2 + \cdots + aq^{n-1} = \frac{a(1-q^n)}{1-q}$$

6. 最大、最小及总和记号

已知 n 个实数 $x_1, x_2, \cdots, x_n$,它们中的最大者记作 $\max\{x_1, x_2, \cdots, x_n\}$,最小者记作 $\min\{x_1, x_2, \cdots, x_n\}$,它们的总和记作 $\sum_{i=1}^{n} x_i = x_1 + x_2 + \cdots + x_n$.

7. 逻辑推理

若命题 A 成立必然得到命题 B 成立,则称命题 A 为命题 B 的充分条件,或称命题 B 为命题 A 的必要条件.

若命题 A 成立必然得到命题 B 成立,且命题 B 成立也必然得到命题 A 成立,则称命题 A 为命题 B 的充分必要条件,或称命题 B 为命题 A 的充分必要条件,这意味着命题 A 等价于命题 B.

第一章

函数与极限

§1.1 函数的类别与基本性质

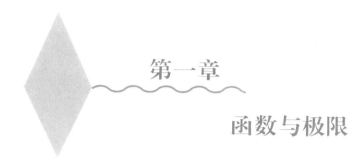

首先讨论基本初等函数，它共有六大类.

1. 常量函数 $y=c$ （c 为常数）

属于这一类的函数有无穷多个，它们的定义域 $D=(-\infty,+\infty)$.

2. 幂函数 $y=x^{\alpha}$ （α 为常数）

属于这一类的函数有无穷多个，它们的定义域 D 与指数 α 的值有关，但无论指数 α 的值等于多少，恒有 $D\supset(0,+\infty)$.

3. 指数函数 $y=a^x$ （$a>0,a\neq1$）

属于这一类的函数有无穷多个，它们的定义域 $D=(-\infty,+\infty)$.

4. 对数函数 $y=\log_a x$ （$a>0,a\neq1$）

属于这一类的函数有无穷多个，它们的定义域 $D=(0,+\infty)$.

5. 三角函数

属于这一类的函数有六个，主要是四个：

正弦函数 $y=\sin x$，定义域 $D=(-\infty,+\infty)$；

余弦函数 $y=\cos x$，定义域 $D=(-\infty,+\infty)$；

正切函数 $y=\tan x$，定义域 $D\supset\left(-\frac{\pi}{2},\frac{\pi}{2}\right)$；

余切函数 $y=\cot x$，定义域 $D\supset(0,\pi)$.

此外尚有正割函数 $y=\sec x$ 与余割函数 $y=\csc x$. 在本门课程中，一律以弧度作为度量角的单位.

6. 反三角函数

属于这一类的函数也有六个，主要是四个：

反正弦函数 $y=\arcsin x$，定义域 $D=[-1,1]$，值域 $G=\left[-\frac{\pi}{2},\frac{\pi}{2}\right]$；

反余弦函数 $y=\arccos x$，定义域 $D=[-1,1]$，值域 $G=[0,\pi]$；

反正切函数 $y=\arctan x$，定义域 $D=(-\infty,+\infty)$，值域 $G=\left(-\frac{\pi}{2},\frac{\pi}{2}\right)$；

反余切函数 $y=\operatorname{arccot} x$，定义域 $D=(-\infty,+\infty)$，值域 $G=(0,\pi)$.

基本初等函数经过有限次四则运算得到的函数称为简单函数.

考虑函数 $y=f(x)$，自变量取值皆属于定义域，在属于定义域的点 x_0 处，当自变量有了改变量 $\Delta x\neq 0$，即自变量取值从 x_0 变化到 $x_0+\Delta x$，这时相应的函数值从 $f(x_0)$ 变化到 $f(x_0+\Delta x)$，因而函数也有了改变量，函数改变量记作

$$\Delta y=f(x_0+\Delta x)-f(x_0)$$

一般地，对于函数 $y=f(x)$，在属于定义域的任意点 x 处，若自变量有了改变量 $\Delta x\neq 0$，则函数改变量为

$$\Delta y=f(x+\Delta x)-f(x)$$

特别对于常量函数 $f(x)=c$(c 为常数)，函数改变量为

$$f(x+\Delta x)-f(x)=c-c=0$$

在进行微积分运算时，有时需要分解复合函数. 分解自变量为 x 的复合函数 y 是指：令中间变量 u 等于复合函数 y 中作最后数学运算的表达式，将复合函数 y 分解为基本初等函数 $y=f(u)$ 与函数 $u=u(x)$. 若函数 $u(x)$ 为基本初等函数或简单函数，则分解终止；若函数 $u(x)$ 仍为复合函数，则继续分解复合函数 $u(x)$.

例 1 分解复合函数 $y=\sqrt{1+x^2}$.

解：这个复合函数中最后的数学运算是表达式 $1+x^2$ 作为被开方式求平方根运算，因而令中间变量 $u=1+x^2$，所以复合函数 $y=\sqrt{1+x^2}$ 分解为

$$y=\sqrt{u}\text{ 与 }u=1+x^2$$

例 2 分解复合函数 $y=\lg(1+10^x)$.

解：这个复合函数中最后的数学运算是表达式 $1+10^x$ 作为真数取对数运算，因而令中间变量 $u=1+10^x$，所以复合函数 $y=\lg(1+10^x)$ 分解为

$$y=\lg u\text{ 与 }u=1+10^x$$

例 3 分解复合函数 $y=\sin^4 5x$.

解：这个复合函数中最后的数学运算是表达式 $\sin 5x$ 作为底求幂运算，因而令中间变量 $u=\sin 5x$，所以复合函数 $y=\sin^4 5x$ 分解为

$$y=u^4\text{ 与 }u=\sin 5x$$

但函数 $u=\sin 5x$ 仍为复合函数，这个复合函数中最后的数学运算是表达式 $5x$ 作为角度求正弦运算，再令中间变量 $v=5x$，继续将复合函数 $u=\sin 5x$ 分解为

$$u=\sin v\text{ 与 }v=5x$$

为了微积分运算的需要，有的简单函数可以看作是复合函数而进行分解，如简单函数 $y=(1+x^3)^{10}$ 是 30 次多项式，分解为 $y=u^{10}$ 与 $u=1+x^3$；简单函数 $y=10^{-x}$ 是分式 $\frac{1}{10^x}$，分解为 $y=10^u$ 与 $u=-x$.

其次给出初等函数的定义.

定义 1.1　若函数是由基本初等函数经过有限次的四则运算与有限次的复合运算构成的，且用一个数学表达式表示，则称这样的函数为初等函数.

除初等函数外，还有分段函数.

定义 1.2　已知函数定义域被分成有限个区间，若在各个区间上表示对应规则的数学表达式一样，但单独定义各个区间公共端点处的函数值；或者在各个区间上表示对应规则的数学表达式不完全一样，则称这样的函数为分段函数.

其中定义域所分成的有限个区间称为分段区间，分段区间的公共端点称为分界点，同时假定分段函数在各个分段区间上的对应规则都是初等函数表达式.

如何计算分段函数的函数值？观察分段函数在各分段区间上的对应规则与在各分界点处的取值，明确所给自变量取值属于哪个分段区间或分界点，再用该分段区间上的数学表达式计算函数值或等于该分界点处的函数取值. 如分段函数

$$f(x)=\begin{cases}2x, & x<-2\\ x^2-1, & x\geqslant -2\end{cases}$$

在点 $x=-1$ 处的函数值 $f(-1)=(-1)^2-1=0$.

最后讨论函数的基本性质，函数的基本性质主要有五种：

1. 奇偶性

定义 1.3　已知函数 $f(x)$ 的定义域为 D，对于任意点 $x\in D$，若恒有 $f(-x)=-f(x)$，则称函数 $f(x)$ 为奇函数；若恒有 $f(-x)=f(x)$，则称函数 $f(x)$ 为偶函数.

奇函数的图形对称于原点，偶函数的图形对称于纵轴.

当然，许多函数既不是奇函数，也不是偶函数，称为非奇非偶函数.

例 4　判断函数 $f(x)=x^5+x^3$ 的奇偶性.

解：由于关系式

$$f(-x)=(-x)^5+(-x)^3=-x^5-x^3=-(x^5+x^3)=-f(x)$$

所以函数 $f(x)=x^5+x^3$ 为奇函数.

例 5　判断函数 $f(x)=x\sin x-\cos x$ 的奇偶性.

解：由于关系式

$$f(-x)=-x\sin(-x)-\cos(-x)=x\sin x-\cos x=f(x)$$

所以函数 $f(x)=x\sin x-\cos x$ 为偶函数.

2. 有界性

定义 1.4　已知函数 $f(x)$ 在区间 I（可以是开区间，也可以是闭区间或半开区间）上有定义，若存在一个常数 $M>0$，使得对于所有点 $x\in I$，恒有 $|f(x)|\leqslant M$，则称函数 $f(x)$ 在区间 I 上有界；否则称函数 $f(x)$ 在区间 I 上无界.

例 6 判断函数 $f(x)=\sin x$ 在定义域 $D=(-\infty,+\infty)$ 内的有界性.

解:在定义域 $D=(-\infty,+\infty)$ 内,无论自变量即角度 x 取值等于多少,恒有 $|f(x)|=|\sin x|\leqslant 1$,所以函数 $f(x)=\sin x$ 在定义域 $D=(-\infty,+\infty)$ 内有界.

例 7 判断函数 $f(x)=\dfrac{1}{x}$ 在区间 $(0,1)$ 内的有界性.

解:在区间 $(0,1)$ 内,自变量即分母 x 取值可以无限接近于零,因而使得对应的分式绝对值 $\left|\dfrac{1}{x}\right|$ 即 $|f(x)|$ 可以无限增大,说明对于任意正的常数,都存在充分接近于原点的点 x,使得函数绝对值大于它,所以函数 $f(x)=\dfrac{1}{x}$ 在区间 $(0,1)$ 内无界.

3. 单调性

定义 1.5 已知函数 $f(x)$ 在开区间 J 内有定义,对于开区间 J 内的任意两点 x_1,x_2,当 $x_2>x_1$ 时,若恒有 $f(x_2)>f(x_1)$,则称函数 $f(x)$ 在开区间 J 内单调增加,开区间 J 为函数 $f(x)$ 的单调增加区间;若恒有 $f(x_2)<f(x_1)$,则称函数 $f(x)$ 在开区间 J 内单调减少,开区间 J 为函数 $f(x)$ 的单调减少区间.

函数单调增加与函数单调减少统称为函数单调,单调增加区间与单调减少区间统称为单调区间.

函数单调说明因变量与自变量一一对应,它存在反函数,反函数也单调.

函数单调增加,说明函数值随自变量取值增大而增大,函数曲线上升,如图 1-1;函数单调减少,说明函数值随自变量取值增大而减小,函数曲线下降,如图 1-2.

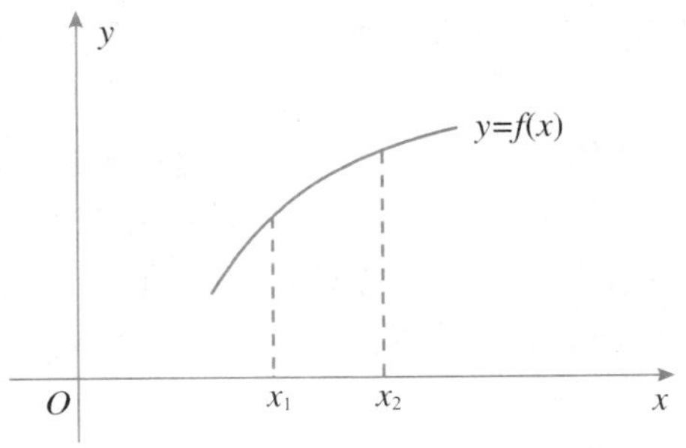

图 1-1

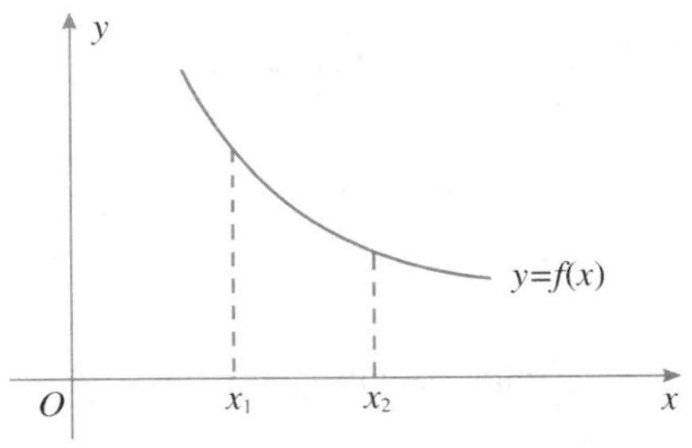

图 1-2

4. 极值

定义 1.6　已知函数 $f(x)$ 在点 x_0 处及其左右有定义，对于点 x_0 左右很小范围内任意点 $x \neq x_0$，若恒有 $f(x_0) > f(x)$，则称函数值 $f(x_0)$ 为函数 $f(x)$ 的极大值，点 x_0 为函数 $f(x)$ 的极大值点；若恒有 $f(x_0) < f(x)$，则称函数值 $f(x_0)$ 为函数 $f(x)$ 的极小值，点 x_0 为函数 $f(x)$ 的极小值点.

极大值与极小值统称为极值，极大值点与极小值点统称为极值点.

极值是局部性的概念，它只是与极值点左右很小范围内对应的函数值比较而得到的. 极值点只能是给定区间内部的点，不能是给定区间的端点. 显然，单调函数无极值.

5. 最值

定义 1.7　已知函数 $f(x)$ 在区间 I(可以是开区间，也可以是闭区间或半开区间)上有定义，且点 $x_0 \in I$. 对于任意点 $x \in I$，若恒有 $f(x_0) \geqslant f(x)$，则称函数值 $f(x_0)$ 为函数 $f(x)$ 在区间 I 上的最大值，点 x_0 为函数 $f(x)$ 在区间 I 上的最大值点；若恒有 $f(x_0) \leqslant f(x)$，则称函数值 $f(x_0)$ 为函数 $f(x)$ 在区间 I 上的最小值，点 x_0 为函数 $f(x)$ 在区间 I 上的最小值点.

最大值与最小值统称为最值，最大值点与最小值点统称为最值点.

最值是整体性的概念，它是与给定区间上的所有函数值比较而得到的. 最值点可以是给定区间内部的点，也可以是给定区间的端点.

§1.2　几何与经济方面函数关系式

由于主要用公式法表示函数，因此建立函数关系式就是找出函数表达式.

1. 几何方面函数关系式

(1) 矩形面积 S 等于长 x 与宽 u 的积，即

$$S = xu$$

特别地，正方形面积 S 等于边长 x 的平方，即

$$S = x^2$$

(2) 长方体体积 V 等于底面积(矩形面积)S 与高 h 的积，即

$$V = Sh$$

(3) 圆柱体体积 V 等于底面积(圆面积)πr^2(r 为底半径)与高 h 的积，即

$$V = \pi r^2 h$$

侧面积(相当于矩形面积)S 等于底周长 $2\pi r$ 与高 h 的积，即

$$S = 2\pi rh$$

例 1　欲围一块面积为 216 m^2 的矩形场地，矩形场地东西方向长 xm、南北方向宽 um，沿矩形场地四周建造高度相同的围墙，并在正中间南北方向建造同样高度的一堵墙，把矩形场地隔成两块，试将墙的总长度 Lm 表示为矩形场地长 xm 的函数.

解：已设矩形场地长为 xm、宽为 um，如图 1－3.

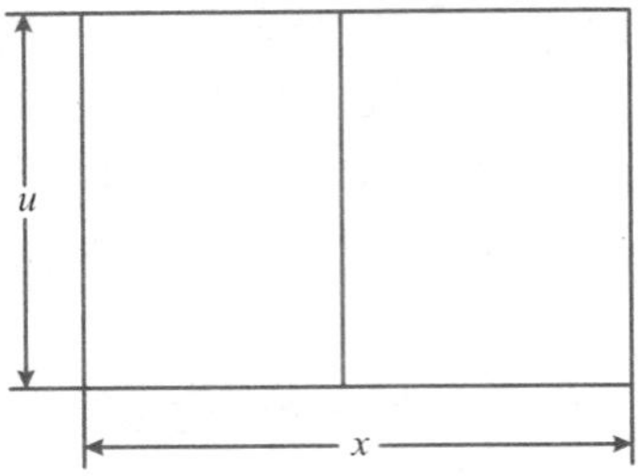

图 1-3

由于矩形场地面积为 216 m^2,因而有关系式 $xu=216$,即

$$u=\frac{216}{x}$$

所以墙的总长度

$$L=L(x)=2x+3u=2x+3\times\frac{216}{x}=2x+\frac{648}{x}(\mathrm{m})\quad(x>0)$$

例 2 欲做一个底为正方形、表面积为 108 m^2 的长方体开口容器,试将长方体开口容器的容积 $V\mathrm{m}^3$ 表示为底边长 $x\mathrm{m}$ 的函数.

解:已设长方体开口容器底边长为 $x\mathrm{m}$,再设高为 $h\mathrm{m}$,如图 1-4.

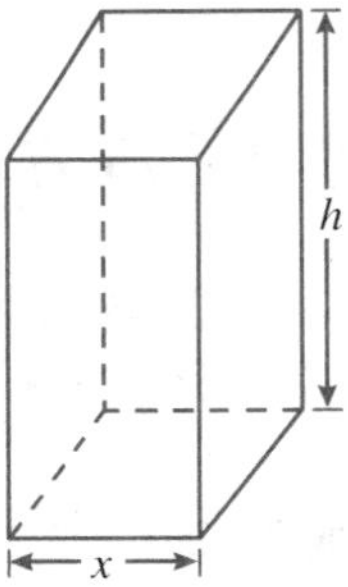

图 1-4

由于长方体开口容器表面积为 108 m^2,它等于下底面积 x^2 与侧面积 $4xh$ 之和,因而有关系式 $x^2+4xh=108$,即

$$h=\frac{1}{4x}(108-x^2)=\frac{27}{x}-\frac{1}{4}x$$

所以长方体开口容器容积

$$V=V(x)=x^2h=x^2\left(\frac{27}{x}-\frac{1}{4}x\right)=27x-\frac{1}{4}x^3(\mathrm{m}^3)$$

由于底边长 $x>0$;又由于高 $h>0$,即$\frac{27}{x}-\frac{1}{4}x>0$,得到$0<x<6\sqrt{3}$,因而函数定义域为 $0<x<6\sqrt{3}$.

例 3 欲做一个容积为 V_0 的圆柱形封闭罐头盒,试将圆柱形封闭罐头盒表面积 S 表示为底半径 r 的函数.

解:已设圆柱形封闭罐头盒底半径为 r,再设高为 h,如图 1-5.

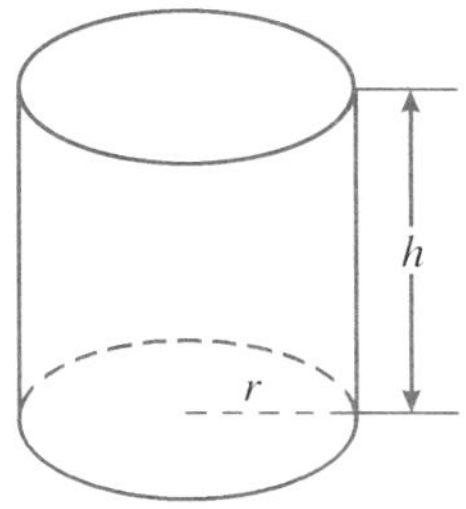

图 1-5

由于罐头盒容积为 V_0,因而有关系式 $\pi r^2 h = V_0$,即

$$h = \frac{V_0}{\pi r^2}$$

由于上、下底面积分别为 πr^2,侧面积为 $2\pi rh$,所以圆柱形封闭罐头盒表面积

$$S = S(r) = 2\pi r^2 + 2\pi rh = 2\pi r^2 + 2\pi r\frac{V_0}{\pi r^2} = 2\pi r^2 + \frac{2V_0}{r} \quad (r > 0)$$

2. 经济方面函数关系式

(1) 在生产过程中,产品的总成本 C 为产量 x 的单调增加函数,记作

$$C = C(x)$$

它包括两部分:固定成本 C_0(厂房及设备折旧费、保险费等)、变动成本 C_1(材料费、燃料费、提成奖金等). 固定成本 C_0 不受产量 x 变化的影响,产量 $x=0$ 时的总成本值就是固定成本,即 $C_0 = C(0)$;变动成本 C_1 受产量 x 变化的影响,记作 $C_1 = C_1(x)$. 于是总成本

$$C = C(x) = C_0 + C_1(x)$$

(2) 在讨论总成本的基础上,还要进一步讨论均摊在单位产量上的成本. 均摊在单位产量上的成本称为平均单位成本,记作

$$\overline{C} = \overline{C}(x) = \frac{C(x)}{x}$$

(3) 产品全部销售后总收益 R 等于产量 x 与销售价格 p 的积. 若销售价格 p 为常数,则总收益 R 为产量 x 的正比例函数,即

$$R = R(x) = px$$

若考虑产品销售时的附加费用、折扣等因素,这时作为平均值的销售价格 p 受产量 x 变化的影响,不再为常数,记作 $p = p(x)$,则总收益

$$R = R(x) = xp(x)$$

(4) 产品全部销售后获得的总利润 L 等于总收益 R 减去总成本 C,即

$$L = L(x) = R(x) - C(x)$$

(5) 销售商品时,应密切注意市场的需求情况,需求量 Q 当然与销售价格 p 有关,此外还涉及消费者的数量、收入等其他因素,若这些因素固定不变,则需求量 Q 为销售价格 p 的函数,这个函数称为需求函数,记作

$$Q = Q(p)$$

一般说来,当商品提价时,需求量会减少;当商品降价时,需求量就会增加.因此需求函数为单调减少函数.

在理想情况下,商品的生产既满足市场需求又不造成积压.这时需求多少就销售多少,销售多少就生产多少,即产量等于销售量,也等于需求量,它们有时用记号 x 表示,也有时用记号 Q 表示.本门课程讨论这种理想情况下的经济函数.

例 4 某产品总成本 C 万元为年产量 xt 的函数

$$C = C(x) = a + bx^2$$

其中 a,b 为待定常数.已知固定成本为 400 万元,且当年产量 $x = 100$t 时,总成本$C = 500$ 万元.试将平均单位成本 $\overline{C}$ 万元 /t 表示为年产量 xt 的函数.

解:由于总成本 $C = C(x) = a + bx^2$,从而当产量 $x = 0$ 时的总成本 $C(0) = a$,说明常数项 a 为固定成本,因此确定常数

$$a = 400$$

再将已知条件:$x = 100$ 时,$C = 500$ 代入到总成本 C 的表达式中,得到关系式

$$500 = 400 + b \cdot 100^2$$

从而确定常数

$$b = \frac{1}{100}$$

于是得到总成本函数表达式

$$C = C(x) = 400 + \frac{1}{100}x^2$$

所以平均单位成本

$$\overline{C} = \overline{C}(x) = \frac{C(x)}{x} = \frac{400}{x} + \frac{1}{100}x(\text{万元}/\text{t}) \quad (x > 0)$$

例 5 某产品总成本 C 元为日产量 $x$kg 的函数

$$C = C(x) = \frac{1}{9}x^2 + 6x + 100$$

产品销售价格为 p 元 /kg,它与日产量 $x$kg 的关系为

$$p = p(x) = 46 - \frac{1}{3}x$$

试将每日产品全部销售后获得的总利润 L 元表示为日产量 $x$kg 的函数.

解:生产 $x$kg 产品,以价格 p 元 /kg 销售,总收益为

$$R = R(x) = xp(x) = x\left(46 - \frac{1}{3}x\right) = -\frac{1}{3}x^2 + 46x$$

又已知生产 $x$kg 产品的总成本为

$$C = C(x) = \frac{1}{9}x^2 + 6x + 100$$

所以每日产品全部销售后获得的总利润

$$L = L(x) = R(x) - C(x) = \left(-\frac{1}{3}x^2 + 46x\right) - \left(\frac{1}{9}x^2 + 6x + 100\right)$$

$$= -\frac{4}{9}x^2 + 40x - 100(\text{元})$$

由于产量 $x>0$；又由于销售价格 $p>0$，即 $46-\frac{1}{3}x>0$，得到 $0<x<138$，因而函数定义域为 $0<x<138$.

上述讨论的目的不仅是建立几何与经济方面函数关系式，而是在此基础上继续研究它们的性质，其中一个主要内容是求它们的最值点，即讨论几何与经济方面函数的优化问题：在例 1 中，矩形场地长 x 为多少时，才能使得墙的总长度 L 最短；在例 2 中，长方体开口容器底边长 x 为多少时，才能使得容器容积 V 最大；在例 3 中，圆柱形封闭罐头盒底半径 r 为多少时，才能使得罐头盒表面积 S 最小；在例 4 中，年产量 x 为多少时，才能使得平均单位成本 $\overline{C}$ 最低；在例 5 中，日产量 x 为多少时，才能使得每日产品全部销售后获得的总利润 L 最大. 这种问题将在 §3.7 得到解决，在这种意义上，建立几何与经济方面函数关系式是为 §3.7 做准备的.

§1.3　极限的概念与基本运算法则

首先考虑数列

$$y_1, y_2, y_3, y_4, \cdots, y_n, \cdots$$

项数 n 无限增大记作 $n\to\infty$，下面讨论当 $n\to\infty$ 时，会引起一般项 $y_n=f(n)$ 怎样的变化趋势.

例 1　考虑数列

$$\frac{1}{2}, \frac{1}{4}, \frac{1}{8}, \frac{1}{16}, \cdots, \left(\frac{1}{2}\right)^n, \cdots$$

容易看出：当 $n\to\infty$ 时，一般项 $y_n=\left(\frac{1}{2}\right)^n$ 无限接近于常数零.

定义 1.8　已知数列

$$y_1, y_2, y_3, y_4, \cdots, y_n, \cdots$$

当 $n\to\infty$ 时，若一般项 y_n 无限接近于常数 A，则称当 $n\to\infty$ 时数列 y_n 的极限为 A，记作

$$\lim_{n\to\infty} y_n = A \quad 或\ y_n\to A \quad (n\to\infty)$$

根据数列极限的定义，在例 1 中极限

$$\lim_{n\to\infty}\left(\frac{1}{2}\right)^n = 0$$

例 1 的结论可以推广，对于公比为 q 的等比数列 $y_n=q^n$（$|q|<1$）也有极限

$$\lim_{n\to\infty} q^n = 0 \quad (|q|<1)$$

当 $n\to\infty$ 时，数列极限不存在的情况是数列无界如数列 $y_n=n^2$，或者数列尽管有界但取值在某固定范围内振荡如数列 $y_n=(-1)^{n-1}$.

当 $n\to\infty$ 时，若数列极限存在，则称数列收敛；若数列极限不存在，则称数列发散.

其次考虑函数 $y=f(x)$，自变量 x 在变化过程中的取值一定属于函数定义域，分下列两种基本情况讨论函数 $y=f(x)$ 的变化趋势.

1. 第一种基本情况

自变量 x 取值无限远离原点，这意味着自变量 x 的绝对值 $|x|$ 无限增大，记作 $x\to\infty$.

$x\to\infty$ 包括两个方向：一个是沿着x轴的负向远离原点，这时自变量x取值为负且$|x|$无限增大，记作$x\to-\infty$；另一个则是沿着x轴的正向远离原点，这时自变量x取值为正且$|x|$无限增大，记作$x\to+\infty$. 因而$x\to\infty$意味着同时考虑$x\to-\infty$与$x\to+\infty$.

例 2 考虑函数$y=\dfrac{1}{x}$，观察函数图形，如图 1-6，容易看出：当$x\to-\infty$与$x\to+\infty$时，对应的函数曲线$y=\dfrac{1}{x}$都无限接近于x轴，即对应的函数y值都无限接近于常数零，意味着当$x\to\infty$时，对应的函数y值无限接近于常数零.

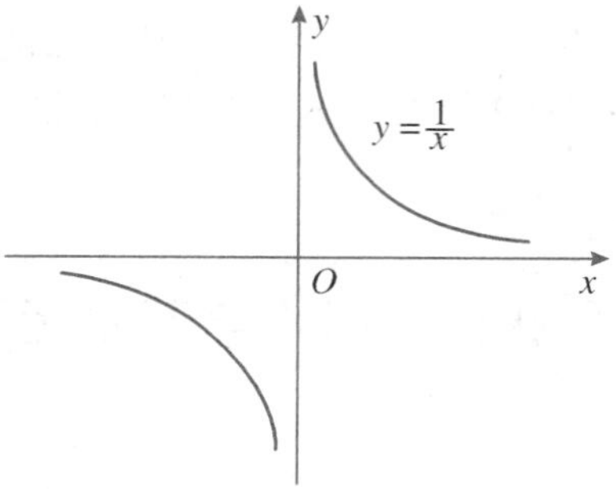

图 1-6

定义 1.9 已知函数$f(x)$在自变量x取值无限远离原点的情况下有定义，当$x\to\infty$时，若函数$f(x)$无限接近于常数A，则称当$x\to\infty$时函数$f(x)$的极限为A，记作

$$\lim_{x\to\infty}f(x)=A \quad 或\ f(x)\to A \quad (x\to\infty)$$

注意到$x\to\infty$意味着同时考虑$x\to-\infty$与$x\to+\infty$. 于是有下面的定理.

定理 1.1 极限$\lim\limits_{x\to\infty}f(x)=A$成立等价于极限

$$\begin{cases}\lim\limits_{x\to-\infty}f(x)=A\\ \lim\limits_{x\to+\infty}f(x)=A\end{cases}$$

同时成立.

根据这个定理，极限$\lim\limits_{x\to-\infty}f(x)$与$\lim\limits_{x\to+\infty}f(x)$中只要有一个不存在，或者虽然都存在但不相等，则极限$\lim\limits_{x\to\infty}f(x)$不存在. 有时也单独考虑极限$\lim\limits_{x\to-\infty}f(x)$或$\lim\limits_{x\to+\infty}f(x)$.

根据函数极限的定义，在例 2 中极限

$$\lim_{x\to\infty}\frac{1}{x}=0$$

例 3 讨论极限$\lim\limits_{x\to-\infty}\arctan x$，$\lim\limits_{x\to+\infty}\arctan x$及$\lim\limits_{x\to\infty}\arctan x$.

解：观察函数$y=\arctan x$的图形，如图 1-7，容易看出：当$x\to-\infty$时，对应的函数曲线$y=\arctan x$无限接近于直线$y=-\dfrac{\pi}{2}$，即对应的函数y值无限接近于常数$-\dfrac{\pi}{2}$；当$x\to+\infty$时，对应的函数曲线$y=\arctan x$无限接近于直线$y=\dfrac{\pi}{2}$，即对应的函数y值无限接近于常数$\dfrac{\pi}{2}$. 所以极限

$$\lim_{x\to-\infty}\arctan x=-\frac{\pi}{2}$$

$$\lim_{x\to+\infty}\arctan x=\frac{\pi}{2}$$

由于极限 $\lim\limits_{x\to-\infty}\arctan x\neq\lim\limits_{x\to+\infty}\arctan x$，根据定理 1.1，所以极限

$$\lim_{x\to\infty}\arctan x \text{ 不存在}$$

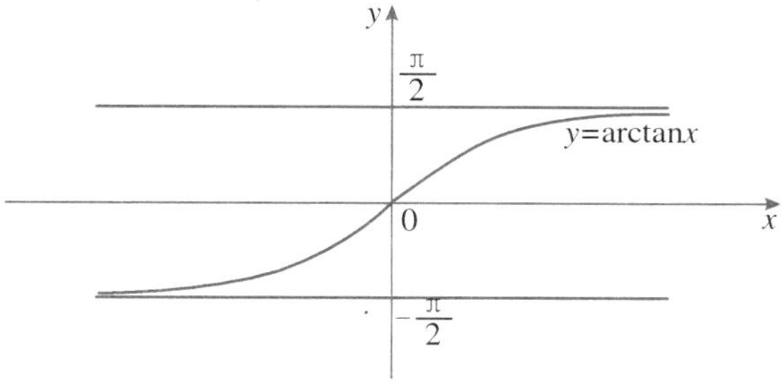

图 1 - 7

例 4　讨论极限 $\lim\limits_{x\to\infty}\sin x$.

解：观察函数 $y=\sin x$ 的图形，如图 1 - 8，容易看出：无论当 $x\to-\infty$ 时还是当 $x\to+\infty$ 时，对应的函数 y 值在区间 $[-1,1]$ 上振荡，不能无限接近于任何常数，所以极限

$$\lim_{x\to\infty}\sin x \text{ 不存在}$$

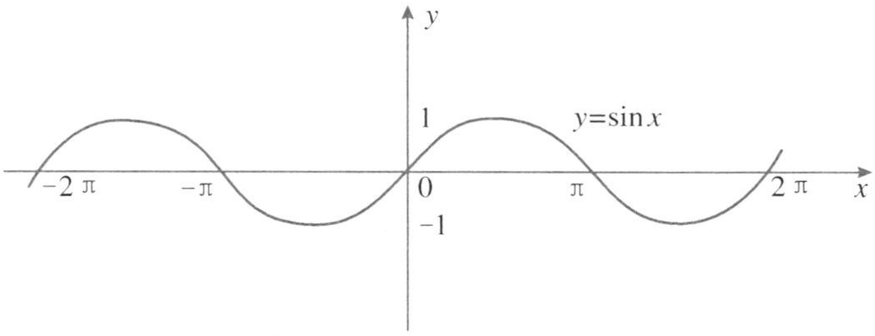

图 1 - 8

由于数列极限 $\lim\limits_{n\to\infty}f(n)$ 是函数极限 $\lim\limits_{x\to+\infty}f(x)$ 的特殊情况，于是得到结论：如果函数极限 $\lim\limits_{x\to+\infty}f(x)=A$，则数列极限 $\lim\limits_{n\to\infty}f(n)=A$.

2. 第二种基本情况

自变量 x 取值无限接近于有限点 x_0，记作 $x\to x_0$. 应注意的是：在 $x\to x_0$ 的过程中，点 x 始终不到达点 x_0，即恒有 $x\neq x_0$. $x\to x_0$ 包括两个方向：一个是点 x 从点 x_0 的左方无限接近于点 x_0，记作 $x\to x_0^-$；另一个则是点 x 从点 x_0 的右方无限接近于点 x_0，记作 $x\to x_0^+$. 因而 $x\to x_0$ 意味着同时考虑 $x\to x_0^-$ 与 $x\to x_0^+$.

例 5　考虑函数 $y=2x+1$，在点 $x=5$ 左右，自变量 x 与函数 y 的对应数值情况列表如表 1 - 1：

表 1-1

x	4.9	4.99	4.999	…	5.001	5.01	5.1
y	10.8	10.98	10.998	…	11.002	11.02	11.2

从表 1-1 中容易看出：当 $x \to 5$ 时，对应的函数 y 值无限接近于常数 11.

定义 1.10 已知函数 $f(x)$ 在点 x_0 左右有定义，当 $x \to x_0$ 时，若函数 $f(x)$ 无限接近于常数 A，则称当 $x \to x_0$ 时函数 $f(x)$ 的极限为 A，记作

$$\lim_{x \to x_0} f(x) = A \quad 或\ f(x) \to A \quad (x \to x_0)$$

极限 $\lim\limits_{x \to x_0} f(x)$ 也可以称为函数 $f(x)$ 在点 x_0 处的极限，极限 $\lim\limits_{x \to x_0^-} f(x)$ 称为函数 $f(x)$ 在点 x_0 处的左极限，极限 $\lim\limits_{x \to x_0^+} f(x)$ 称为函数 $f(x)$ 在点 x_0 处的右极限. 注意到 $x \to x_0$ 意味着同时考虑 $x \to x_0^-$ 与 $x \to x_0^+$，于是有下面的定理.

定理 1.2 极限 $\lim\limits_{x \to x_0} f(x) = A$ 成立等价于

$$\begin{cases} 左极限\ \lim\limits_{x \to x_0^-} f(x) = A \\ 右极限\ \lim\limits_{x \to x_0^+} f(x) = A \end{cases}$$

同时成立.

这个定理说明：函数在有限点处极限存在的充分必要条件是左极限与右极限都存在且相等.

根据这个定理，左极限 $\lim\limits_{x \to x_0^-} f(x)$ 与右极限 $\lim\limits_{x \to x_0^+} f(x)$ 中只要有一个不存在，或者虽然都存在但不相等，则极限 $\lim\limits_{x \to x_0} f(x)$ 不存在. 有时也单独考虑左极限 $\lim\limits_{x \to x_0^-} f(x)$ 或右极限 $\lim\limits_{x \to x_0^+} f(x)$.

由于在 $x \to x_0$ 的过程中，恒有 $x \neq x_0$，因而在一般情况下，函数 $f(x)$ 在点 x_0 处有无定义都不影响它在点 x_0 处的极限情况.

根据函数极限的定义，在例 5 中极限

$$\lim_{x \to 5}(2x+1) = 11$$

数列与函数统称为变量，它们的极限统称为变量极限. 如果变量极限存在，则其极限是唯一的，其在极限过程中某时刻后有界. 若变量 y 的极限为 A，则记作

$$\lim y = A$$

以后只在讨论对于数列极限与函数极限皆适用的一般性结论时，才能使用通用记号 $\lim y$. 若已经给出变量 y 的函数表达式，则不能使用通用记号，必须在极限记号下面标明自变量的变化趋势.

显然，常数 c 的极限等于 c，即

$$\lim c = c \quad (c\ 为常数)$$

下面给出极限基本运算法则：

法则 1 如果极限 $\lim u$ 与 $\lim v$ 都存在，则极限

$$\lim(u \pm v) = \lim u \pm \lim v$$

法则 2　如果极限 $\lim u$ 与 $\lim v$ 都存在，则极限

$$\lim uv = \lim u \lim v$$

法则 3　如果极限 $\lim u$ 与 $\lim v$ 都存在，且极限 $\lim v \neq 0$，则极限

$$\lim \frac{u}{v} = \frac{\lim u}{\lim v}$$

法则 4　如果极限 $\lim u(x)$ 存在，且函数值 $f(\lim u(x))$ 有意义，则极限

$$\lim f(u(x)) = f(\lim u(x))$$

法则 5　如果函数 $f(x)$ 是定义域为 D 的初等函数，且有限点 $x_0 \in D$，则极限

$$\lim_{x \to x_0} f(x) = f(x_0)$$

推论 1　如果有限个变量 $u_1, u_2, \cdots, u_m$ 的极限都存在，则极限

$$\lim(u_1 + u_2 + \cdots + u_m) = \lim u_1 + \lim u_2 + \cdots + \lim u_m$$

推论 2　如果有限个变量 $u_1, u_2, \cdots, u_m$ 的极限都存在，则极限

$$\lim u_1 u_2 \cdots u_m = \lim u_1 \lim u_2 \cdots \lim u_m$$

推论 3　如果极限 $\lim v$ 存在，k 为常数，则极限

$$\lim kv = k\lim v$$

在满足法则 4 条件的情况下，函数的复合运算与极限运算可以交换次序；在满足法则 5 条件的情况下，求函数的极限就化为计算相应的函数值.

例 6　$\lim\limits_{x \to \infty} \sin \dfrac{1}{x} = \sin\left(\lim\limits_{x \to \infty} \dfrac{1}{x}\right) = \sin 0 = 0$

$$\lim_{x \to 3} \frac{\sqrt{x+1}+2}{\sqrt{x-2}+1} = \frac{\sqrt{3+1}+2}{\sqrt{3-2}+1} = 2$$

$$\lim_{x \to 0} \lg(2+x) = \lg(2+0) = \lg 2$$

本来在一般情况下，函数在属于定义域的有限点处的极限值与它在该点处的函数值没有必然联系，但法则 5 说明：初等函数在属于定义域的有限点处的极限值却等于它在该点处的函数值，因此法则 5 解决了初等函数的基本极限计算，在计算初等函数 $f(x)$ 在有限点 x_0 处的极限 $\lim\limits_{x \to x_0} f(x)$ 时，应在初等函数 $f(x)$ 的表达式中，变量 x 用数 x_0 代入，若得到确定的数值 $f(x_0)$，则函数值 $f(x_0)$ 就是所求极限.

继续讨论分段函数在分界点处的极限. 若分段函数在分界点左右的数学表达式一样，则直接计算其极限；若分段函数在分界点左右的数学表达式不一样，则应分别计算其左极限与右极限，只有左极限与右极限都存在且相等，极限才存在.

例 7　已知分段函数

$$f(x) = \begin{cases} 3^x + 1, & x < 0 \\ 3x + 2, & x > 0 \end{cases}$$

讨论左极限 $\lim\limits_{x \to 0^-} f(x)$，右极限 $\lim\limits_{x \to 0^+} f(x)$ 及极限 $\lim\limits_{x \to 0} f(x)$.

解： 考虑到 $x \to 0^-$ 意味着点 x 从原点的左方无限接近于原点，从而在 $x \to 0^-$ 的过程中，恒有 $x < 0$，这时函数 $f(x) = 3^x + 1$，所以左极限

$$\lim_{x \to 0^-} f(x) = \lim_{x \to 0^-} (3^x + 1) = 2$$

考虑到 $x \to 0^+$ 意味着点 x 从原点的右方无限接近于原点,从而在 $x \to 0^+$ 的过程中,恒有 $x > 0$,这时函数 $f(x) = 3x + 2$,所以右极限

$$\lim_{x \to 0^+} f(x) = \lim_{x \to 0^+}(3x + 2) = 2$$

由于左极限 $\lim\limits_{x \to 0^-} f(x)$ 与右极限 $\lim\limits_{x \to 0^+} f(x)$ 都等于 2,根据定理 1.2,所以极限

$$\lim_{x \to 0} f(x) = 2$$

例 8 填空题

左极限 $\lim\limits_{x \to 0^-} \dfrac{|x|}{x} =$ ______.

解: 注意到绝对值 $|x|$ 作为自变量 x 的函数是分段函数,分界点为点 $x = 0$,其表达式为

$$|x| = \begin{cases} -x, & x < 0 \\ x, & x \geqslant 0 \end{cases}$$

考虑到 $x \to 0^-$ 意味着点 x 从原点的左方无限接近于原点,从而在 $x \to 0^-$ 的过程中,恒有 $x < 0$,这时绝对值 $|x| = -x$,得到左极限

$$\lim_{x \to 0^-} \frac{|x|}{x} = \lim_{x \to 0^-} \frac{-x}{x} = \lim_{x \to 0^-}(-1) = -1$$

于是应将"-1"直接填在空内.

最后给出反映极限重要性质的定理:

定理 1.3 函数极限值与函数表达式中变量记号无关.即:尽管变量 $u = u(x)$,恒有极限

$$\lim_{x \to \infty} f(x) = \lim_{u \to \infty} f(u)$$

$$\lim_{x \to x_0} f(x) = \lim_{u \to x_0} f(u)$$

§1.4 无穷大量与无穷小量

定义 1.11 若变量 y 的绝对值在变化过程中无限增大,则称变量 y 为无穷大量,记作

$$\lim y = \infty \text{ 或 } y \to \infty$$

本来无穷大量的极限是不存在的,形式上称它的极限为无穷大.无穷大量是指在变化过程中其绝对值无限增大,任何一个绝对值很大的常数都不为无穷大量,如常量函数 $y = 10^{10}$ 不为无穷大量.

在无穷大量的变化过程中,它取值可能为正,也可能为负.无穷大量有两种特殊情况:一种是正无穷大量,这时无穷大量 y 在变化过程中的某一时刻后取值恒为正,记作 $\lim y = +\infty$ 或 $y \to +\infty$;另一种是负无穷大量,这时无穷大量 y 在变化过程中的某一时刻后取值恒为负,记作 $\lim y = -\infty$ 或 $y \to -\infty$.

例 1 当 $x \to 0$ 时,自变量 x 的绝对值 $|x|$ 无限减小,从而函数 $\dfrac{1}{x}$ 的绝对值 $\left|\dfrac{1}{x}\right|$ 无限增大,所以函数 $\dfrac{1}{x}$ 为无穷大量,即

$$\lim_{x \to 0} \frac{1}{x} = \infty$$

通过深入的讨论,可以得到:当 $x\to\infty$ 时,x 的多项式也为无穷大量.

无穷大量具有下列性质:

性质 1 正无穷大量与正无穷大量的和仍为正无穷大量,负无穷大量与负无穷大量的和仍为负无穷大量;

性质 2 无穷大量与无穷大量的积仍为无穷大量.

注意:无穷大量与无穷大量的代数和、无穷大量与无穷大量的商都不一定为无穷大量.

下面再讨论变量的另一种变化趋势.

定义 1.12 若极限 $\lim y=0$,则称变量 y 为无穷小量.

无穷小量是指在变化过程中其绝对值无限减小,任何一个绝对值很小但不为零的常数都不为无穷小量,如常量函数 $y=10^{-10}$ 不为无穷小量.但常量零为无穷小量,但不能认为无穷小量就是零.

例 2 由于极限$\lim\limits_{x\to1}\lg x=0$,所以当 $x\to1$ 时,函数 $y=\lg x$ 为无穷小量.

无穷小量具有下列性质:

性质 1 无穷小量与无穷小量的和、差、积仍为无穷小量;

性质 2 无穷小量与有界变量的积仍为无穷小量.

注意:无穷小量与无穷小量的商不一定为无穷小量.

例 3 讨论极限$\lim\limits_{x\to\infty}\dfrac{1}{x}\sin x$.

解:当 $x\to\infty$ 时,变量$\dfrac{1}{x}$为无穷小量,并注意到 §1.3 例 4 得到的结果,这时变量 $\sin x$ 振荡无极限,但恒有 $|\sin x|\leqslant1$,说明变量 $\sin x$ 为极限不存在的有界变量.根据无穷小量性质 2,积$\dfrac{1}{x}\sin x$ 仍为无穷小量,所以极限

$$\lim_{x\to\infty}\frac{1}{x}\sin x=0$$

值得注意的是:由于极限$\lim\limits_{x\to\infty}\sin x$ 不存在,于是不能应用 §1.3 极限基本运算法则 2 计算所求极限,即

$$\lim_{x\to\infty}\frac{1}{x}\sin x\neq\lim_{x\to\infty}\frac{1}{x}\lim_{x\to\infty}\sin x$$

当角度 $u(x)\to\infty$ 时,函数 $\sin u(x)$ 与 $\cos u(x)$ 是常见的振荡无极限的有界变量.

极限存在的变量与无穷小量有什么联系?考虑变量 y 的极限为 A,意味着变量 y 无限接近于常数 A,即变量 $y-A$ 无限接近于常数零,说明变量 $y-A$ 的极限为零,变量 $y-A$ 当然为无穷小量,于是有下面的定理.

定理 1.4 变量 y 的极限为 A 等价于变量 $y-A$ 为无穷小量.

无穷大量与无穷小量有什么联系?有下面的定理.

定理 1.5 如果变量 y 为无穷大量,则变量$\dfrac{1}{y}$为无穷小量;如果变量 $y\neq0$ 为无穷小量,则变量$\dfrac{1}{y}$为无穷大量.

推论 如果极限 $\lim u \neq 0$,$\lim v = 0$,且变量 $v \neq 0$,则极限

$$\lim \frac{u}{v} = \infty$$

例 4 讨论极限$\lim\limits_{x\to3}\dfrac{x^2+1}{x-3}$.

解:由于分子的极限

$$\lim_{x\to3}(x^2+1) = 10 \neq 0$$

分母的极限

$$\lim_{x\to3}(x-3) = 0$$

根据定理 1.5 的推论,所以分式的极限

$$\lim_{x\to3}\frac{x^2+1}{x-3} = \infty$$

无穷小量虽然都是趋于零的变量,但它们趋于零的速度却不一定相同,甚至差别很大.考虑当 $x\to0^+$ 时,变量 x,x^2,$\sqrt{x}$,$2x$ 及 x^2+x 都是无穷小量,它们趋于零的情况列表如表 1-2:

表 1-2

x	0.1	0.01	0.001	0.000 1	…
x^2	0.01	0.000 1	0.000 001	0.000 000 01	…
$\sqrt{x}$	0.32	0.1	0.032	0.01	…
$2x$	0.2	0.02	0.002	0.000 2	…
x^2+x	0.11	0.010 1	0.001 001	0.000 100 01	…

从表 1-2 中容易看出:以无穷小量 x 作为比较标准时,无穷小量 x^2 趋于零的速度比 x 要快,它们之比值的极限

$$\lim_{x\to0^+}\frac{x^2}{x} = \lim_{x\to0^+}x = 0$$

无穷小量$\sqrt{x}$ 趋于零的速度比 x 要慢,它们之比值的极限

$$\lim_{x\to0^+}\frac{\sqrt{x}}{x} = \lim_{x\to0^+}\frac{1}{\sqrt{x}} = \infty$$

无穷小量 $2x$ 趋于零的速度与 x 属于同一档次,它们之比值的极限

$$\lim_{x\to0^+}\frac{2x}{x} = \lim_{x\to0^+}2 = 2 \neq 0$$

无穷小量 x^2+x 趋于零的速度与 x 几乎一样,它们之比值的极限

$$\lim_{x\to0^+}\frac{x^2+x}{x} = \lim_{x\to0^+}(x+1) = 1$$

为了比较无穷小量趋于零的速度,下面给出关于无穷小量的阶的定义.

定义 1.13　已知变量 α,β 都是无穷小量，以无穷小量 β 作为比较标准. 那么：

(1) 若极限 $\lim\dfrac{\alpha}{\beta}=0$，则称无穷小量 α 是比 β 较高阶无穷小量；

(2) 若极限 $\lim\dfrac{\alpha}{\beta}=\infty$，则称无穷小量 α 是比 β 较低阶无穷小量；

(3) 若极限 $\lim\dfrac{\alpha}{\beta}=c\neq 0$，则称无穷小量 α 与 β 是同阶无穷小量；

(4) 特别地，若极限 $\lim\dfrac{\alpha}{\beta}=1$，则进而称无穷小量 α 与 β 是等价无穷小量.

根据这个定义可知：当 $x\to 0^+$ 时，无穷小量 x^2 是比 x 较高阶无穷小量，无穷小量 $\sqrt{x}$ 是比 x 较低阶无穷小量，无穷小量 $2x$ 与 x 是同阶但非等价无穷小量，无穷小量 x^2+x 与 x 是等价无穷小量.

§1.5　未定式极限

讨论分式极限 $\lim\dfrac{u}{v}$，若分子极限 $\lim u=0$，且分母极限 $\lim v=0$，则仅已知这些不足以确定分式极限 $\lim\dfrac{u}{v}$，还必须进一步知道分子 u 与分母 v 的表达式，才能确定分式极限 $\lim\dfrac{u}{v}$. 一般地，有下面的定义.

定义 1.14　若仅已知变量各部分的极限，不足以确定这个变量的极限，还必须进一步知道各部分的表达式，才能确定变量极限，则称这样的极限为未定式极限.

未定式极限的类型共有七种，主要是五种：

类型 1　若 $u\to 0,v\to 0$，则称分式极限 $\lim\dfrac{u}{v}$ 为 $\dfrac{0}{0}$ 型未定式极限；

类型 2　若 $u\to\infty,v\to\infty$，则称分式极限 $\lim\dfrac{u}{v}$ 为 $\dfrac{\infty}{\infty}$ 型未定式极限；

类型 3　若 $u\to 0,v\to\infty$，则称积的极限 $\lim uv$ 为 $0\cdot\infty$ 型未定式极限；

类型 4　若 $u\to\infty,v\to\infty$，则称差的极限 $\lim(u-v)$ 为 $\infty-\infty$ 型未定式极限；

类型 5　若 $u\to 1,v\to\infty$，则称幂的极限 $\lim u^v$ 为 1^∞ 型未定式极限.

在这五种类型未定式极限中，最重要的是 $\dfrac{0}{0}$ 型未定式极限，它是无穷小量与无穷小量的商的极限. 这里 $\dfrac{0}{0},\dfrac{\infty}{\infty},0\cdot\infty,\infty-\infty,1^\infty$ 仅仅是记号，不代表数. 分下列三种基本情况讨论比较简单的未定式极限.

1. 第一种基本情况

已知函数 $P(x)$ 与 $Q(x)$ 都是多项式，当 $x\to x_0$（有限值）时，若 $P(x)\to 0$ 且 $Q(x)\to 0$，则有理分式极限 $\lim\limits_{x\to x_0}\dfrac{P(x)}{Q(x)}$ 为 $\dfrac{0}{0}$ 型未定式极限.

解法：分子 $P(x)$、分母 $Q(x)$ 分解因式，并注意到在 $x\to x_0$ 的过程中，恒有 $x-x_0\neq 0$，因而约去使得分子、分母同趋于零的 $x-x_0$ 的正整次幂非零公因式.

例 1 求极限$\lim\limits_{x\to 2}\dfrac{x^2-5x+6}{x^2-4}$.

解:$\lim\limits_{x\to 2}\dfrac{x^2-5x+6}{x^2-4}\quad\left(\dfrac{0}{0}\text{ 型}\right)$

$$=\lim_{x\to 2}\frac{(x-2)(x-3)}{(x+2)(x-2)}=\lim_{x\to 2}\frac{x-3}{x+2}=-\frac{1}{4}$$

2. 第二种基本情况

已知函数 $R(x)$ 与 $S(x)$ 中至少有一个含二次根式,当$x\to x_0$(有限值)时,若 $R(x)\to 0$ 且 $S(x)\to 0$,则无理分式极限$\lim\limits_{x\to x_0}\dfrac{R(x)}{S(x)}$ 为$\dfrac{0}{0}$ 型未定式极限.

解法:分子$R(x)$、分母$S(x)$同乘以它们的有理化因式,并注意到在 $x\to x_0$ 的过程中,恒有 $x-x_0\neq 0$,因而约去使得分子、分母同趋于零的 $x-x_0$ 的正整次幂非零公因式.

例 2 求极限$\lim\limits_{x\to 1}\dfrac{\sqrt{3x+1}-2}{x-1}$.

解:$\lim\limits_{x\to 1}\dfrac{\sqrt{3x+1}-2}{x-1}\quad\left(\dfrac{0}{0}\text{ 型}\right)$

$$=\lim_{x\to 1}\frac{(\sqrt{3x+1}-2)(\sqrt{3x+1}+2)}{(x-1)(\sqrt{3x+1}+2)}=\lim_{x\to 1}\frac{3(x-1)}{(x-1)(\sqrt{3x+1}+2)}=\lim_{x\to 1}\frac{3}{\sqrt{3x+1}+2}$$

$$=\frac{3}{4}$$

例 3 求极限$\lim\limits_{x\to 5}\dfrac{\sqrt{x+4}-3}{\sqrt{x-1}-2}$.

解:$\lim\limits_{x\to 5}\dfrac{\sqrt{x+4}-3}{\sqrt{x-1}-2}\quad\left(\dfrac{0}{0}\text{ 型}\right)$

$$=\lim_{x\to 5}\frac{(\sqrt{x+4}-3)(\sqrt{x+4}+3)(\sqrt{x-1}+2)}{(\sqrt{x-1}-2)(\sqrt{x-1}+2)(\sqrt{x+4}+3)}=\lim_{x\to 5}\frac{(x-5)(\sqrt{x-1}+2)}{(x-5)(\sqrt{x+4}+3)}$$

$$=\lim_{x\to 5}\frac{\sqrt{x-1}+2}{\sqrt{x+4}+3}=\frac{2}{3}$$

3. 第三种基本情况

已知函数 $P(x)$ 与 $Q(x)$ 都是多项式,当 $x\to\infty$ 时,当然也有 $P(x)\to\infty$ 与 $Q(x)\to\infty$,则有理分式极限$\lim\limits_{x\to\infty}\dfrac{P(x)}{Q(x)}$ 为$\dfrac{\infty}{\infty}$ 型未定式极限.

解法:分子 $P(x)$、分母 $Q(x)$ 同除以它们中 x 的最高次幂,并应用 §1.3 极限基本运算法则 3 与 §1.4 定理 1.5 及其推论.

考虑下面三个极限:

(1) $\lim\limits_{x\to\infty}\dfrac{5x^3+3x-4}{7x^2-6x+1}\quad\left(\dfrac{\infty}{\infty}\text{ 型}\right)$

$$=\lim_{x\to\infty}\frac{5+\dfrac{3}{x^2}-\dfrac{4}{x^3}}{\dfrac{7}{x}-\dfrac{6}{x^2}+\dfrac{1}{x^3}}=\infty$$

(2) $\lim\limits_{x\to\infty}\dfrac{5x^2+3x-4}{7x^2-6x+1}$ $\left(\dfrac{\infty}{\infty}\text{型}\right)$

$$=\lim_{x\to\infty}\frac{5+\dfrac{3}{x}-\dfrac{4}{x^2}}{7-\dfrac{6}{x}+\dfrac{1}{x^2}}=\frac{5}{7}$$

(3) $\lim\limits_{x\to\infty}\dfrac{5x^2+3x-4}{7x^3-6x+1}$ $\left(\dfrac{\infty}{\infty}\text{型}\right)$

$$=\lim_{x\to\infty}\frac{\dfrac{5}{x}+\dfrac{3}{x^2}-\dfrac{4}{x^3}}{7-\dfrac{6}{x^2}+\dfrac{1}{x^3}}=0$$

总结上面三个极限可得到一般的结果：当 $x\to\infty$ 时，若分子最高幂次高于分母最高幂次，则有理分式极限为 ∞；若分子最高幂次等于分母最高幂次，则有理分式极限为分子最高次幂系数与分母最高次幂系数的比值；若分子最高幂次低于分母最高幂次，则有理分式极限为零. 即

$$\lim_{x\to\infty}\frac{a_lx^l+\cdots+a_0}{b_mx^m+\cdots+b_0}=\begin{cases}\infty, & l>m\\ \dfrac{a_l}{b_m}, & l=m\\ 0, & l<m\end{cases}$$

（l,m 为正整数；$a_l,\cdots,a_0,b_m,\cdots,b_0$ 为常数，且 $a_l\neq0,b_m\neq0$）

以后在计算这种极限时，可利用上述一般的结果直接得到极限值. 根据 §1.3 的结论，上述结果对于相应的数列极限也是适用的.

例 4　填空题

极限 $\lim\limits_{n\to\infty}\dfrac{100n}{n^2+1}=$ ______.

解：注意到分子 $100n$ 为 n 的一次多项式，而分母 n^2+1 为 n 的二次多项式，说明分子最高幂次低于分母最高幂次，从而极限

$$\lim_{n\to\infty}\frac{100n}{n^2+1}\quad\left(\frac{\infty}{\infty}\text{型}\right)$$

$$=0$$

于是应将“0”直接填在空内.

例 5　单项选择题

极限 $\lim\limits_{x\to\infty}\dfrac{3x^2+x}{1-x^2}=$ (　　).

(a) -3　　(b) 3

(c) -1　　(d) 1

解：所给极限为 $\dfrac{\infty}{\infty}$ 型未定式极限，属于未定式极限第三种基本情况，注意到分子 $3x^2+x$ 为 x 的二次多项式，而分母 $1-x^2$ 也为 x 的二次多项式，说明分子最高幂次等于分母最高幂次，因而当 $x\to\infty$ 时，此有理分式的极限等于分子 x^2 系数与分母 x^2 系数的比值，即

$$\lim_{x\to\infty}\frac{3x^2+x}{1-x^2}\quad\left(\frac{\infty}{\infty}\text{型}\right)$$
$$=-3$$

这个正确答案恰好就是备选答案(a),所以选择(a).

例6 填空题

已知极限$\lim\limits_{x\to3}\dfrac{x^2-x+k}{x-3}$存在,则常数 $k=$ ______.

解:注意到当 $x\to3$ 时,分母 $x-3$ 的极限为零.在这种情况下,若分子的极限不为零,根据§1.4定理1.5的推论,则分式的极限为 ∞,即分式的极限不存在;现在既然已知分式的极限存在,则分子的极限必然为零.计算分子的极限,有

$$\lim_{x\to3}(x^2-x+k)=6+k$$

它应该等于零,得到关系式 $6+k=0$,因此常数

$$k=-6$$

于是应将"-6"直接填在空内.

例7 单项选择题

当(　　)时,变量 $y=\dfrac{x^2-1}{x(x-1)}$ 为无穷大量.

(a) $x\to-1$　　(b) $x\to1$

(c) $x\to0$　　(d) $x\to\infty$

解:可以依次对备选答案进行判别.首先考虑备选答案(a):当 $x\to-1$ 时,分子 x^2-1 的极限为零,分母 $x(x-1)$ 的极限为2,根据§1.3极限基本运算法则3,于是极限

$$\lim_{x\to-1}\frac{x^2-1}{x(x-1)}=0$$

说明这时变量 y 为无穷小量,当然不是无穷大量,从而备选答案(a)落选;

其次考虑备选答案(b):当 $x\to1$ 时,分子 x^2-1 的极限为零,分母 $x(x-1)$ 的极限也为零,因而分式极限为$\dfrac{0}{0}$型未定式极限,属于未定式极限第一种基本情况,于是极限

$$\lim_{x\to1}\frac{x^2-1}{x(x-1)}\quad\left(\frac{0}{0}\text{型}\right)$$
$$=\lim_{x\to1}\frac{(x+1)(x-1)}{x(x-1)}=\lim_{x\to1}\frac{x+1}{x}=2$$

说明这时变量 y 不是无穷大量,从而备选答案(b)落选;

再考虑备选答案(c):当 $x\to0$ 时,分子 x^2-1 的极限为 -1,分母 $x(x-1)$ 的极限为零,根据§1.4定理1.5的推论,于是极限

$$\lim_{x\to0}\frac{x^2-1}{x(x-1)}=\infty$$

说明这时变量 y 为无穷大量,从而备选答案(c)当选,所以选择(c).

至于备选答案(d):当 $x\to\infty$ 时,分子 x^2-1 与分母 $x(x-1)$ 都是无穷大量,因而分式极限为$\dfrac{\infty}{\infty}$型未定式极限,属于未定式极限第三种基本情况,于是极限

$$\lim_{x\to\infty}\frac{x^2-1}{x(x-1)}\quad\left(\frac{\infty}{\infty}\text{型}\right)$$

$$=1$$

说明这时变量 y 不是无穷大量，从而备选答案(d)落选，进一步说明选择(c)是正确的.

§1.6　两个重要极限

首先讨论分式极限 $\lim\limits_{x\to 0}\frac{\sin x}{x}$，这是 $\frac{0}{0}$ 型未定式极限. 尽管 $x\to 0$ 包括 $x\to 0^-$ 与 $x\to 0^+$，但由于函数 $\frac{\sin x}{x}$ 是偶函数，因而只需考虑当 $x\to 0^+$ 时函数 $\frac{\sin x}{x}$ 的变化情况，列表如表 1－3：

表 1－3

x	0.2	0.1	0.05	0.02	…
$\frac{\sin x}{x}$	0.993 3	0.998 3	0.999 6	0.999 9	…

从表 1－3 中容易看出：当 $x\to 0^+$ 时，对应的函数 $\frac{\sin x}{x}$ 值无限接近于常数 1，可以证明这个判断是正确的. 于是得到第一个重要极限

$$\lim_{x\to 0}\frac{\sin x}{x}=1$$

根据 §1.3 定理 1.3，第一个重要极限可以推广为

$$\lim_{u(x)\to 0}\frac{\sin u(x)}{u(x)}=1$$

第一个重要极限具有两个特征：

特征 1　角度一定趋于零；

特征 2　分子是角度的正弦函数，分母一定是这个角度本身.

第一个重要极限应用于求含三角函数的 $\frac{0}{0}$ 型未定式极限，所求 $\frac{0}{0}$ 型未定式极限同时满足两个特征时，极限值就等于 1. 所求 $\frac{0}{0}$ 型未定式极限若具有第一个特征而不具有第二个特征，还可以通过包括同角三角函数恒等关系式在内的代数恒等变形，使其具有第二个特征，进而应用第一个重要极限求解. 在应用第一个重要极限时，自变量 x 不一定趋于零，它可以趋于非零常数，但必须使得角度趋于零.

例 1　求极限 $\lim\limits_{x\to 0}\frac{\sin 7x}{x}$.

解：$\lim\limits_{x\to 0}\frac{\sin 7x}{x}\quad\left(\frac{0}{0}\text{型}\right)$

$$=\lim_{x\to 0}7\,\frac{\sin 7x}{7x}=7\times 1=7$$

例 2 求极限$\lim\limits_{x\to 0}\dfrac{\tan x}{x}$.

解:$\lim\limits_{x\to 0}\dfrac{\tan x}{x}$ $\left(\dfrac{0}{0}\text{ 型}\right)$

$$=\lim_{x\to 0}\frac{\frac{\sin x}{\cos x}}{x}=\lim_{x\to 0}\frac{\sin x}{x}\frac{1}{\cos x}=1$$

例 3 求极限$\lim\limits_{x\to 3}\dfrac{\sin(x^2-9)}{x-3}$.

解:$\lim\limits_{x\to 3}\dfrac{\sin(x^2-9)}{x-3}$ $\left(\dfrac{0}{0}\text{ 型}\right)$

$$=\lim_{x\to 3}\frac{(x+3)\sin(x^2-9)}{(x+3)(x-3)}=\lim_{x\to 3}(x+3)\cdot\frac{\sin(x^2-9)}{x^2-9}=6$$

例 4 单项选择题

极限$\lim\limits_{x\to -1}\dfrac{\sin(x+1)}{x^2-1}=$(　　).

(a) -2　　　　(b) 2

(c) $-\dfrac{1}{2}$　　　　(d) $\dfrac{1}{2}$

解:所给极限为$\dfrac{0}{0}$型未定式极限,应用第一个重要极限求解,有

$$\lim_{x\to -1}\frac{\sin(x+1)}{x^2-1}\quad\left(\frac{0}{0}\text{ 型}\right)$$

$$=\lim_{x\to -1}\frac{\sin(x+1)}{(x+1)(x-1)}=\lim_{x\to -1}\frac{1}{x-1}\frac{\sin(x+1)}{x+1}=-\frac{1}{2}$$

这个正确答案恰好就是备选答案(c),所以选择(c).

其次讨论幂的极限$\lim\limits_{x\to\infty}\left(1+\dfrac{1}{x}\right)^x$,这是 1^∞ 型未定式极限. 考虑当 $x\to\infty$ 时函数$\left(1+\dfrac{1}{x}\right)^x$的变化情况,列表如表 1-4:

表 1-4

x	…	$-10\ 000$	$-1\ 000$	-100	100	1 000	10 000	…
$\left(1+\dfrac{1}{x}\right)^x$	…	2.718	2.720	2.732	2.705	2.717	2.718	…

从表 1-4 容易看出:当$x\to\infty$时,函数$\left(1+\dfrac{1}{x}\right)^x$的变化趋势是稳定的,可以证明其极限是存在的,极限值为无理数,大约等于 2.718,用字母 e 表示. 于是得到第二个重要极限

$$\lim_{x\to\infty}\left(1+\frac{1}{x}\right)^x=\mathrm{e}$$

根据 §1.3 定理 1.3，第二个重要极限可以推广为

$$\lim_{u(x)\to\infty}\left(1+\frac{1}{u(x)}\right)^{u(x)}=\mathrm{e}$$

第二个重要极限也具有两个特征：

特征 1　底一定是数 1 加上无穷小量；

特征 2　指数一定是底中无穷小量的倒数.

第二个重要极限应用于求 1^∞ 型未定式极限，所求 1^∞ 型未定式极限同时满足两个特征时，极限值就等于 e. 所求 1^∞ 型未定式极限若具有第一个特征而不具有第二个特征，则可以通过幂恒等关系式等代数恒等变形，使其具有第二个特征，进而应用第二个重要极限求解. 在应用第二个重要极限时，自变量 x 不一定趋于无穷大，它可以趋于零，但必须使得底为数 1 加上无穷小量. 根据 §1.3 的结论，第二个重要极限对于相应的数列极限也是适用的.

例 5　求极限 $\lim\limits_{x\to\infty}\left(1+\frac{1}{x}\right)^{x+3}$.

解：$\lim\limits_{x\to\infty}\left(1+\frac{1}{x}\right)^{x+3}$　（1^∞ 型）

$$=\lim_{x\to\infty}\left(1+\frac{1}{x}\right)^{x}\left(1+\frac{1}{x}\right)^{3}=\lim_{x\to\infty}\left(1+\frac{1}{x}\right)^{x}\lim_{x\to\infty}\left(1+\frac{1}{x}\right)^{3}=\mathrm{e}\cdot1=\mathrm{e}$$

例 6　求极限 $\lim\limits_{x\to\infty}\left(1+\frac{1}{x}\right)^{3x}$.

解：$\lim\limits_{x\to\infty}\left(1+\frac{1}{x}\right)^{3x}$　（1^∞ 型）

$$=\lim_{x\to\infty}\left[\left(1+\frac{1}{x}\right)^{x}\right]^{3}=\left[\lim_{x\to\infty}\left(1+\frac{1}{x}\right)^{x}\right]^{3}=\mathrm{e}^3$$

例 7　求极限 $\lim\limits_{x\to\infty}\left(1-\frac{1}{x}\right)^{x}$.

解：$\lim\limits_{x\to\infty}\left(1-\frac{1}{x}\right)^{x}$　（1^∞ 型）

$$=\lim_{x\to\infty}\left(1-\frac{1}{x}\right)^{(-x)(-1)}=\lim_{x\to\infty}\left[\left(1-\frac{1}{x}\right)^{-x}\right]^{-1}=\mathrm{e}^{-1}$$

例 8　求极限 $\lim\limits_{x\to0}\left(1+\frac{x}{3}\right)^{\frac{6}{x}}$.

解：$\lim\limits_{x\to0}\left(1+\frac{x}{3}\right)^{\frac{6}{x}}$　（1^∞ 型）

$$=\lim_{x\to0}\left(1+\frac{x}{3}\right)^{\frac{3}{x}\cdot2}=\lim_{x\to0}\left[\left(1+\frac{x}{3}\right)^{\frac{3}{x}}\right]^{2}=\mathrm{e}^2$$

例 9　单项选择题

若极限 $\lim\limits_{n\to\infty}\left(1+\frac{k}{n}\right)^{n}=\sqrt{\mathrm{e}}$，则常数 $k=$（　　）.

(a) -2　　　　(b) 2

(c) $-\frac{1}{2}$　　　　(d) $\frac{1}{2}$

解:根据已知条件,显然常数 $k \neq 0$. 计算极限

$$\lim_{n\to\infty}\left(1+\frac{k}{n}\right)^{n} \quad (1^{\infty}\text{ 型})$$

$$=\lim_{n\to\infty}\left(1+\frac{k}{n}\right)^{\frac{n}{k}\cdot k}=\lim_{n\to\infty}\left[\left(1+\frac{k}{n}\right)^{\frac{n}{k}}\right]^{k}=\mathrm{e}^{k}$$

再从已知条件得到关系式 $\mathrm{e}^{k}=\sqrt{\mathrm{e}}$ 即 $\mathrm{e}^{k}=\mathrm{e}^{\frac{1}{2}}$,因此常数

$$k=\frac{1}{2}$$

这个正确答案恰好就是备选答案(d),所以选择(d).

在高等数学中,经常考虑以无理数 e 为底的对数,这种对数称为自然对数,变量 x 的自然对数记作 $\ln x$,即 $\ln x=\log_{\mathrm{e}} x$.

例 10 单项选择题

当 $x\to 0$ 时,无穷小量 $\ln(1+x)$ 与 x 比较是(　　)无穷小量.

(a) 较高阶　　　　(b) 较低阶

(c) 同阶但非等价　　　　(d) 等价

解:当 $x\to 0$ 时,无穷小量 $\ln(1+x)$ 与 x 比较意味着计算它们之比值的极限,当然是$\frac{0}{0}$型未定式极限,应用对数恒等关系式与第二个重要极限,有

$$\lim_{x\to 0}\frac{\ln(1+x)}{x} \quad \left(\frac{0}{0}\text{ 型}\right)$$

$$=\lim_{x\to 0}\frac{1}{x}\ln(1+x)=\lim_{x\to 0}\ln(1+x)^{\frac{1}{x}}=\ln\mathrm{e}=1$$

根据无穷小量阶的定义,说明当 $x\to 0$ 时,无穷小量 $\ln(1+x)$ 与 x 是等价无穷小量,从而备选答案(d) 当选,所以选择(d).

§1.7　函数的连续性

观察函数 $y=x^2$ 与 $y=\frac{1}{x}$ 的图形,如图 1－9 与图 1－10,容易看出:在原点处,函数曲线 $y=x^2$ 不断开,而函数曲线 $y=\frac{1}{x}$ 却断开了.

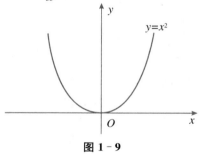

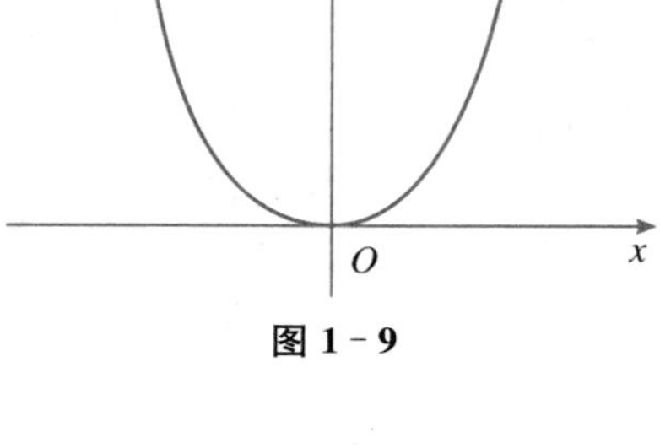

图 1－9

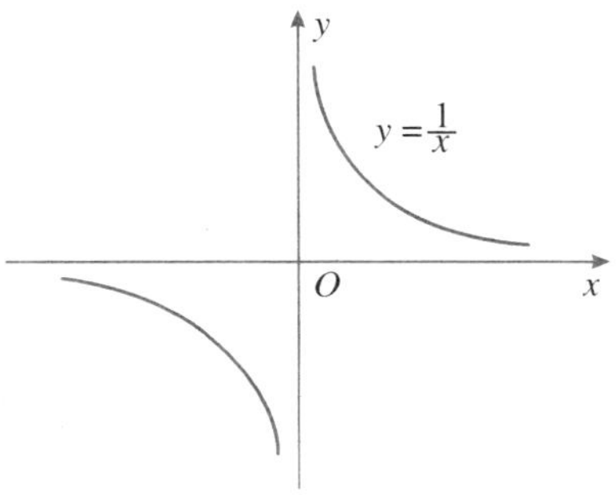

图 1-10

函数曲线断开与否，体现出函数的一个重要性质. 函数曲线 $y=x^2$ 在原点处不断开，称函数 $y=x^2$ 在点 $x=0$ 处连续；而函数曲线 $y=\frac{1}{x}$ 在原点处断开，则称函数 $y=\frac{1}{x}$ 在点 $x=0$ 处不连续或间断. 函数 $y=x^2$ 在点 $x=0$ 处连续，有什么特征？函数 $y=x^2$ 在点 $x=0$ 处有定义，极限也存在，而且极限值等于函数值，都等于零. 即有关系式 $\lim\limits_{x\to 0}x^2=x^2\Big|_{x=0}$. 函数 $y=\frac{1}{x}$ 在点 $x=0$ 处间断，就没有在点 $x=0$ 处的极限值等于函数值这样的关系式.

定义 1.15　已知函数 $f(x)$ 在点 x_0 处及其左右有定义，若有关系式 $\lim\limits_{x\to x_0}f(x)=f(x_0)$，则称函数 $f(x)$ 在点 x_0 处连续.

函数 $y=f(x)$ 在点 x_0 处连续，只能说明函数 $y=f(x)$ 在点 x_0 处及其左右的变化情况，它表示函数的局部性质，那么它与函数改变量有什么关系？考虑在点 x_0 处，自变量有了改变量 $\Delta x=x-x_0$，相应的函数改变量为 $\Delta y=f(x)-f(x_0)$，考察关系式 $\lim\limits_{x\to x_0}f(x)=f(x_0)$，根据 §1.4 定理 1.4，它等价于：当 $x\to x_0$ 时，变量 $f(x)-f(x_0)$ 为无穷小量，这意味着：当 $\Delta x\to 0$ 时，有 $\Delta y\to 0$，即极限 $\lim\limits_{\Delta x\to 0}\Delta y=0$，于是有下面的定理.

定理 1.6　已知函数 $f(x)$ 在点 x_0 处及其左右有定义，在点 x_0 处的自变量改变量为 Δx，相应的函数改变量为 Δy，函数 $y=f(x)$ 在点 x_0 处连续等价于极限

$$\lim_{\Delta x\to 0}\Delta y=0$$

当函数 $f(x)$ 的定义域为闭区间 $[a,b]$ 时，只要右极限 $\lim\limits_{x\to a^+}f(x)=f(a)$，就认为函数 $f(x)$ 在左端点 a 处连续；只要左极限 $\lim\limits_{x\to b^-}f(x)=f(b)$，就认为函数 $f(x)$ 在右端点 b 处连续.

若函数 $f(x)$ 在区间 I（可以是开区间，也可以是闭区间或半开区间）上每一点 x 处都连续，则称函数 $f(x)$ 在区间 I 上连续，并称函数 $f(x)$ 为区间 I 上的连续函数. 连续函数的图形是一条不断开的连续曲线.

根据 §1.3 极限基本运算法则 1 至法则 4，连续函数与连续函数的和、差、积、商及复合仍为连续函数，其中作为除式的连续函数取值须不为零. 显然，单调连续函数的反函数仍为单调连续函数.

根据 §1.3 极限基本运算法则 5，所有初等函数是其定义域上的连续函数.

连续函数具有下列性质：

性质 1 如果函数 $f(x)$ 在闭区间 $[a,b]$ 上连续，则函数 $f(x)$ 在闭区间 $[a,b]$ 上有界，存在最大值与最小值；

性质 2 如果函数 $f(x)$ 在闭区间 $[a,b]$ 上连续，且函数值 $f(a)$ 与 $f(b)$ 异号，则在开区间 (a,b) 内至少存在一点 ξ，使得

$$f(\xi)=0 \quad (a<\xi<b)$$

性质 3 如果函数 $f(x)$ 在开区间 (a,b) 内连续，且 $f(x)\neq 0$，则对于开区间 (a,b) 内所有点 x，函数 $f(x)$ 同号.

连续的反面就是不连续即间断，在点 x_0 处及其左右很小范围内，若函数 $f(x)$ 仅在点 x_0 处不连续，而在其他点处连续，则称点 x_0 为函数 $f(x)$ 的间断点.

最后讨论分段函数的连续性. 由于假定分段函数在分段区间上表示对应规则的数学表达式是初等函数的表达式，因而容易判别分段函数在分段区间内的连续性，关键是讨论分段函数在分界点处的连续性.

例 1 填空题

若分段函数

$$f(x)=\begin{cases}(1+x)^{\frac{5}{x}}, & x\neq 0\\ a, & x=0\end{cases}$$

在分界点 $x=0$ 处连续，则常数 $a=$ ______.

解：注意到函数值 $f(0)=a$；又注意到分段函数 $f(x)$ 在分界点 $x=0$ 左右的数学表达式一样，因而直接计算极限 $\lim\limits_{x\to 0}f(x)$. 考虑到在 $x\to 0$ 的过程中，恒有 $x\neq 0$，这时函数 $f(x)=(1+x)^{\frac{5}{x}}$，因此极限

$$\begin{aligned}\lim_{x\to 0}f(x)&=\lim_{x\to 0}(1+x)^{\frac{5}{x}} \quad (1^{\infty}\text{ 型})\\&=\lim_{x\to 0}\left[(1+x)^{\frac{1}{x}}\right]^5=\mathrm{e}^5\end{aligned}$$

由于分段函数 $f(x)$ 在分界点 $x=0$ 处连续，意味着极限 $\lim\limits_{x\to 0}f(x)$ 等于函数值 $f(0)$，从而得到常数

$$a=\mathrm{e}^5$$

于是应将“e^5”直接填在空内.

例 2 已知分段函数

$$f(x)=\begin{cases}x^3-2, & x<2\\ kx, & x\geqslant 2\end{cases}$$

在分界点 $x=2$ 处连续，求常数 k 的值.

解：由于分段函数 $f(x)$ 在分界点 $x=2$ 处连续，从而极限 $\lim\limits_{x\to 2}f(x)$ 存在. 注意到分段函数 $f(x)$ 在分界点 $x=2$ 左右的数学表达式不一样，因而应分别计算左极限 $\lim\limits_{x\to 2^-}f(x)$ 与右极限 $\lim\limits_{x\to 2^+}f(x)$，它们都存在且相等.

考虑到 $x\to 2^-$ 意味着点 x 从点 2 的左方无限接近于点 2，从而在 $x\to 2^-$ 的过程中，恒有 $x<2$，这时函数 $f(x)=x^3-2$，因此左极限

$$\lim_{x\to 2^-} f(x) = \lim_{x\to 2^-}(x^3-2) = 6$$

又考虑到 $x\to 2^+$ 意味着点 x 从点 2 的右方无限接近于点 2，从而在 $x\to 2^+$ 的过程中，恒有 $x>2$，这时函数 $f(x)=kx$，因此右极限

$$\lim_{x\to 2^+} f(x) = \lim_{x\to 2^+} kx = 2k$$

由于左极限 $\lim\limits_{x\to 2^-} f(x)$ 等于右极限 $\lim\limits_{x\to 2^+} f(x)$，即有关系式 $6=2k$，所以常数

$$k=3$$

习题一

1.01　一块正方形纸板的边长为 a，将其四角各截去一个大小相同的边长为 x 的小正方形，再将四边折起做成一个无盖方盒，试将无盖方盒容积 V 表示为所截小正方形边长 x 的函数.

1.02　欲做一个容积为 72 m^3 的长方体带盖箱子，箱子底长 xm 与宽 um 的比为 1∶2，试将长方体带盖箱子表面积 $S\mathrm{m}^2$ 表示为底长 xm 的函数.

1.03　欲做一个容积为 $250\pi\mathrm{m}^3$ 的圆柱形无盖蓄水池，已知池周围材料价格为 a 元 /m^2，池底材料价格为池周围材料价格的 2 倍，试将所用材料费 T 元表示为池底半径 rm 的函数.

1.04　某厂每批生产 Qt 某商品的平均单位成本函数为

$$\overline{C}=\overline{C}(Q)=Q+4+\frac{10}{Q}\text{（万元 /t）}$$

商品销售价格为 p 万元 /t，它与批量 Qt 的关系为

$$5Q+p-28=0$$

试将每批商品全部销售后获得的总利润 L 万元表示为批量 Qt 的函数.

1.05　某产品总成本 C 为月产量 x 的函数

$$C=C(x)=\frac{1}{5}x^2+4x+20$$

产品销售价格为 p，需求函数为

$$x=x(p)=160-5p$$

试将：

（1）平均单位成本 $\overline{C}$ 表示为月产量 x 的函数；

（2）每月产品全部销售后获得的总收益 R 表示为销售价格 p 的函数.

1.06　求下列极限：

（1）$\lim\limits_{x\to\infty} 10^{\frac{1}{x}}$　　　　（2）$\lim\limits_{x\to 5}\dfrac{\sqrt{x-1}+2}{\sqrt{x+4}+3}$

（3）$\lim\limits_{x\to 0}\dfrac{1}{1+\cos x}$　　　　（4）$\lim\limits_{x\to 1}\arctan x$

1.07　已知分段函数

$$f(x)=\begin{cases}3x-1, & x<1\\ x^2+1, & x>1\end{cases}$$

求极限 $\lim\limits_{x\to 1} f(x)$.

1.08　求下列极限：

(1) $\lim\limits_{x\to 0}x\cos\dfrac{1}{x}$

(2) $\lim\limits_{x\to 0}\dfrac{10^x}{x}$

1.09　求下列极限：

(1) $\lim\limits_{x\to -3}\dfrac{x^2-9}{x+3}$

(2) $\lim\limits_{x\to 2}\dfrac{x^2-3x+2}{x-2}$

(3) $\lim\limits_{x\to 5}\dfrac{x^2-5x}{x^2-25}$

(4) $\lim\limits_{x\to 3}\dfrac{x^2-4x+3}{x^2-x-6}$

1.10　求下列极限：

(1) $\lim\limits_{x\to 2}\dfrac{\sqrt{5x-1}-3}{x-2}$

(2) $\lim\limits_{x\to 0}\dfrac{\sqrt{1+x}-\sqrt{1-x}}{x}$

(3) $\lim\limits_{x\to 1}\dfrac{x-1}{\sqrt{1+x}-\sqrt{3-x}}$

(4) $\lim\limits_{x\to 3}\dfrac{\sqrt{x-2}-1}{\sqrt{x+1}-2}$

1.11　求下列极限：

(1) $\lim\limits_{x\to\infty}\dfrac{4x^3-x^2+1}{3x^2+2x}$

(2) $\lim\limits_{x\to\infty}\dfrac{(x^3+1)(5x-2)}{(x^2+1)^2}$

(3) $\lim\limits_{x\to\infty}\dfrac{x+2}{x^2+1}\sin x$

(4) $\lim\limits_{n\to\infty}\dfrac{2n^2-5}{7n^2+4n+3}$

1.12　求下列极限：

(1) $\lim\limits_{x\to 0}\dfrac{\sin^2 x}{x}$

(2) $\lim\limits_{x\to 0}\dfrac{\sin 3x}{x}$

(3) $\lim\limits_{x\to 0}\dfrac{2x-\sin x}{2x+\sin x}$

(4) $\lim\limits_{x\to 1}\dfrac{\sin(x^2-1)}{x-1}$

1.13　求下列极限：

(1) $\lim\limits_{x\to\infty}\left(1+\dfrac{1}{x}\right)^{x+5}$

(2) $\lim\limits_{x\to\infty}\left(1+\dfrac{1}{x}\right)^{5x}$

(3) $\lim\limits_{x\to 0}(1+3x)^{\frac{3}{x}}$

(4) $\lim\limits_{n\to\infty}\left(1-\dfrac{4}{n}\right)^{2n}$

1.14　已知极限$\lim\limits_{x\to 0}(1+kx)^{\frac{1}{x}}=3$,求常数 k 的值.

1.15　已知分段函数

$$f(x)=\begin{cases}\dfrac{\sin x}{x^2+3x}, & x\neq 0\\ a, & x=0\end{cases}$$

在分界点 $x=0$ 处连续,求常数 a 的值.

1.16　已知分段函数

$$f(x)=\begin{cases}ke^{2x}, & x<0\\ 1-3k\cos x, & x\geqslant 0\end{cases}$$

在分界点 $x=0$ 处连续,求常数 k 的值.

1.17　填空题

(1) 极限$\lim\limits_{x\to\infty}\cos\dfrac{1}{x}=$______.

(2) 极限$\lim\limits_{x\to 2}(x^3-x+3)=$______.

(3) 极限$\lim\limits_{x\to-\infty}\left(\dfrac{\pi}{2}-\arctan x\right)=$______.

(4) 极限$\lim\limits_{x\to 0}x\sin\dfrac{1}{x}=$______.

(5) 当$x\to 0$时，若无穷小量$f(x)$与$1-\cos 3x$是等价无穷小量，则它们比值的极限$\lim\limits_{x\to 0}\dfrac{f(x)}{1-\cos 3x}=$______.

(6) 已知极限$\lim\limits_{x\to 1}\dfrac{x^3+kx^2-x-3}{x-1}$存在，则常数$k=$______.

(7) 极限$\lim\limits_{x\to 0}\dfrac{1-\cos^2 x}{x^2}=$______.

(8) 已知当$x\neq 0$时，函数$f(x)=\dfrac{x^2}{\sqrt{1+x^2}-1}$，若函数$f(x)$在点$x=0$处连续，则函数值$f(0)=$______.

1.18　单项选择题

(1) 若极限$\lim\limits_{x\to\infty}f(x)=A$，$\lim\limits_{x\to\infty}g(x)=A$($A$为有限值)，则下列关系式中(　　)非恒成立.

(a) $\lim\limits_{x\to\infty}(f(x)+g(x))=2A$　　(b) $\lim\limits_{x\to\infty}(f(x)-g(x))=0$

(c) $\lim\limits_{x\to\infty}f(x)g(x)=A^2$　　(d) $\lim\limits_{x\to\infty}\dfrac{f(x)}{g(x)}=1$

(2) 极限$\lim\limits_{x\to 2}\dfrac{x^2+x-6}{x^2-4}=$(　　).

(a) $-\dfrac{5}{4}$　　(b) $\dfrac{5}{4}$

(c) $-\dfrac{4}{5}$　　(d) $\dfrac{4}{5}$

(3) 极限$\lim\limits_{x\to 1}\dfrac{1-x^2}{1-\sqrt{x}}=$(　　).

(a)0　　(b)1

(c)2　　(d)4

(4) 已知极限$\lim\limits_{n\to\infty}\dfrac{(\alpha+1)n^2+2}{n}=0$，则常数$\alpha=$(　　).

(a)-1　　(b)0

(c)1　　(d)2

(5) 当 $x\to 0$ 时,无穷小量 $\sin(2x+x^2)$ 与 x 比较是(　　)无穷小量.

(a) 较高阶　　(b) 较低阶

(c) 同阶但非等价　　(d) 等价

(6) 极限 $\lim\limits_{n\to\infty}\left(1+\dfrac{2}{n}\right)^n=$(　　).

(a) $\dfrac{e}{2}$　　(b) $2e$

(c) $\sqrt{e}$　　(d) e^2

(7) 已知分段函数

$$f(x)=\begin{cases}e^x, & x<0\\ (1+x)^{\frac{1}{x}}, & x>0\end{cases}$$

则右极限 $\lim\limits_{x\to 0^+}f(x)=$(　　).

(a) 0　　(b) 1

(c) e　　(d) $+\infty$

(8) 若分段函数

$$f(x)=\begin{cases}2, & x\leqslant 0\\ \dfrac{1}{x}\sin x+p, & x>0\end{cases}$$

在分界点 $x=0$ 处连续,则常数 $p=$(　　).

(a) 0　　(b) 1

(c) 2　　(d) 3

第二章

导数与微分

§2.1　导数的概念

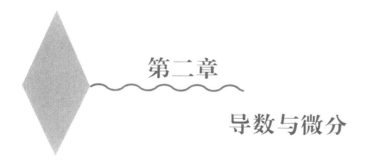

在实际问题中,往往需要研究一类特殊的极限.

例 1　平面曲线的切线

已知函数曲线 $y=f(x)$,它经过点 $M_0(x_0,y_0)$,取函数曲线 $y=f(x)$ 上的另外一点 $M(x_0+\Delta x,y_0+\Delta y)$,作割线 M_0M,如图 2-1.

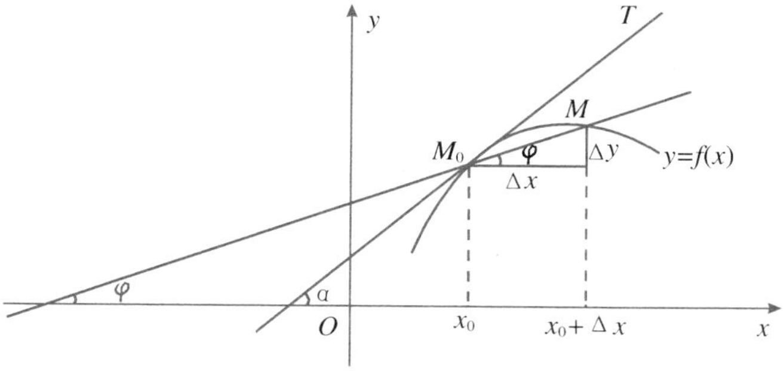

图 2-1

设割线 M_0M 的倾斜角为 $\varphi\neq\frac{\pi}{2}$,从而割线斜率为

$$\tan\varphi=\frac{\Delta y}{\Delta x}=\frac{f(x_0+\Delta x)-f(x_0)}{\Delta x}$$

当 $\Delta x \to 0$ 时，动点 M 沿着函数曲线 $y = f(x)$ 无限接近于固定点 M_0，从而使得割线 M_0M 的位置也随着变动，若割线 M_0M 的极限位置存在，则称此极限位置 M_0T 为函数曲线 $y = f(x)$ 上点 $M_0(x_0, y_0)$ 处的切线，再设切线 M_0T 的倾斜角为 $\alpha \neq \frac{\pi}{2}$，即切线 M_0T 的斜率 $k = \tan\alpha$ 存在，这意味着当 $\Delta x \to 0$ 时割线斜率 $\tan\varphi$ 的极限存在，此极限为切线斜率 k，即

$$k = \lim_{\Delta x \to 0} \frac{\Delta y}{\Delta x} = \lim_{\Delta x \to 0} \frac{f(x_0 + \Delta x) - f(x_0)}{\Delta x}$$

例 2　直线运动的瞬时速度

在物体作直线运动时，它距出发点走过的路程 s 是经过时间 t 的函数 $s = s(t)$，称为运动方程. 物体在时刻 $t = t_0$ 距出发点走过的路程为 $s(t_0)$，在时刻 $t = t_0 + \Delta t$ 距出发点走过的路程为 $s(t_0 + \Delta t)$，从而在时刻 t_0 到 $t_0 + \Delta t$ 这一段时间间隔 Δt 内，所走过的路程为 $\Delta s = s(t_0 + \Delta t) - s(t_0)$，其平均速度为

$$\bar{v} = \frac{\Delta s}{\Delta t} = \frac{s(t_0 + \Delta t) - s(t_0)}{\Delta t}$$

一般情况下，平均速度 $\bar{v}$ 与时间间隔 Δt 有关. 当时间间隔 Δt 很短时，可以用平均速度 $\bar{v}$ 近似表示物体作直线运动在时刻 $t = t_0$ 的快慢程度，时间间隔 Δt 越短，近似程度就越高. 当 $\Delta t \to 0$ 时，若平均速度 $\bar{v}$ 的极限存在，则称此极限为物体作直线运动在时刻 $t = t_0$ 的瞬时速度

$$v = \lim_{\Delta t \to 0} \frac{\Delta s}{\Delta t} = \lim_{\Delta t \to 0} \frac{s(t_0 + \Delta t) - s(t_0)}{\Delta t}$$

例 3　产品总产量的瞬时变化率

在生产过程中，产品总产量 x 是时间 t 的函数 $x = x(t)$. 从开始到时刻 $t = t_0$ 的总产量为 $x(t_0)$，从开始到时刻 $t = t_0 + \Delta t$ 的总产量为 $x(t_0 + \Delta t)$，从而在时刻 t_0 到 $t_0 + \Delta t$ 这一段时间间隔 Δt 内，产量改变量为 $\Delta x = x(t_0 + \Delta t) - x(t_0)$，产量平均变化率为

$$\bar{r} = \frac{\Delta x}{\Delta t} = \frac{x(t_0 + \Delta t) - x(t_0)}{\Delta t}$$

一般情况下，产量平均变化率 $\bar{r}$ 与时间间隔 Δt 有关. 当时间间隔 Δt 很短时，可以用产量平均变化率 $\bar{r}$ 近似表示总产量在时刻 $t = t_0$ 的变化情况，时间间隔 Δt 越短，近似程度就越高. 当 $\Delta t \to 0$ 时，若产量平均变化率 $\bar{r}$ 的极限存在，则称此极限为总产量在时刻 $t = t_0$ 的瞬时变化率

$$r = \lim_{\Delta t \to 0} \frac{\Delta x}{\Delta t} = \lim_{\Delta t \to 0} \frac{x(t_0 + \Delta t) - x(t_0)}{\Delta t}$$

在上面三个具体问题中，尽管实际背景不一样，但从抽象的数量关系来看却是一样的，都归结为：当自变量改变量趋于零时，计算函数改变量与自变量改变量之比值的极限.

定义 2.1　已知函数 $y = f(x)$ 在点 x_0 处及其左右有定义，自变量 x 在点 x_0 处有了改变量 $\Delta x \neq 0$，相应函数改变量为 $\Delta y = f(x_0 + \Delta x) - f(x_0)$. 当 $\Delta x \to 0$ 时，若比值 $\frac{\Delta y}{\Delta x}$ 的极限存在，则称函数 $y = f(x)$ 在点 x_0 处可导，并称此极限为函数 $y = f(x)$ 在点 x_0 处的导数值，记作

$$f'(x_0)=\lim_{\Delta x\to 0}\frac{\Delta y}{\Delta x}=\lim_{\Delta x\to 0}\frac{f(x_0+\Delta x)-f(x_0)}{\Delta x}$$

还可以记作

$$y'\Big|_{x=x_0} \text{ 或 } \frac{\mathrm{d}}{\mathrm{d}x}f(x)\Big|_{x=x_0} \text{ 或 } \frac{\mathrm{d}y}{\mathrm{d}x}\Big|_{x=x_0}$$

根据 §1.3 定理 1.2,比值的极限$\lim\limits_{\Delta x\to 0}\dfrac{f(x_0+\Delta x)-f(x_0)}{\Delta x}$存在等价于

$$\begin{cases}\text{比值的左极限 } \lim\limits_{\Delta x\to 0^-}\dfrac{f(x_0+\Delta x)-f(x_0)}{\Delta x}\\ \text{比值的右极限 } \lim\limits_{\Delta x\to 0^+}\dfrac{f(x_0+\Delta x)-f(x_0)}{\Delta x}\end{cases}$$

同时存在且相等. 比值的左极限与右极限分别称为函数 $y=f(x)$ 在点 x_0 处的左导数值与右导数值,于是有下面的定理.

定理 2.1　函数 $y=f(x)$ 在点 x_0 处可导等价于

$$\begin{cases}\text{左导数值 } \lim\limits_{\Delta x\to 0^-}\dfrac{f(x_0+\Delta x)-f(x_0)}{\Delta x}\\ \text{右导数值 } \lim\limits_{\Delta x\to 0^+}\dfrac{f(x_0+\Delta x)-f(x_0)}{\Delta x}\end{cases}$$

同时存在且相等.

当函数 $f(x)$ 的定义域为闭区间$[a,b]$时,只要函数 $f(x)$ 在左端点 a 处的右导数值存在,就认为函数 $f(x)$ 在左端点 a 处可导;只要函数 $f(x)$ 在右端点 b 处的左导数值存在,就认为函数 $f(x)$ 在右端点 b 处可导.

根据导数值的定义,在例 1 中,函数曲线 $y=f(x)$ 上点 $M_0(x_0,y_0)$ 处的切线斜率

$$k=f'(x_0)$$

这给出了导数值的几何意义. 说明若函数 $f(x)$ 在点 x_0 处可导,则函数曲线 $y=f(x)$ 上相应点 $M_0(x_0,f(x_0))$ 处存在切线且切线倾斜角 $\alpha\neq\frac{\pi}{2}$,即切线不垂直于 x 轴;在例 2 中,直线运动方程为 $s=s(t)$ 的物体在时刻 $t=t_0$ 的瞬时速度

$$v=s'(t_0)$$

在例 3 中,产品总产量 $x=x(t)$ 在时刻 $t=t_0$ 的瞬时变化率

$$r=x'(t_0)$$

导数值的定义已经给出了求导数值 $f'(x_0)$ 的具体方法:当自变量改变量 Δx 趋于零时,计算函数改变量 $f(x_0+\Delta x)-f(x_0)$ 与自变量改变量 Δx 之比值的极限. 在计算这个比值的极限过程中,变量为自变量改变量 Δx. 根据 §1.3 定理 1.3,这个比值的极限值与变量记号无关,因此自变量改变量的记号不仅可以表示为 Δx,也可以表示为 $3\Delta x$ 或 $-\Delta x$,甚至可以表示为 h 或 x,当然这个比值的分母必须与作为分子的函数改变量表达式中的自变量改变量记号完全一致,而且自变量改变量一定趋于零. 于是有

$$\begin{aligned}f'(x_0)&=\lim_{\Delta x\to 0}\frac{f(x_0+\Delta x)-f(x_0)}{\Delta x}\\&=\lim_{\Delta x\to 0}\frac{f(x_0+3\Delta x)-f(x_0)}{3\Delta x}\end{aligned}$$

$$= \lim_{\Delta x \to 0} \frac{f(x_0 - \Delta x) - f(x_0)}{-\Delta x}$$

$$= \lim_{h \to 0} \frac{f(x_0 + h) - f(x_0)}{h}$$

$$= \lim_{x \to 0} \frac{f(x_0 + x) - f(x_0)}{x}$$

$$= \cdots$$

例 4 单项选择题

已知函数 $f(x)$ 在点 x_0 处可导,则极限 $\lim\limits_{\Delta x \to 0} \dfrac{f(x_0 - 3\Delta x) - f(x_0)}{\Delta x} = (\quad)$.

(a) $-3f'(x_0)$ (b) $3f'(x_0)$

(c) $-\dfrac{1}{3}f'(x_0)$ (d) $\dfrac{1}{3}f'(x_0)$

解:计算极限

$$\lim_{\Delta x \to 0} \frac{f(x_0 - 3\Delta x) - f(x_0)}{\Delta x} = -3 \lim_{\Delta x \to 0} \frac{f(x_0 - 3\Delta x) - f(x_0)}{-3\Delta x} = -3f'(x_0)$$

这个正确答案恰好就是备选答案(a),所以选择(a).

例 5 填空题

若极限 $\lim\limits_{h \to 0} \dfrac{f(x_0 + 2h) - f(x_0)}{h} = 4$,则导数值 $f'(x_0) =$ ______.

解:计算极限

$$\lim_{h \to 0} \frac{f(x_0 + 2h) - f(x_0)}{h} = 2 \lim_{h \to 0} \frac{f(x_0 + 2h) - f(x_0)}{2h} = 2f'(x_0)$$

再从已知条件得到关系式 $2f'(x_0) = 4$,因而导数值

$$f'(x_0) = 2$$

于是应将"2"直接填在空内.

函数可导与连续有什么关系?有下面的定理.

定理 2.2 如果函数 $y = f(x)$ 在点 x_0 处可导,则函数 $y = f(x)$ 在点 x_0 处连续.

证:由于函数 $y = f(x)$ 在点 x_0 处可导,因而有极限

$$\lim_{\Delta x \to 0} \frac{\Delta y}{\Delta x} = f'(x_0)(\text{有限值})$$

当自变量改变量 Δx 趋于零时,考察函数改变量 Δy 的极限,有

$$\lim_{\Delta x \to 0} \Delta y = \lim_{\Delta x \to 0} \frac{\Delta y}{\Delta x} \Delta x = \lim_{\Delta x \to 0} \frac{\Delta y}{\Delta x} \lim_{\Delta x \to 0} \Delta x = f'(x_0) \cdot 0 = 0$$

根据 §1.7 定理 1.6,所以函数 $y = f(x)$ 在点 x_0 处连续.

根据这个定理,只有函数 $y = f(x)$ 在点 x_0 处连续,才能进一步考察它在点 x_0 处是否可导. 从数学角度上讲,导数值 $f'(x_0) = \lim\limits_{\Delta x \to 0} \dfrac{\Delta y}{\Delta x}$ 是一种特殊类型的 $\dfrac{0}{0}$ 型未定式极限.

但是,在某点处连续的函数不一定在该点处可导. 如考虑初等函数 $f(x) = \sqrt[3]{x}$ 在点 $x = 0$ 处的连续性与可导性:根据 §1.7 的结论,它是其定义域 $D = (-\infty, +\infty)$ 上的连续函数,当然在点 $x = 0$ 处连续;根据导数值的定义,它在点 $x = 0$ 处的导数值定义为极限

$$\lim_{\Delta x \to 0} \frac{f(0+\Delta x)-f(0)}{\Delta x} = \lim_{\Delta x \to 0} \frac{\sqrt[3]{\Delta x}-0}{\Delta x} = \lim_{\Delta x \to 0} \frac{1}{\sqrt[3]{(\Delta x)^2}} = \infty$$

由于此极限不存在，于是它在点 $x=0$ 处不可导. 再如分段函数 $f(x)=|x|$ 在分界点 $x=0$ 处显然连续；考虑左导数值

$$\lim_{\Delta x \to 0^-} \frac{f(0+\Delta x)-f(0)}{\Delta x} = \lim_{\Delta x \to 0^-} \frac{|\Delta x|-0}{\Delta x} = \lim_{\Delta x \to 0^-} \frac{-\Delta x}{\Delta x} = \lim_{\Delta x \to 0^-} (-1) = -1$$

而右导数值

$$\lim_{\Delta x \to 0^+} \frac{f(0+\Delta x)-f(0)}{\Delta x} = \lim_{\Delta x \to 0^+} \frac{|\Delta x|-0}{\Delta x} = \lim_{\Delta x \to 0^+} \frac{\Delta x}{\Delta x} = \lim_{\Delta x \to 0^+} 1 = 1$$

尽管左导数值与右导数值都存在，但不相等，根据定理 2.1，于是它在分界点 $x=0$ 处不可导.

综合上面的讨论得到：对于一元函数，可导一定连续，但连续不一定可导，即连续仅是可导的必要条件而非充分条件.

例 6　填空题

已知函数 $f(x)$ 在点 $x=2$ 处可导，若极限 $\lim\limits_{x \to 2} f(x) = -1$，则函数值 $f(2)=$ ______.

解： 由于函数 $f(x)$ 在点 $x=2$ 处可导，从而函数 $f(x)$ 在点 $x=2$ 处连续，因此函数值

$$f(2) = \lim_{x \to 2} f(x) = -1$$

于是应将“-1”直接填在空内.

若函数 $y=f(x)$ 在区间 I（可以是开区间，也可以是闭区间或半开区间）上每一点 x 处都可导，则称函数 $y=f(x)$ 在区间 I 上可导，或称函数 $y=f(x)$ 在区间 I 上对自变量 x 可导，并称函数 $y=f(x)$ 为区间 I 上的可导函数. 这样，对于区间 I 上每一点 x，恒有一个导数值与之对应，于是得到一个新的函数，这个新的函数称为函数 $y=f(x)$ 的导函数，简称为导数，也称为函数 $y=f(x)$ 对自变量 x 的导数，记作

$$f'(x) = \lim_{\Delta x \to 0} \frac{\Delta y}{\Delta x} = \lim_{\Delta x \to 0} \frac{f(x+\Delta x)-f(x)}{\Delta x}$$

还可以记作

$$y' \text{ 或 } \frac{\mathrm{d}}{\mathrm{d}x} f(x) \text{ 或 } \frac{\mathrm{d}y}{\mathrm{d}x}$$

应用求导数的具体方法，容易得到常量函数 $f(x)=c$（c 为常数）的导数

$$f'(x) = \lim_{\Delta x \to 0} \frac{f(x+\Delta x)-f(x)}{\Delta x} = \lim_{\Delta x \to 0} \frac{c-c}{\Delta x} = \lim_{\Delta x \to 0} 0 = 0$$

说明常量的导数等于零，即

$$(c)' = 0 \quad (c \text{ 为常数})$$

例 7　求函数 $f(x)=x^2$ 的导数.

解： $f'(x) = \lim\limits_{\Delta x \to 0} \dfrac{f(x+\Delta x)-f(x)}{\Delta x} = \lim\limits_{\Delta x \to 0} \dfrac{(x+\Delta x)^2 - x^2}{\Delta x} \quad \left(\dfrac{0}{0} \text{ 型}\right)$

$$= \lim_{\Delta x \to 0} \frac{(2x+\Delta x)\Delta x}{\Delta x} = \lim_{\Delta x \to 0} (2x+\Delta x) = 2x$$

即有

$$(x^2)' = 2x$$

例 8 求函数 $f(x)=x^3$ 的导数.

解: $$f'(x)=\lim_{\Delta x\to 0}\frac{f(x+\Delta x)-f(x)}{\Delta x}=\lim_{\Delta x\to 0}\frac{(x+\Delta x)^3-x^3}{\Delta x}\left(\frac{0}{0}\text{ 型}\right)$$
$$=\lim_{\Delta x\to 0}\frac{\Delta x[(x+\Delta x)^2+(x+\Delta x)x+x^2]}{\Delta x}=\lim_{\Delta x\to 0}[(x+\Delta x)^2+(x+\Delta x)x+x^2]$$
$$=3x^2$$

即有

$$(x^3)'=3x^2$$

例 9 求函数 $f(x)=\dfrac{1}{x}$ 的导数.

解: $$f'(x)=\lim_{\Delta x\to 0}\frac{f(x+\Delta x)-f(x)}{\Delta x}=\lim_{\Delta x\to 0}\frac{\frac{1}{x+\Delta x}-\frac{1}{x}}{\Delta x}\left(\frac{0}{0}\text{ 型}\right)$$
$$=\lim_{\Delta x\to 0}\frac{\frac{-\Delta x}{(x+\Delta x)x}}{\Delta x}=\lim_{\Delta x\to 0}\left(-\frac{1}{(x+\Delta x)x}\right)=-\frac{1}{x^2}$$

即有

$$\left(\frac{1}{x}\right)'=-\frac{1}{x^2}$$

例 10 求函数 $f(x)=\sqrt{x}\,(x>0)$ 的导数.

解: $$f'(x)=\lim_{\Delta x\to 0}\frac{f(x+\Delta x)-f(x)}{\Delta x}=\lim_{\Delta x\to 0}\frac{\sqrt{x+\Delta x}-\sqrt{x}}{\Delta x}\quad\left(\frac{0}{0}\text{ 型}\right)$$
$$=\lim_{\Delta x\to 0}\frac{(\sqrt{x+\Delta x}-\sqrt{x})(\sqrt{x+\Delta x}+\sqrt{x})}{\Delta x(\sqrt{x+\Delta x}+\sqrt{x})}=\lim_{\Delta x\to 0}\frac{\Delta x}{\Delta x(\sqrt{x+\Delta x}+\sqrt{x})}$$
$$=\lim_{\Delta x\to 0}\frac{1}{\sqrt{x+\Delta x}+\sqrt{x}}=\frac{1}{2\sqrt{x}}$$

即有

$$(\sqrt{x})'=\frac{1}{2\sqrt{x}}$$

考虑函数 $f(x)$,若已经求出导数 $f'(x)$,则导数 $f'(x)$ 在属于定义域的点 x_0 处的函数值就是函数 $f(x)$ 在点 x_0 处的导数值,即

$$f'(x_0)=f'(x)\Big|_{x=x_0}$$

说明在导数 $f'(x)$ 的表达式中,自变量 x 用数 x_0 代入就得到导数值 $f'(x_0)$.

值得注意的是:函数 $f(x)$ 的导数 $f'(x)$ 也可以用 $(f(x))'$ 表示,它们的含义是一样的,即

$$f'(x)=(f(x))'$$

但是函数 $f(x)$ 在点 x_0 处的导数值 $f'(x_0)$ 却不能用 $(f(x_0))'$ 表示,这是由于 $(f(x_0))'$ 代表函数值 $f(x_0)$ 即常数的导数,当然等于零,因而它们的含义是不一样的,即

$$f'(x_0)\neq(f(x_0))'$$

§2.2　导数基本运算法则

尽管导数的定义给出了求导数的具体方法，但是若对每一个函数都直接根据定义求得导数，则工作量是很大的. 因此有必要给出导数基本运算法则，以简化求导数的计算. 下面给出导数基本运算法则：

法则 1　如果函数 $u=u(x)$，$v=v(x)$ 都可导，则导数

$$(u\pm v)'=u'\pm v'$$

证：对应于自变量改变量 $\Delta x\neq 0$，函数 u，v 分别取得改变量 Δu，Δv，从而函数 $y=u\pm v$ 取得改变量

$$\Delta y=[(u+\Delta u)\pm(v+\Delta v)]-(u\pm v)=\Delta u\pm\Delta v$$

注意到由于函数 u 可导，从而导数 $u'=\lim\limits_{\Delta x\to 0}\dfrac{\Delta u}{\Delta x}$；由于函数 v 可导，从而导数$v'=\lim\limits_{\Delta x\to 0}\dfrac{\Delta v}{\Delta x}$. 于是导数

$$y'=\lim_{\Delta x\to 0}\frac{\Delta y}{\Delta x}=\lim_{\Delta x\to 0}\frac{\Delta u\pm\Delta v}{\Delta x}=\lim_{\Delta x\to 0}\left(\frac{\Delta u}{\Delta x}\pm\frac{\Delta v}{\Delta x}\right)=u'\pm v'$$

即导数

$$(u\pm v)'=u'\pm v'$$

法则 2　如果函数 $u=u(x)$，$v=v(x)$ 都可导，则导数

$$(uv)'=u'v+uv'$$

证：对应于自变量改变量 $\Delta x\neq 0$，函数 u，v 分别取得改变量 Δu，Δv，从而函数 $y=uv$ 取得改变量

$$\Delta y=(u+\Delta u)(v+\Delta v)-uv=\Delta u\cdot v+u\Delta v+\Delta u\Delta v$$

注意到由于函数 u，v 都是与自变量改变量 Δx 无关的量，从而极限$\lim\limits_{\Delta x\to 0}u=u$，$\lim\limits_{\Delta x\to 0}v=v$；又由于函数 v 可导，当然连续，从而极限$\lim\limits_{\Delta x\to 0}\Delta v=0$. 于是导数

$$\begin{aligned}y'&=\lim_{\Delta x\to 0}\frac{\Delta y}{\Delta x}=\lim_{\Delta x\to 0}\frac{\Delta u\cdot v+u\Delta v+\Delta u\Delta v}{\Delta x}=\lim_{\Delta x\to 0}\left(\frac{\Delta u}{\Delta x}v+u\frac{\Delta v}{\Delta x}+\frac{\Delta u}{\Delta x}\Delta v\right)\\&=u'v+uv'+u'\cdot 0=u'v+uv'\end{aligned}$$

即导数

$$(uv)'=u'v+uv'$$

法则 3　如果函数 $u=u(x)$，$v=v(x)$ 都可导，且函数 $v\neq 0$，则导数

$$\left(\frac{u}{v}\right)'=\frac{u'v-uv'}{v^2}$$

证：对应于自变量改变量 $\Delta x\neq 0$，函数 u，v 分别取得改变量 Δu，Δv，从而函数 $y=\dfrac{u}{v}$ 取得改变量

$$\Delta y=\frac{u+\Delta u}{v+\Delta v}-\frac{u}{v}=\frac{\Delta u\cdot v-u\Delta v}{(v+\Delta v)v}$$

于是导数

$$y'=\lim_{\Delta x\to 0}\frac{\Delta y}{\Delta x}=\lim_{\Delta x\to 0}\frac{\frac{\Delta u\cdot v-u\Delta v}{(v+\Delta v)v}}{\Delta x}=\lim_{\Delta x\to 0}\frac{\frac{\Delta u}{\Delta x}v-u\frac{\Delta v}{\Delta x}}{(v+\Delta v)v}=\frac{u'v-uv'}{v^2}$$

即导数

$$\left(\frac{u}{v}\right)'=\frac{u'v-uv'}{v^2}$$

法则 1 可以推广,它对于 m 个函数的代数和也是适用的. 如果有限个函数$u_1=u_1(x)$,$u_2=u_2(x)$,…,$u_m=u_m(x)$ 都可导,则导数

$$(u_1+u_2+\cdots+u_m)'=u'_1+u'_2+\cdots+u'_m$$

法则 2 可以推广,它对于 m 个函数的积也是适用的. 如果有限个函数 $u_1=u_1(x)$,$u_2=u_2(x)$,…,$u_m=u_m(x)$ 都可导,则导数

$$(u_1u_2\cdots u_m)'=u'_1u_2\cdots u_m+u_1u'_2\cdots u_m+\cdots+u_1u_2\cdots u'_m$$

特别地,如果函数 $u=u(x)$,$v=v(x)$ 及 $w=w(x)$ 都可导,根据导数基本运算法则 2 的推论,则导数

$$(uvw)'=u'vw+uv'w+uvw'$$

考虑特殊情况下的法则 2:如果函数 $v=v(x)$ 可导,k 为常数,则导数

$$(kv)'=(k)'v+kv'=0+kv'=kv'$$

说明常系数可以提到导数记号外面.

考虑特殊情况下的法则 3:如果函数 $v=v(x)$ 可导,且函数$v\neq 0$,则导数

$$\left(\frac{1}{v}\right)'=\frac{(1)'v-1\cdot v'}{v^2}=\frac{0-v'}{v^2}=-\frac{v'}{v^2}$$

为了推导导数基本公式的需要,下面给出函数导数与反函数导数的关系.

定理 2.3 如果函数 $x=f^{-1}(y)$ 在开区间 J 内单调可导,且导数$\frac{\mathrm{d}}{\mathrm{d}y}f^{-1}(y)\neq 0$,则反函数 $y=f(x)$ 在对应区间内可导,且导数

$$f'(x)=\frac{1}{\frac{\mathrm{d}}{\mathrm{d}y}f^{-1}(y)}$$

证:由于函数 $x=f^{-1}(y)$ 在开区间 J 内单调,说明变量 x 与 y 一一对应;又由于函数 $x=f^{-1}(y)$ 在开区间 J 内可导,当然连续. 这样,函数 $x=f^{-1}(y)$ 的反函数 $y=f(x)$ 也在对应区间内单调连续. 于是当变量 x 有了改变量 $\Delta x\neq 0$ 时,变量 y 的改变量 $\Delta y\neq 0$,且当 $\Delta x\to 0$ 时,也有 $\Delta y\to 0$. 所以导数

$$f'(x)=\lim_{\Delta x\to 0}\frac{\Delta y}{\Delta x}=\lim_{\Delta y\to 0}\frac{1}{\frac{\Delta x}{\Delta y}}=\frac{1}{\frac{\mathrm{d}}{\mathrm{d}y}f^{-1}(y)}$$

显然,若两个函数相等,则其导数恒相等;若两个函数的导数恒相等,问这两个函数是否一定相等?如函数 $f(x)=x^2$ 与 $g(x)=x^2+c_0$(c_0 为常数),尽管它们的导数都等于 $2x$,但这两个函数却不一定相等,它们之间只相差一个常数 c_0. 当 $c_0=0$ 时,这两个函数相等;当 $c_0\neq$

0 时,这两个函数不相等. 可以证明下面的定理.

定理 2.4　如果函数 $f(x)$ 与 $g(x)$ 在区间 I(可以是开区间,也可以是闭区间或半开区间)上的导数 $f'(x)$ 与 $g'(x)$ 恒相等,则函数 $f(x)$ 与 $g(x)$ 在区间 I 上不一定相等,但至多相差一个常数,即

$$f(x)=g(x)+c_0\quad (c_0 \text{ 为常数})$$

综合上面的讨论,得到导数基本运算法则:

法则 1　$(u\pm v)'=u'\pm v'$

法则 2　$(uv)'=u'v+uv'$

法则 3　$\left(\dfrac{u}{v}\right)'=\dfrac{u'v-uv'}{v^2}$

推论 1　$(u_1+u_2+\cdots+u_m)'=u'_1+u'_2+\cdots+u'_m$

推论 2　$(u_1u_2\cdots u_m)'=u'_1u_2\cdots u_m+u_1u'_2\cdots u_m+\cdots+u_1u_2\cdots u'_m$

推论 3　$(kv)'=kv'$　(k 为常数)

推论 4　$\left(\dfrac{1}{v}\right)'=-\dfrac{v'}{v^2}$

§ 2.3　导数基本公式

基本初等函数的导数构成导数基本公式,下面计算基本初等函数的导数.

1. 常量函数 $y=c$　(c 为常数)

在 § 2.1 中已经得到导数

$$y'=0$$

2. 正整数指数幂函数 $y=x^n$(n 为正整数)

$$\begin{aligned} y'&=\lim_{\Delta x\to 0}\frac{\Delta y}{\Delta x}=\lim_{\Delta x\to 0}\frac{(x+\Delta x)^n-x^n}{\Delta x}\quad \left(\frac{0}{0}\text{ 型}\right)\\ &=\lim_{\Delta x\to 0}\frac{\Delta x[(x+\Delta x)^{n-1}+(x+\Delta x)^{n-2}x+\cdots+(x+\Delta x)x^{n-2}+x^{n-1}]}{\Delta x}\\ &=\lim_{\Delta x\to 0}[(x+\Delta x)^{n-1}+(x+\Delta x)^{n-2}x+\cdots+(x+\Delta x)x^{n-2}+x^{n-1}]\\ &=nx^{n-1} \end{aligned}$$

可以证明:对于任意常数 α,幂函数 $y=x^\alpha$ 的导数

$$y'=\alpha x^{\alpha-1}$$

例 1　$(x)'=1$

$(x^2)'=2x$

$(x^{10})'=10x^9$

例 2 $\left(\frac{1}{x}\right)'=(x^{-1})'=-x^{-2}=-\frac{1}{x^2}$

$\left(\frac{1}{x^2}\right)'=(x^{-2})'=-2x^{-3}=-\frac{2}{x^3}$

$\left(\frac{1}{x^{10}}\right)'=(x^{-10})'=-10x^{-11}=-\frac{10}{x^{11}}$

例 3 $(\sqrt{x})'=(x^{\frac{1}{2}})'=\frac{1}{2}x^{-\frac{1}{2}}=\frac{1}{2\sqrt{x}}$

$(\sqrt[3]{x})'=(x^{\frac{1}{3}})'=\frac{1}{3}x^{-\frac{2}{3}}=\frac{1}{3\sqrt[3]{x^2}}$

$\left(\frac{1}{\sqrt{x}}\right)'=(x^{-\frac{1}{2}})'=-\frac{1}{2}x^{-\frac{3}{2}}=-\frac{1}{2\sqrt{x^3}}$

例 1 至例 3 是应用幂函数导数基本公式的基本题目,其中幂函数 x^2,$\frac{1}{x}$ 及$\sqrt{x}$ 的导数同§2.1 例 7、例 9 及例 10 直接应用导数定义得到的结果是一致的,显然,应用导数基本公式比直接应用导数定义计算导数要简单. 当然,应用 §2.2 导数基本运算法则推论 4,同样可以求得幂函数$\frac{1}{x}$,$\frac{1}{x^2}$ 等的导数.

例 4 求函数 $y=x^4+7x^3-x+10$ 的导数.

解:$y'=(x^4)'+7(x^3)'-(x)'+(10)'=4x^3+21x^2-1+0$

$=4x^3+21x^2-1$

例 5 求函数 $y=x^{\sqrt{2}}-\sqrt{2}x$ 的导数.

解:$y'=\sqrt{2}x^{\sqrt{2}-1}-\sqrt{2}$

例 6 求函数 $y=\frac{1+x}{1-x}$ 的导数.

解:$y'=\frac{(1+x)'(1-x)-(1+x)(1-x)'}{(1-x)^2}=\frac{(1-x)-(1+x)(-1)}{(1-x)^2}=\frac{2}{(1-x)^2}$

例 7 求函数 $y=\frac{1}{x^5+5}$ 的导数.

解:$y'=-\frac{(x^5+5)'}{(x^5+5)^2}=-\frac{5x^4}{(x^5+5)^2}$

3. 指数函数 $y=a^x(a>0,a\neq 1)$

$$y'=\lim_{\Delta x\to 0}\frac{\Delta y}{\Delta x}=\lim_{\Delta x\to 0}\frac{a^{x+\Delta x}-a^x}{\Delta x}\quad\left(\frac{0}{0}\text{ 型}\right)$$

$$=\lim_{\Delta x\to 0}\frac{a^x(a^{\Delta x}-1)}{\Delta x}=a^x\lim_{\Delta x\to 0}\frac{a^{\Delta x}-1}{\Delta x}$$

(令 $u=a^{\Delta x}-1$,即 $\Delta x=\log_a(1+u)$;当 $\Delta x\to 0$ 时,$u\to 0$)

$$=a^x\lim_{u\to 0}\frac{u}{\log_a(1+u)}=a^x\lim_{u\to 0}\frac{1}{\frac{1}{u}\log_a(1+u)}=a^x\lim_{u\to 0}\frac{1}{\log_a(1+u)^{\frac{1}{u}}}$$

$$=a^x\frac{1}{\log_a \mathrm{e}}=a^x\ln a$$

特别地,若 $a=\mathrm{e}$,则得到指数函数 $y=\mathrm{e}^x$ 的导数

$$y'=\mathrm{e}^x$$

例 8　$(2^x)' = 2^x\ln 2$

$(3^x)' = 3^x\ln 3$

$(10^x)' = 10^x\ln 10$

应注意的是:要正确区分幂函数与指数函数,幂函数的特征是底在变而指数不变,指数函数的特征是底不变而指数在变,不能把指数函数误认为幂函数,如函数 2^x 是指数函数而不是幂函数,因此不能应用幂函数导数基本公式求其导数,即导数 $(2^x)' \neq x2^{x-1}$.

例 9　求函数 $y = x^e - e^x + e^e$ 的导数.

解:注意到函数 y 的表达式中第 3 项 e^e 为常数项,其导数等于零,所以导数

$$y' = ex^{e-1} - e^x + 0 = ex^{e-1} - e^x$$

例 10　求函数 $y = x^2e^x$ 的导数.

解:$y' = (x^2)'e^x + x^2(e^x)' = 2xe^x + x^2e^x = (2x + x^2)e^x$

例 11　求函数 $y = \dfrac{e^x - 1}{e^x + 1}$ 的导数.

解:$y' = \dfrac{(e^x - 1)'(e^x + 1) - (e^x - 1)(e^x + 1)'}{(e^x + 1)^2} = \dfrac{e^x(e^x + 1) - (e^x - 1)e^x}{(e^x + 1)^2} = \dfrac{2e^x}{(e^x + 1)^2}$

4. 对数函数 $y = \log_a x\,(a > 0, a \neq 1)$

对数函数 $y = \log_a x$ 的反函数为指数函数 $x = a^y\,(a > 1, a \neq 1)$,根据 §2.2 定理 2.3,得到导数

$$y' = \frac{1}{\frac{d}{dy}a^y} = \frac{1}{a^y\ln a} = \frac{1}{x\ln a}$$

特别地,若 $a = e$,则得到对数函数 $y = \ln x$ 的导数

$$y' = \frac{1}{x}$$

例 12　$(\log_2 x)' = \dfrac{1}{x\ln 2}$

$(\log_3 x)' = \dfrac{1}{x\ln 3}$

$(\lg x)' = \dfrac{1}{x\ln 10}$

例 13　求函数 $y = \dfrac{\ln x}{x}$ 的导数.

解:$y' = \dfrac{(\ln x)'x - \ln x\cdot(x)'}{x^2} = \dfrac{\frac{1}{x}x - \ln x}{x^2} = \dfrac{1 - \ln x}{x^2}$

例 14　求函数 $y = xe^x\ln x$ 的导数.

解:$y' = (x)'e^x\ln x + x(e^x)'\ln x + xe^x(\ln x)' = e^x\ln x + xe^x\ln x + xe^x\dfrac{1}{x}$

$= e^x\ln x + xe^x\ln x + e^x = e^x(\ln x + x\ln x + 1)$

例 15 求函数 $y=\dfrac{1}{\ln x}$ 的导数.

解: $y'=-\dfrac{(\ln x)'}{\ln^2 x}=-\dfrac{\frac{1}{x}}{\ln^2 x}=-\dfrac{1}{x\ln^2 x}$

5. 三角函数

(1) $y=\sin x$

$$y'=\lim_{\Delta x\to 0}\frac{\Delta y}{\Delta x}=\lim_{\Delta x\to 0}\frac{\sin(x+\Delta x)-\sin x}{\Delta x}\quad\left(\frac{0}{0}\text{ 型}\right)$$

$$=\lim_{\Delta x\to 0}\frac{2\sin\frac{\Delta x}{2}\cos\frac{2x+\Delta x}{2}}{\Delta x}=\lim_{\Delta x\to 0}\frac{\sin\frac{\Delta x}{2}}{\frac{\Delta x}{2}}\cos\frac{2x+\Delta x}{2}=\cos x$$

(2) $y=\cos x$

$$y'=\lim_{\Delta x\to 0}\frac{\Delta y}{\Delta x}=\lim_{\Delta x\to 0}\frac{\cos(x+\Delta x)-\cos x}{\Delta x}\quad\left(\frac{0}{0}\text{ 型}\right)$$

$$=\lim_{\Delta x\to 0}\frac{-2\sin\frac{\Delta x}{2}\sin\frac{2x+\Delta x}{2}}{\Delta x}=-\lim_{\Delta x\to 0}\frac{\sin\frac{\Delta x}{2}}{\frac{\Delta x}{2}}\sin\frac{2x+\Delta x}{2}=-\sin x$$

(3) $y=\tan x$

$$y'=\left(\frac{\sin x}{\cos x}\right)'=\frac{(\sin x)'\cos x-\sin x(\cos x)'}{\cos^2 x}=\frac{\cos^2 x+\sin^2 x}{\cos^2 x}=\frac{1}{\cos^2 x}=\sec^2 x$$

(4) $y=\cot x$

$$y'=\left(\frac{1}{\tan x}\right)'=-\frac{(\tan x)'}{\tan^2 x}=-\frac{\sec^2 x}{\tan^2 x}=-\frac{1}{\tan^2 x\cos^2 x}=-\frac{1}{\sin^2 x}=-\csc^2 x$$

例 16 求函数 $y=e^x\sin x$ 的导数.

解: $y'=(e^x)'\sin x+e^x(\sin x)'=e^x\sin x+e^x\cos x=e^x(\sin x+\cos x)$

例 17 求函数 $y=\dfrac{1}{1+\cos x}$ 的导数.

解: $y'=-\dfrac{(1+\cos x)'}{(1+\cos x)^2}=\dfrac{\sin x}{(1+\cos x)^2}$

例 18 求函数 $y=\tan x+\cot x$ 的导数.

解: $y'=\sec^2 x-\csc^2 x$

6. 反三角函数

(1) $y=\arcsin x$

反正弦函数 $y=\arcsin x$ 的反函数为正弦函数 $x=\sin y\left(-\frac{\pi}{2}\leqslant y\leqslant\frac{\pi}{2}\right)$,根据 §2.2 定理 2.3,得到导数

$$y'=\frac{1}{\frac{d}{dy}(\sin y)}=\frac{1}{\cos y}=\frac{1}{\sqrt{1-\sin^2 y}}=\frac{1}{\sqrt{1-x^2}}$$

(2) $y=\arccos x$

$$y'=\left(\frac{\pi}{2}-\arcsin x\right)'=-\frac{1}{\sqrt{1-x^2}}$$

(3) $y=\arctan x$

反正切函数 $y=\arctan x$ 的反函数为正切函数 $x=\tan y\left(-\frac{\pi}{2}<y<\frac{\pi}{2}\right)$，根据 §2.2 定理 2.3，得到导数

$$y'=\frac{1}{\frac{\mathrm{d}}{\mathrm{d}y}(\tan y)}=\frac{1}{\sec^2 y}=\frac{1}{1+\tan^2 y}=\frac{1}{1+x^2}$$

(4) $y=\operatorname{arccot} x$

$$y'=\left(\frac{\pi}{2}-\arctan x\right)'=-\frac{1}{1+x^2}$$

例 19　求函数 $y=\arcsin x-\arccos x$ 的导数.

解：$y'=\frac{1}{\sqrt{1-x^2}}-\left(-\frac{1}{\sqrt{1-x^2}}\right)=\frac{2}{\sqrt{1-x^2}}$

例 20　求函数 $y=x-\arctan x$ 的导数.

解：$y'=1-\frac{1}{1+x^2}=\frac{x^2}{1+x^2}$

例 21　求函数 $y=\frac{\operatorname{arccot} x}{1+x^2}$ 的导数.

解：$y'=\frac{(\operatorname{arccot} x)'(1+x^2)-\operatorname{arccot} x\cdot(1+x^2)'}{(1+x^2)^2}=\frac{-\frac{1}{1+x^2}(1+x^2)-\operatorname{arccot} x\cdot 2x}{(1+x^2)^2}$

$$=-\frac{1+2x\operatorname{arccot} x}{(1+x^2)^2}$$

根据导数基本运算法则与导数基本公式，求简单函数的导数已经得到解决.

例 22　填空题

一物体作直线运动的运动方程为 $s(t)=3t-t^2$，当瞬时速度为零时，所经过时间 $t_0=$ ______.

解：由于物体作直线运动的瞬时速度 v 是所走过路程 $s(t)=3t-t^2$ 对经过时间 t 的导数，从而瞬时速度

$$v=s'(t)=3-2t$$

令其为零，得到所经过时间 $t_0=\frac{3}{2}$，于是应将“$\frac{3}{2}$”直接填在空内.

综合上面的讨论，得到**导数基本公式：**

公式 1　$(c)'=0$　（c 为常数）

公式 2　$(x^\alpha)'=\alpha x^{\alpha-1}$　（α 为常数）

公式 3　$(a^x)'=a^x\ln a$　（$a>0, a\neq 1$）

公式 4　$(\mathrm{e}^x)'=\mathrm{e}^x$

公式 5　$(\log_a x)'=\frac{1}{x\ln a}$　（$a>0, a\neq 1$）

公式 6　$(\ln x)'=\frac{1}{x}$

公式 7 $(\sin x)' = \cos x$

公式 8 $(\cos x)' = -\sin x$

公式 9 $(\tan x)' = \sec^2 x$

公式 10 $(\cot x)' = -\csc^2 x$

公式 11 $(\arcsin x)' = \dfrac{1}{\sqrt{1-x^2}}$

公式 12 $(\arccos x)' = -\dfrac{1}{\sqrt{1-x^2}}$

公式 13 $(\arctan x)' = \dfrac{1}{1+x^2}$

公式 14 $(\text{arccot}\, x)' = -\dfrac{1}{1+x^2}$

§2.4 复合函数导数运算法则

已知函数 $y=f(u)$ 对变量 u 可导,函数 $u=u(x)$ 对变量 x 可导,考虑复合函数 $y=f(u(x))$ 对自变量 x 的导数.为避免混淆,规定复合函数 $y=f(u(x))$ 对自变量 x 的导数记作 y' 或 $(f(u(x)))'$,复合函数 $y=f(u(x))$ 对中间变量 u 的导数记作 y'_u 或 $f'(u(x))$,中间变量 $u=u(x)$ 对自变量 x 的导数记作 u' 或 $u'(x)$.下面给出复合函数导数运算法则.

复合函数导数运算法则 如果函数 $u=u(x)$ 在点 x 处可导,函数 $y=f(u)$ 在对应点 u 处可导,则复合函数 $y=f(u(x))$ 在点 x 处可导,且导数

$$y' = f'(u(x))u'(x)$$

证:对应于自变量改变量 $\Delta x\neq 0$,中间变量 u 取得改变量 Δu,复合函数 y 取得改变量 Δy.由于函数 $u=u(x)$ 在点 x 处可导,当然连续,从而当 $\Delta x\to 0$ 时,有 $\Delta u\to 0$;由于函数 $y=f(u)$ 在对应点 u 处可导,即极限 $\lim\limits_{\Delta u\to 0}\dfrac{\Delta y}{\Delta u}$ 存在,从而中间变量 u 的改变量 $\Delta u\neq 0$.函数 $u=u(x)$ 在点 x 处可导意味着极限 $\lim\limits_{\Delta x\to 0}\dfrac{\Delta u}{\Delta x}=u'(x)$,函数 $y=f(u)$ 在对应点 u 处可导意味着极限 $\lim\limits_{\Delta u\to 0}\dfrac{\Delta y}{\Delta u}=f'(u)=f'(u(x))$,所以导数

$$y' = \lim_{\Delta x\to 0}\frac{\Delta y}{\Delta x} = \lim_{\Delta x\to 0}\frac{\Delta y}{\Delta u}\frac{\Delta u}{\Delta x} = \lim_{\Delta u\to 0}\frac{\Delta y}{\Delta u}\lim_{\Delta x\to 0}\frac{\Delta u}{\Delta x} = f'(u(x))u'(x)$$

这个法则还可以表示为

$$y' = y'_u u' \text{ 或 } \frac{\mathrm{d}y}{\mathrm{d}x} = \frac{\mathrm{d}y}{\mathrm{d}u}\frac{\mathrm{d}u}{\mathrm{d}x}$$

它说明:复合函数对自变量的导数等于复合函数对中间变量的导数乘以中间变量对自变量的导数.

对于导数基本公式,应用复合函数导数运算法则,得到**推广的导数基本公式**:

公式 1　$(c)' = 0$　（c 为常数）

公式 2　$(u^\alpha)' = \alpha u^{\alpha-1}u'$　（α 为常数）

公式 3　$(a^u)' = a^u \ln a \cdot u'$　（$a > 0, a \neq 1$）

公式 4　$(e^u)' = e^u u'$

公式 5　$(\log_a u)' = \frac{1}{u\ln a}u'$　（$a > 0, a \neq 1$）

公式 6　$(\ln u)' = \frac{1}{u}u'$

公式 7　$(\sin u)' = \cos u \cdot u'$

公式 8　$(\cos u)' = -\sin u \cdot u'$

公式 9　$(\tan u)' = \sec^2 u \cdot u'$

公式 10　$(\cot u)' = -\csc^2 u \cdot u'$

公式 11　$(\arcsin u)' = \frac{1}{\sqrt{1-u^2}}u'$

公式 12　$(\arccos u)' = -\frac{1}{\sqrt{1-u^2}}u'$

公式 13　$(\arctan u)' = \frac{1}{1+u^2}u'$

公式 14　$(\text{arccot}\, u)' = -\frac{1}{1+u^2}u'$

在求复合函数 y 的导数时，首先如 §1.1 那样引进中间变量 u，将复合函数 y 分解为基本初等函数 $y = f(u)$ 与函数 $u = u(x)$，然后根据复合函数导数运算法则计算导数 y'，其步骤如下：

步骤 1　计算导数 $f'(u)$ 的表达式，并表示为自变量 x 的函数，得到 $f'(u(x))$. 在这个过程中，并不急于计算导数 $u'(x)$ 的表达式，仅在导数 y' 的表达式中将因式 $u'(x)$ 乘在因式 $f'(u(x))$ 的后面；

步骤 2　计算导数 $u'(x)$ 的表达式：若函数 $u(x)$ 为基本初等函数或简单函数，则立即求出导数 $u'(x)$ 的表达式，因而得到导数 y' 的表达式；若函数 $u(x)$ 仍为复合函数，则继续分解复合函数 $u = u(x)$，并重复上述步骤，直至最终得到导数 y' 的表达式.

这样就将复合函数的导数运算归结为基本初等函数或简单函数的导数运算，从而得到结果. 在上述计算复合函数导数的两个步骤中，关键是第一个步骤.

例 1　求函数 $y = (3x+2)^{10}$ 的导数.

解：将复合函数 $y = (3x+2)^{10}$ 分解为

$$y = u^{10} \text{ 与 } u = 3x+2$$

根据复合函数导数运算法则，得到复合函数 y 对自变量 x 的导数

$$y' = (u^{10})'_u(3x+2)' = 10u^9(3x+2)' = 10(3x+2)^9(3x+2)' = 30(3x+2)^9$$

在运算熟练后，可以首先只在心中引进中间变量 u，而不必写出来，然后在心中计算函数 $f(u)$ 对中间变量 u 的导数并将这个导数表示为 x 的函数，直接写出这个运算结果，即将复合函数导数运算第一个步骤的运算结果一次写出，这种写法称为标准写法. 复合函数的导数运

算皆应采用标准写法,例 1 的标准写法为

$$y' = 10(3x+2)^9(3x+2)' = 30(3x+2)^9$$

例 2 求函数 $y = \sqrt{1-x^2}$ 的导数.

解: $y' = \dfrac{1}{2\sqrt{1-x^2}}(1-x^2)' = -\dfrac{x}{\sqrt{1-x^2}}$

例 3 求函数 $y = 2^{\frac{1}{x}}$ 的导数.

解: $y' = 2^{\frac{1}{x}}\ln 2 \cdot \left(\dfrac{1}{x}\right)' = -\dfrac{2^{\frac{1}{x}}\ln 2}{x^2}$

例 4 求函数 $y = \mathrm{e}^{-x}$ 的导数.

解: $y' = \mathrm{e}^{-x}(-x)' = -\mathrm{e}^{-x}$

例 5 求函数 $y = \log_2(1+x^2)$ 的导数.

解: $y' = \dfrac{1}{(1+x^2)\ln 2}(1+x^2)' = \dfrac{2x}{(1+x^2)\ln 2}$

例 6 求函数 $y = \ln\ln x$ 的导数.

解: $y' = \dfrac{1}{\ln x}(\ln x)' = \dfrac{1}{x\ln x}$

例 7 求函数 $y = \sin x^3$ 的导数.

解: $y' = \cos x^3 \cdot (x^3)' = 3x^2\cos x^3$

例 8 求函数 $y = \sin^3 x$ 的导数.

解: $y' = 3\sin^2 x(\sin x)' = 3\sin^2 x\cos x$

例 9 求函数 $y = \arcsin\dfrac{x}{2}$ 的导数.

解: $y' = \dfrac{1}{\sqrt{1-\left(\dfrac{x}{2}\right)^2}}\left(\dfrac{x}{2}\right)' = \dfrac{1}{2\sqrt{1-\dfrac{x^2}{4}}} = \dfrac{1}{\sqrt{4-x^2}}$

例 10 求函数 $y = \arctan\sqrt{x}$ 的导数.

解: $y' = \dfrac{1}{1+(\sqrt{x})^2}(\sqrt{x})' = \dfrac{1}{2(1+x)\sqrt{x}}$

在例 1 至例 10 中,由于复合函数只需经过一次分解就达到分解的要求,从而一次应用复合函数导数运算法则就得到结果.若复合函数需两次甚至多次分解才能达到分解的要求,则两次甚至多次应用复合函数导数运算法则才能得到结果.

例 11 求函数 $y = \ln(x+\sqrt{x^2+1})$ 的导数.

解: $y' = \dfrac{1}{x+\sqrt{x^2+1}}(x+\sqrt{x^2+1})' = \dfrac{1}{x+\sqrt{x^2+1}}\left[1+\dfrac{1}{2\sqrt{x^2+1}}(x^2+1)'\right]$

$$= \frac{1}{x+\sqrt{x^2+1}}\left(1+\frac{x}{\sqrt{x^2+1}}\right) = \frac{1}{x+\sqrt{x^2+1}}\,\frac{\sqrt{x^2+1}+x}{\sqrt{x^2+1}} = \frac{1}{\sqrt{x^2+1}}$$

在计算两个函数之和、差、积、商的导数时,若其中至少有一个为复合函数,则首先应用导数基本运算法则,然后应用复合函数导数运算法则得到结果.

例 12　求函数 $y = x^2 \sin \frac{1}{x}$ 的导数.

解:$y' = (x^2)' \sin \frac{1}{x} + x^2 \left(\sin \frac{1}{x}\right)' = 2x\sin \frac{1}{x} + x^2 \cos \frac{1}{x} \cdot \left(\frac{1}{x}\right)' = 2x\sin \frac{1}{x} - \cos \frac{1}{x}$

例 13　求函数 $y = \frac{e^x + e^{-x}}{x}$ 的导数.

解:$y' = \frac{[e^x + e^{-x}(-x)']x - (e^x + e^{-x})}{x^2} = \frac{(e^x - e^{-x})x - (e^x + e^{-x})}{x^2}$

$$= \frac{(x-1)e^x - (x+1)e^{-x}}{x^2}$$

根据导数基本运算法则、导数基本公式及复合函数导数运算法则,求初等函数的导数问题已经得到解决.在导数运算中,应该注意化简导数表达式.

例 14　求函数 $y = e^x(\sin 3x - 3\cos 3x)$ 的导数.

解:$y' = e^x(\sin 3x - 3\cos 3x) + e^x[\cos 3x \cdot (3x)' + 3\sin 3x \cdot (3x)']$

$$= e^x(\sin 3x - 3\cos 3x) + e^x(3\cos 3x + 9\sin 3x) = 10e^x \sin 3x$$

必须特别强调的是:在复合函数导数运算中,导数记号"$'$"在不同位置表示对不同变量求导数,不可混淆.如导数 $f'(\sin x)$ 表示复合函数 $f(\sin x)$ 对中间变量 $u = \sin x$ 求导数,而导数 $(f(\sin x))'$ 表示复合函数 $f(\sin x)$ 对自变量 x 求导数,根据复合函数导数运算法则,它们之间的关系为

$$(f(\sin x))' = f'(\sin x)(\sin x)' = f'(\sin x)\cos x$$

例 15　填空题

已知函数 $f(x)$ 可导,若函数 $y = \sin f(x)$,则导数 $y' =$ ______.

解:根据复合函数导数运算法则,得到导数

$$y' = \cos f(x) \cdot f'(x) = f'(x)\cos f(x)$$

于是应将"$f'(x)\cos f(x)$"直接填在空内.

若求初等函数 $f(x)$ 在属于定义域的点 x_0 处的导数值 $f'(x_0)$,不必直接根据导数值的定义去计算相应比值的极限,而是根据 §2.1 给出的关系式

$$f'(x_0) = f'(x)\Big|_{x=x_0}$$

计算导数值 $f'(x_0)$.即首先求出导数 $f'(x)$,然后在导数 $f'(x)$ 的表达式中,自变量 x 用数 x_0 代入所得到的数值就是所求导数值 $f'(x_0)$.

例 16　已知函数 $f(x) = xe^x$,求导数值 $f'(0)$.

解:计算导数

$$f'(x) = e^x + xe^x = (1+x)e^x$$

在导数 $f'(x)$ 的表达式中,自变量 x 用数 0 代入,得到所求导数值

$$f'(0) = 1$$

例 17 已知函数 $f(x)=\frac{1}{4}\ln\frac{x^2-1}{x^2+1}$,求导数值 $f'(2)$.

解:化简函数 $f(x)$ 的表达式,有

$$f(x)=\frac{1}{4}\ln\frac{x^2-1}{x^2+1}=\frac{1}{4}[\ln(x^2-1)-\ln(x^2+1)]$$

计算导数

$$f'(x)=\frac{1}{4}\left[\frac{1}{x^2-1}(x^2-1)'-\frac{1}{x^2+1}(x^2+1)'\right]=\frac{1}{4}\left(\frac{2x}{x^2-1}-\frac{2x}{x^2+1}\right)$$

$$=\frac{x}{2}\left(\frac{1}{x^2-1}-\frac{1}{x^2+1}\right)=\frac{x}{2}\,\frac{2}{x^4-1}=\frac{x}{x^4-1}$$

在导数 $f'(x)$ 的表达式中,自变量 x 用数 2 代入,得到所求导数值

$$f'(2)=\frac{2}{15}$$

若求分段函数在分段区间内的一阶导数,则根据导数基本运算法则、导数基本公式及复合函数导数运算法则求得. 如考虑分段函数

$$\ln|x|=\begin{cases}\ln(-x), & x<0\\ \ln x, & x>0\end{cases}$$

当 $x<0$ 时,有

$$(\ln|x|)'=(\ln(-x))'=\frac{1}{-x}(-x)'=\frac{1}{x}$$

当 $x>0$ 时,有

$$(\ln|x|)'=(\ln x)'=\frac{1}{x}$$

于是得到一阶导数

$$(\ln|x|)'=\frac{1}{x}$$

§2.5 隐函数的导数

已知方程式 $F(x,y)=0$ 确定变量 y 为 x 的函数 $y=y(x)$,如何求函数 y 对自变量 x 的导数 y'?具体做法是:方程式 $F(x,y)=0$ 等号两端皆对自变量 x 求导数,然后将含导数 y' 的项都移到等号的左端,而将不含导数 y' 的项都移到等号的右端,经过代数恒等变形,就得到导数 y' 的表达式,这个表达式中允许出现函数 y 的记号. 在隐函数导数运算过程中,要注意应用复合函数导数运算法则.

若方程式 $F(x,y)=0$ 分别确定几个函数 $y=y_1(x), y=y_2(x),\cdots$,则由上述方法求得的导数 y' 分别代表这几个函数的导数,它们用一个表达式表示,其中出现的函数 y 的记号分别代表这几个函数.

在隐函数导数运算的过程中,必须非常明确变量 y 为自变量 x 的函数. 下面讨论经常用到的几个变量对自变量 x 的导数:考虑变量 xy 对自变量 x 的导数,根据 §2.2 导数基本运算法则 2,有

$$(xy)'=y+xy'$$

考虑变量 y^2，e^y 及 $\ln y$ 对自变量 x 的导数，注意到变量 y^2，e^y 及 $\ln y$ 分别为变量 y 的函数，变量 y 又为自变量 x 的函数，因而变量 y^2，e^y 及 $\ln y$ 分别为自变量 x 的复合函数，中间变量为变量 y，根据 §2.4 复合函数导数运算法则，有

$$(y^2)' = 2yy'$$

$$(e^y)' = e^y y'$$

$$(\ln y)' = \frac{1}{y}y'$$

至于其他有关变量对自变量 x 的导数，根据导数基本运算法则、导数基本公式及复合函数导数运算法则，容易得到结果. 如 $(y^3)' = 3y^2y'$，$(\sin y)' = \cos y \cdot y'$ 等.

例 1　方程式 $x^2 + 3xy + y^2 = 1$ 确定变量 y 为 x 的函数，求导数 y'.

解：方程式 $x^2 + 3xy + y^2 = 1$ 等号两端皆对自变量 x 求导数，有

$$2x + 3(y + xy') + 2yy' = 0$$

即有

$$3xy' + 2yy' = -(2x + 3y)$$

得到

$$(3x + 2y)y' = -(2x + 3y)$$

所以导数

$$y' = -\frac{2x + 3y}{3x + 2y}$$

例 2　方程式 $y = x^3 + xe^y$ 确定变量 y 为 x 的函数，求导数 y'.

解：方程式 $y = x^3 + xe^y$ 等号两端皆对自变量 x 求导数，有

$$y' = 3x^2 + (e^y + xe^y y')$$

即有

$$y' - xe^y y' = 3x^2 + e^y$$

得到

$$(1 - xe^y)y' = 3x^2 + e^y$$

所以导数

$$y' = \frac{3x^2 + e^y}{1 - xe^y}$$

例 3　方程式 $y = x\ln y$ 确定变量 y 为 x 的函数，求导数 y'.

解：方程式 $y = x\ln y$ 等号两端皆对自变量 x 求导数，有

$$y' = \ln y + x\frac{1}{y}y'$$

即有

$$y' - \frac{x}{y}y' = \ln y$$

得到

$$\left(1 - \frac{x}{y}\right)y' = \ln y$$

所以导数

$$y' = \frac{\ln y}{1 - \frac{x}{y}} = \frac{y\ln y}{y - x}$$

若求隐函数 $y = y(x)$ 在其平面曲线上点(x_0, y_0)处的导数值 $y'\Big|_{(x_0,y_0)}$，应首先求出导数 y'，在导数 y' 的表达式中，自变量 x 用数 x_0 代入、因变量 y 用数 y_0 代入所得到的数值就是所求导数值 $y'\Big|_{(x_0,y_0)}$.

例 4 填空题

方程式 $y\sin x + e^y - x = 1$ 确定变量 y 为 x 的函数，则导数值 $y'\Big|_{(0,0)} =$ ______.

解: 方程式 $y\sin x + e^y - x = 1$ 等号两端皆对自变量 x 求导数，有

$$(y'\sin x + y\cos x) + e^y y' - 1 = 0$$

即有

$$y'\sin x + e^y y' = 1 - y\cos x$$

得到

$$(\sin x + e^y)y' = 1 - y\cos x$$

因而导数

$$y' = \frac{1 - y\cos x}{\sin x + e^y}$$

在导数 y' 的表达式中，自变量 x 用数 0 代入、因变量 y 用数 0 代入，得到所求导数值

$$y'\Big|_{(0,0)} = 1$$

于是应将"1"直接填在空内.

最后讨论函数 $y = u(x)^{v(x)}$ 的导数. 函数 $y = u(x)^{v(x)}$ 既不是幂函数，也不是指数函数，但同时具有幂函数与指数函数的部分特征，称为幂指函数. 幂指函数当然是显函数，但不能直接应用幂函数或指数函数导数基本公式求导数，可以首先将函数表达式等号两端皆取自然对数化为隐函数，然后等号两端皆对自变量 x 求导数，经过代数恒等变形得到所求幂指函数的导数，这种方法称为取对数求导数法. 应该注意的是：由于幂指函数是显函数，因此其导数表达式中的函数记号 y 需用原幂指函数表达式代入，从而使得导数表达式中只显含自变量 x.

例 5 求函数 $y = x^x$ 的导数.

解: 注意到函数 $y = x^x$ 的底在变且指数也在变，因而它是幂指函数. 函数表达式等号两端皆取自然对数化为隐函数得到

$$\ln y = \ln x^x$$

即有

$$\ln y = x\ln x$$

等号两端皆对自变量 x 求导数，有

$$\frac{1}{y}y' = \ln x + x\frac{1}{x}$$

即有

$$\frac{1}{y}y' = \ln x + 1$$

所以导数

$$y' = y(\ln x + 1) = x^x(\ln x + 1)$$

例 6　求函数 $y = (\ln x)^x$ 的导数.

解:注意到函数 $y = (\ln x)^x$ 是幂指函数,函数表达式等号两端皆取自然对数化为隐函数得到

$$\ln y = \ln(\ln x)^x$$

即有

$$\ln y = x\ln\ln x$$

等号两端皆对自变量 x 求导数,有

$$\frac{1}{y}y' = \ln\ln x + x \cdot \frac{1}{\ln x}(\ln x)'$$

即有

$$\frac{1}{y}y' = \ln\ln x + \frac{1}{\ln x}$$

所以导数

$$y' = y\left(\ln\ln x + \frac{1}{\ln x}\right) = (\ln x)^x\left(\ln\ln x + \frac{1}{\ln x}\right)$$

§2.6　高 阶 导 数

函数的导数仍为自变量的函数,还可以考虑它对自变量求导数.

定义 2.2　函数 $y = f(x)$ 的导数 $f'(x)$ 再对自变量 x 求导数,所得到的导数称为函数 $y = f(x)$ 的二阶导数,记作

$$f''(x) = (f'(x))'$$

还可以记作

$$y'' \text{ 或 } \frac{d^2}{dx^2}f(x) \text{ 或 } \frac{d^2 y}{dx^2}$$

同时称导数 $f'(x)$ 为函数 $y = f(x)$ 的一阶导数.

类似地,函数 $y = f(x)$ 的 $n-1$ 阶导数的导数称为函数 $y = f(x)$ 的 n 阶导数,记作

$$f^{(n)}(x) = (f^{(n-1)}(x))' \quad (n = 2,3,\cdots)$$

还可以记作

$$y^{(n)} \text{ 或 } \frac{d^n}{dx^n}f(x) \text{ 或 } \frac{d^n y}{dx^n}$$

函数存在 n 阶导数也称为 n 阶可导,正整数 n 称为导数的阶数,二阶与二阶以上的导数统称为高阶导数. 显然,求高阶导数只需反复应用导数基本运算法则、导数基本公式及复合函数导数运算法则,并不需要新的方法.

已知函数,若求其二阶导数,必须先求出一阶导数,一阶导数表达式再对自变量求一阶导数,就得到二阶导数.

例 1　求函数 $y=(1+x^2)\arctan x$ 的二阶导数.

解:计算一阶导数

$$y'=2x\arctan x+(1+x^2)\frac{1}{1+x^2}=2x\arctan x+1$$

所以二阶导数

$$y''=2\left(\arctan x+x\cdot\frac{1}{1+x^2}\right)+0=2\arctan x+\frac{2x}{1+x^2}$$

例 2　求函数 $y=\dfrac{1}{1+x}$ 的二阶导数.

解:计算一阶导数

$$y'=-\frac{1}{(1+x)^2}=-(1+x)^{-2}$$

所以二阶导数

$$y''=2(1+x)^{-3}(1+x)'=\frac{2}{(1+x)^3}$$

例 3　求函数 $y=\ln(1+x^2)$ 的二阶导数.

解:计算一阶导数

$$y'=\frac{1}{1+x^2}(1+x^2)'=\frac{2x}{1+x^2}$$

所以二阶导数

$$y''=\frac{2[(1+x^2)-x\cdot 2x]}{(1+x^2)^2}=\frac{2(1-x^2)}{(1+x^2)^2}$$

例 4　求函数 $y=\sin\ln x$ 的二阶导数.

解:计算一阶导数

$$y'=\cos\ln x\cdot(\ln x)'=\frac{\cos\ln x}{x}$$

所以二阶导数

$$y''=\frac{-\sin\ln x\cdot(\ln x)'x-\cos\ln x}{x^2}=-\frac{\sin\ln x+\cos\ln x}{x^2}$$

例 5　填空题

若函数 y 的 $n-2$ 阶导数 $y^{(n-2)}=\ln\cos x$,则函数 y 的 n 阶导数 $y^{(n)}=$ ______.

解:函数 y 的 $n-2$ 阶导数 $y^{(n-2)}$ 对自变量 x 求导数,得到函数 y 的 $n-1$ 阶导数

$$y^{(n-1)}=\frac{1}{\cos x}(\cos x)'=-\frac{\sin x}{\cos x}=-\tan x$$

函数 y 的 $n-1$ 阶导数 $y^{(n-1)}$ 再对自变量 x 求导数,就得到函数 y 的 n 阶导数

$$y^{(n)}=-\sec^2x$$

于是应将“$-\sec^2x$”直接填在空内.

函数在属于定义域的点 x_0 处的二阶导数值为二阶导数的表达式中自变量 x 用数 x_0 代入所得到的数值.

例 6　单项选择题

已知函数 $f(x)=e^{x^2}$，则二阶导数值 $f''(0)=$（　　）.

(a) -2　　(b) -1

(c) 0　　(d) 2

解：计算一阶导数

$$f'(x)=e^{x^2}(x^2)'=2xe^{x^2}$$

于是二阶导数

$$f''(x)=2[e^{x^2}+xe^{x^2}(x^2)']=2(e^{x^2}+2x^2e^{x^2})=2(1+2x^2)e^{x^2}$$

因而得到所求二阶导数值

$$f''(0)=2$$

这个正确答案恰好就是备选答案(d)，所以选择(d).

对于表达式很简单的函数 $y=f(x)$，若求 n 阶导数 $y^{(n)}$，可以首先计算一阶导数、二阶导数、三阶导数及四阶导数，观察导数表达式与导数阶数的关系，然后依据这个关系归纳得到 n 阶导数 $y^{(n)}$ 的表达式.

例 7　已知函数 $y=x^n$（n 为正整数），求 n 阶导数 $y^{(n)}$ 与 $n+1$ 阶导数 $y^{(n+1)}$.

解：计算一阶导数、二阶导数、三阶导数及四阶导数

$$y'=nx^{n-1}$$

$$y''=n(n-1)x^{n-2}$$

$$y'''=n(n-1)(n-2)x^{n-3}$$

$$y^{(4)}=n(n-1)(n-2)(n-3)x^{n-4}\quad(n\geqslant 4)$$

容易看出：导数的阶数每增加一阶，则导数表达式中自变量 x 的幂次就降低一次，且其系数就增加一个因子. 求 n 阶导数时，导数表达式中自变量 x 的幂次共降低 n 次，等于 $n-n=0$，而系数为前 n 个正整数的连乘积，等于 $n!$. 所以 n 阶导数

$$y^{(n)}=n!$$

注意到 n 阶导数为常数，所以 $n+1$ 阶导数

$$y^{(n+1)}=0$$

例 7 得到的结论可以表达为

$$\begin{cases}(x^n)^{(n)}=n! \\ (x^m)^{(n)}=0\end{cases}\quad(m,n\text{ 为正整数，且 } m<n)$$

例 8　已知函数 $y=e^x$，求 n 阶导数 $y^{(n)}$.

解：计算一阶导数、二阶导数、三阶导数及四阶导数

$$y'=e^x$$

$$y''=e^x$$

$$y'''=e^x$$

$$y^{(4)}=e^x$$

容易得到 n 阶导数

$$y^{(n)}=e^x$$

例 9 填空题

已知函数 $y=e^{2x}$,则 100 阶导数 $y^{(100)}=$ ______.

解:计算一阶导数、二阶导数、三阶导数及四阶导数

$$y'=e^{2x}(2x)'=2e^{2x}$$

$$y''=2e^{2x}(2x)'=2^2e^{2x}$$

$$y'''=2^2e^{2x}(2x)'=2^3e^{2x}$$

$$y^{(4)}=2^3e^{2x}(2x)'=2^4e^{2x}$$

容易看出:各阶导数表达式皆等于指数函数 e^{2x} 与常系数的积,其中常系数是底为 2、指数为导数阶数的幂. 因此 100 阶导数

$$y^{(100)}=2^{100}e^{2x}$$

于是应将“$2^{100}e^{2x}$”直接填在空内.

§2.7 微 分

在实际问题中,有时还需要研究函数改变量的近似值.

例 1 正方形面积改变量的近似值

已知正方形边长为 $x=x_0$,对应于边长 x 的改变量 $\Delta x>0$,面积 y 取得改变量

$$\Delta y=(x_0+\Delta x)^2-x_0^2=2x_0\Delta x+(\Delta x)^2$$

如图 2-2.

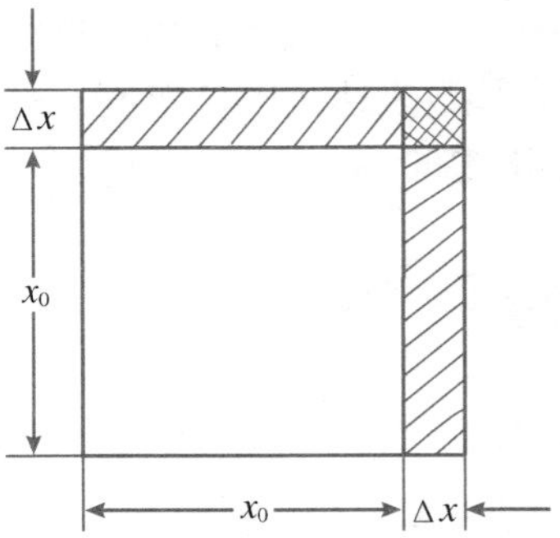

图 2-2

当边长改变量的绝对值 $|\Delta x|$ 很小时,面积改变量 Δy 与边长改变量 Δx 的正比例函数 $2x_0\Delta x$ 之差

$$\Delta y-2x_0\Delta x=(\Delta x)^2$$

的绝对值就更小. 即当 $\Delta x\to 0$ 时,存在边长改变量 Δx 的正比例函数 $2x_0\Delta x$,使得差

$$\Delta y-2x_0\Delta x=(\Delta x)^2$$

为无穷小量,且是比 Δx 较高阶无穷小量. 于是可以把正比例函数 $2x_0\Delta x$ 作为面积改变量 Δy 的近似值,即

$$\Delta y \approx 2x_0 \Delta x \quad (|\Delta x| \text{ 很小})$$

其中自变量改变量 Δx 的系数 $2x_0$ 恰好就是函数 $y = x^2$ 在点 x_0 处的一阶导数值 $y'\Big|_{x=x_0}$.

从图 2－2 容易看出：可以用划斜线的两块矩形面积的和 $2x_0\Delta x$ 近似代替正方形面积改变量 Δy，误差为划交叉斜线的小正方形面积 $(\Delta x)^2$.

定义 2.3　已知函数 $y = f(x)$ 在点 x_0 处及其左右有定义，自变量 x 在点 x_0 处有了改变量 $\Delta x \neq 0$，若函数 $y = f(x)$ 在点 x_0 处可导，则称自变量改变量 Δx 的正比例函数 $f'(x_0)\Delta x$ 为函数 $y = f(x)$ 在点 x_0 处的微分值，记作

$$\mathrm{d}y\Big|_{x=x_0} = f'(x_0)\Delta x$$

可以证明：当 $\Delta x \to 0$ 时，相应函数改变量 Δy 与微分值 $f'(x_0)\Delta x$ 之差

$$\Delta y - f'(x_0)\Delta x$$

为无穷小量，且是比 Δx 较高阶无穷小量，此时称函数 $y = f(x)$ 在点 x_0 处可微.

若函数 $y = f(x)$ 在点 x_0 处可微，当自变量改变量的绝对值 $|\Delta x|$ 很小时，则函数 $y = f(x)$ 在点 x_0 处的改变量 Δy 近似等于在点 x_0 处的微分值 $\mathrm{d}y\Big|_{x=x_0}$，即有

$$\Delta y \approx \mathrm{d}y\Big|_{x=x_0} \quad (|\Delta x| \text{ 很小})$$

根据微分值的定义，在例 1 中，正方形面积 $y = x^2$ 在边长 $x = x_0$ 时的微分值

$$\mathrm{d}y\Big|_{x=x_0} = 2x_0\Delta x$$

综合上面的讨论得到：对于一元函数，可导一定可微，且可微也一定可导，意味着可微等价于可导，即可导是可微的充分必要条件.

若函数 $y = f(x)$ 在区间 I（可以是开区间，也可以是闭区间或半开区间）上每一点 x 处都可微，则称函数 $y = f(x)$ 在区间 I 上可微，并称函数 $y = f(x)$ 为区间 I 上的可微函数. 可微函数 $y = f(x)$ 在区间 I 上任意点 x 处的微分值称为可微函数 $y = f(x)$ 的微分，记作

$$\mathrm{d}y = f'(x)\Delta x$$

考察自变量 x，它当然是它自己的函数，有关系式 $x = x$，由于一阶导数等于 1，于是微分 $\mathrm{d}x = \Delta x$，说明自变量微分等于自变量改变量.

根据上述讨论，于是得到可微函数 $y = f(x)$ 的微分表达式为

$$\mathrm{d}y = f'(x)\mathrm{d}x$$

求可微函数的微分并不需要新的方法，应该先求出可微函数的一阶导数，再将这个一阶导数乘以自变量的微分，就得到可微函数的微分.

从可微函数 $y = f(x)$ 的微分表达式容易得到

$$\frac{\mathrm{d}y}{\mathrm{d}x} = f'(x)$$

说明记号 $\dfrac{\mathrm{d}y}{\mathrm{d}x}$ 既表示函数 y 对自变量 x 的一阶导数，又表示函数 y 微分与自变量 x 微分的商，因此导数又称为微商.

例 2　求函数 $y = x\ln x - \sin 2$ 的微分.

解:注意到函数 y 的表达式中第 2 项 $\sin 2$ 为常数项,其一阶导数等于零,计算一阶导数

$$y' = \left(\ln x + x \cdot \frac{1}{x}\right) - 0 = \ln x + 1$$

所以微分

$$\mathrm{d}y = (\ln x + 1)\mathrm{d}x$$

例 3　求函数 $y = \mathrm{e}^{\cos x}$ 的微分.

解:计算一阶导数

$$y' = \mathrm{e}^{\cos x}(\cos x)' = -\mathrm{e}^{\cos x}\sin x$$

所以微分

$$\mathrm{d}y = -\mathrm{e}^{\cos x}\sin x\mathrm{d}x$$

例 4　方程式 $\sin(x^2 + y) = xy$ 确定变量 y 为 x 的函数,求微分 $\mathrm{d}y$.

解:方程式 $\sin(x^2 + y) = xy$ 等号两端皆对自变量 x 求导数,有

$$\cos(x^2 + y) \cdot (2x + y') = y + xy'$$

即有

$$y'\cos(x^2 + y) - xy' = y - 2x\cos(x^2 + y)$$

得到

$$[\cos(x^2 + y) - x]y' = y - 2x\cos(x^2 + y)$$

因而一阶导数

$$y' = \frac{y - 2x\cos(x^2 + y)}{\cos(x^2 + y) - x}$$

所以微分

$$\mathrm{d}y = \frac{y - 2x\cos(x^2 + y)}{\cos(x^2 + y) - x}\mathrm{d}x$$

可微函数在属于定义域的点 x_0 处的微分值为微分的表达式中自变量 x 用数 x_0 代入所得到的数值.

例 5　填空题

函数 $y = \sin x$ 在点 $x = \frac{\pi}{3}$ 处、当自变量改变量 $\Delta x = 0.01$ 时的微分值为______.

解:计算一阶导数

$$y' = \cos x$$

因而微分

$$\mathrm{d}y = \cos x \cdot \Delta x$$

在微分 $\mathrm{d}y$ 的表达式中,自变量 x 用数 $\frac{\pi}{3}$ 代入、自变量改变量 Δx 用数 0.01 代入,得到所求微分值

$$\mathrm{d}y\Big|_{\substack{x=\frac{\pi}{3}\\ \Delta x=0.01}} = \frac{1}{2} \times 0.01 = 0.005$$

于是应将"0.005"直接填在空内.

最后考虑这样一个问题:已知函数 $y = f(u)$ 可微,若变量 u 不是自变量,而是中间变量,关系式 $\mathrm{d}y = f'(u)\mathrm{d}u$ 是否还成立?定理 2.5 给出了肯定的回答.

定理 2.5　如果函数 $y = f(u)$ 可微，函数 $u = u(x)$ 也可微，则函数 y 的微分表达式同样具有下面的形式

$$dy = f'(u)du$$

证：由于函数 $u = u(x)$ 可微，从而微分

$$du = u'(x)dx$$

又由于变量 y 为 x 的复合函数 $y = f(u(x))$ 也可微，所以微分

$$dy = (f(u(x)))'dx = f'(u(x))u'(x)dx = f'(u)du$$

这个结论称为微分形式不变性，它是不定积分换元积分法则的理论基础.

值得注意的是：导数没有这种形式不变性. 如对于可导函数 $y = f(u)$，若变量 u 为自变量，则一阶导数 $y' = f'(u)$；若变量 u 为中间变量且为自变量 x 的可导函数 $u = u(x)$，则一阶导数 $y' = f'(u)u'(x)$. 说明不存在导数形式不变性.

习题二

2.01　已知导数值 $f'(x_0) = 6$，求极限 $\lim\limits_{\Delta x \to 0} \dfrac{f(x_0 - 2\Delta x) - f(x_0)}{\Delta x}$.

2.02　已知极限 $\lim\limits_{x \to 0} \dfrac{f(1 + 3x) - f(1)}{x} = \dfrac{1}{3}$，求导数值 $f'(1)$.

2.03　求下列函数的导数：

(1) $y = \dfrac{1}{4}x + 4x^4$　　(2) $y = \dfrac{1}{6}x^6 + \dfrac{6}{x^6}$

(3) $y = \sqrt{x^3} - 3\sqrt{x}$　　(4) $y = \dfrac{x}{1 + x^2}$

(5) $y = 10^{10} - 10^x$　　(6) $y = x^2 2^x$

(7) $y = (x + 2)e^x$　　(8) $y = \dfrac{e^x}{1 + x}$

2.04　求下列函数的导数：

(1) $y = \log_2 x - \log_5 x$　　(2) $y = 10^x \lg x$

(3) $y = x^2 \ln x$　　(4) $y = \dfrac{1}{x + \ln x}$

(5) $y = x\ln x\sin x$　　(6) $y = \dfrac{\cos x}{x}$

(7) $y = e^x \tan x$　　(8) $y = \sin x + \cot x$

2.05　求下列函数的导数：

(1) $y = \dfrac{\arcsin x}{1 - x^2}$　　(2) $y = x\arccos x$

(3) $y = (1 + x^2)\arctan x$　　(4) $y = \arctan x - \operatorname{arccot} x$

(5) $y = e^x - ex$　　(6) $y = \dfrac{\ln x}{1 - \ln x}$

(7) $y = \dfrac{\sin x}{1 + \cos x}$　　(8) $y = (1 - x^2)\arcsin x$

2.06　求下列函数的导数：

(1) $y=(1+2x)^{30}$　　(2) $y=\sqrt{1+x^2}$

(3) $y=e^{\sqrt{x}}$　　(4) $y=\ln(x+1)$

(5) $y=\cos\ln x$　　(6) $y=\tan\left(x-\frac{\pi}{8}\right)$

(7) $y=\arcsin x^3$　　(8) $y=\mathrm{arccot}2x$

2.07　求下列函数的导数：

(1) $y=(1+x^3)^{10}$　　(2) $y=(1+10^x)^3$

(3) $y=\ln(1+\sqrt{x})$　　(4) $y=\sqrt{1+\ln x}$

(5) $y=e^{\sin x}$　　(6) $y=\sin e^x$

(7) $y=\arctan x^2$　　(8) $y=(\arctan x)^2$

2.08　求下列函数的导数：

(1) $y=\ln\ln\ln x$　　(2) $y=\sin^4 5x$

(3) $y=x^2 e^{\frac{1}{x}}$　　(4) $y=x\arctan\sqrt{x}$

(5) $y=\frac{\sin 3x}{x}$　　(6) $y=\frac{1}{e^{3x}+1}$

2.09　求下列函数的导数：

(1) $y=x^2\left(\ln^2 x-\ln x+\frac{1}{2}\right)$　　(2) $y=e^x\sin e^x+\cos e^x$

2.10　已知函数 $f(x)$ 可导，求下列函数的导数：

(1) $y=f(\sqrt{x})$　　(2) $y=\sqrt{f(x)}$

(3) $y=f(e^x)$　　(4) $y=e^{f(x)}$

2.11　求下列函数在给定点处的导数值：

(1) $f(x)=x^3-3^x+\ln 3$，求 $f'(3)$　　(2) $f(x)=\sin\frac{1}{x}$，求 $f'\left(\frac{1}{\pi}\right)$

2.12　下列方程式确定变量 y 为 x 的函数，求导数 y'：

(1) $x^2-xy+y^2=3$　　(2) $y^3-3y-x^2=-2$

(3) $e^y+xy-ex^3=0$　　(4) $x^2+\ln y-xe^y=0$

2.13　求下列函数的二阶导数：

(1) $y=x^4-2x^3+3$　　(2) $y=x^3\ln x$

(3) $y=e^x\cos x$　　(4) $y=\ln^2 x$

2.14　已知函数 $f(x)=x^3e^x$，求二阶导数值 $f''(1)$.

2.15　求下列函数的微分：

(1) $y=4x^3-x^4$　　(2) $y=\frac{x}{\sin x}$

(3) $y=x-\ln(1+e^x)$　　(4) $y=xe^{-2x}$

2.16　方程式 $xy+\ln y=1$ 确定变量 y 为 x 的函数,求微分 $\mathrm{d}y$.

2.17　填空题

(1) 已知函数 $f(x)$ 在点 x_0 处的导数值 $f'(x_0)=8$,若极限$\lim\limits_{h\to 0}\dfrac{f(x_0-kh)-f(x_0)}{h}=4$,则常数 $k=$______.

(2) 导数$\left(\dfrac{1}{\lg x}\right)'=$______.

(3) 已知函数 $f(x)=\operatorname{arccot}x^2$,则导数$f'(x)=$______.

(4) 已知函数 $y=\cos\dfrac{1}{x}$,则导数$\dfrac{\mathrm{d}y}{\mathrm{d}x}=$______.

(5) 已知函数 $y=(x-1)(x-2)(x-3)$,则导数值$\left.\dfrac{\mathrm{d}y}{\mathrm{d}x}\right|_{x=3}=$______.

(6) 方程式 $\mathrm{e}^y+xy=\mathrm{e}$ 确定变量 y 为 x 的函数,则导数值 $y'\big|_{(0,1)}=$______.

(7) 已知函数 $y=x\ln x$,则二阶导数 $y''=$______.

(8) 函数 $y=\sqrt{1+x}$ 在点$x=0$处、当自变量改变量 $\Delta x=0.04$ 时的微分值为______.

2.18　单项选择题

(1) 已知函数 $f(x)$ 在点 x_0 处可导,则下列极限中(　　)等于导数值 $f'(x_0)$.

(a) $\lim\limits_{h\to 0}\dfrac{f(x_0+2h)-f(x_0)}{h}$　　(b) $\lim\limits_{h\to 0}\dfrac{f(x_0-3h)-f(x_0)}{h}$

(c) $\lim\limits_{h\to 0}\dfrac{f(x_0)-f(x_0-h)}{h}$　　(d) $\lim\limits_{h\to 0}\dfrac{f(x_0)-f(x_0+h)}{h}$

(2) 已知函数值 $f(0)=0$,若极限$\lim\limits_{x\to 0}\dfrac{f\left(\dfrac{x}{2}\right)}{x}=2$,则导数值$f'(0)=$(　　).

(a) $\dfrac{1}{4}$　　(b)4

(c) $\dfrac{1}{2}$　　(d)2

(3) 已知函数 $y=\sin\ln x$,则导数 $y'=$(　　).

(a) $-\cos\ln x$　　(b) $\cos\ln x$

(c) $-\dfrac{\cos\ln x}{x}$　　(d) $\dfrac{\cos\ln x}{x}$

(4) 函数 $f(x)=(x-3)\mathrm{e}^x$ 在点(　　)处的导数值等于零.

(a) $x=0$　　(b) $x=1$

(c) $x=2$　　(d) $x=3$

(5) 方程式$\dfrac{x^2}{a^2}+\dfrac{y^2}{b^2}=1(a>0,b>0)$确定变量 y 为 x 的函数,则导数$\dfrac{\mathrm{d}y}{\mathrm{d}x}=$(　　).

(a) $-\dfrac{a^2y}{b^2x}$　　(b) $-\dfrac{b^2x}{a^2y}$

(c) $-\dfrac{a^2x}{b^2y}$　　(d) $-\dfrac{b^2y}{a^2x}$

(6) 已知函数 $f(x)=\sin x-x\cos x$,则二阶导数值 $f''(\pi)=($ $)$.

(a) $-\pi$　　(b) π

(c) -1　　(d) 1

(7) 已知函数 $y=\sin x$,则 50 阶导数 $y^{(50)}=($ $)$.

(a) $-\sin x$　　(b) $\sin x$

(c) $-\cos x$　　(d) $\cos x$

(8) 已知函数 $\varphi(x)$ 可微,若函数 $y=\dfrac{\varphi(x)}{x}$,则微分 $\mathrm{d}y=($ $)$.

(a) $\dfrac{\mathrm{d}\varphi(x)-\varphi(x)\mathrm{d}x}{x^2}$　　(b) $\dfrac{\mathrm{d}\varphi(x)+\varphi(x)\mathrm{d}x}{x^2}$

(c) $\dfrac{x\mathrm{d}\varphi(x)-\varphi(x)\mathrm{d}x}{x^2}$　　(d) $\dfrac{x\mathrm{d}\varphi(x)+\varphi(x)\mathrm{d}x}{x^2}$

第三章 导数的应用

§3.1 洛必达法则

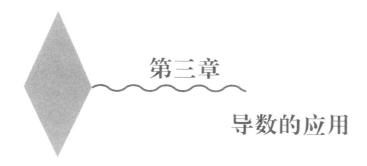

尽管在§1.5与§1.6讨论了求未定式极限的方法，但还有相当数量的未定式极限很难解出，因此有必要给出求未定式极限的一般方法. 考虑$\frac{0}{0}$型未定式极限$\lim\limits_{x\to 0}\frac{e^x-1}{\sin x}$，设函数$u(x)=e^x-1$，$v(x)=\sin x$，注意到函数值$u(0)=0$，$v(0)=0$，根据§2.1导数值的定义与§1.7函数连续性的概念，得到极限

$$\lim_{x\to 0}\frac{u(x)}{v(x)}\quad\left(\frac{0}{0}\text{ 型}\right)$$

$$=\lim_{x\to 0}\frac{u(x)-u(0)}{v(x)-v(0)}=\lim_{x\to 0}\frac{u(0+x)-u(0)}{v(0+x)-v(0)}$$

（分子、分母同除以x）

$$=\lim_{x\to 0}\frac{\dfrac{u(0+x)-u(0)}{x}}{\dfrac{v(0+x)-v(0)}{x}}=\frac{u'(0)}{v'(0)}=\left.\frac{u'(x)}{v'(x)}\right|_{x=0}=\lim_{x\to 0}\frac{u'(x)}{v'(x)}$$

即极限

$$\lim_{x\to 0}\frac{e^x-1}{\sin x}\quad\left(\frac{0}{0}\text{ 型}\right)$$

$$=\lim_{x\to 0}\frac{(e^x-1)'}{(\sin x)'}=\lim_{x\to 0}\frac{e^x}{\cos x}=1$$

一般地，有下面的洛必达(L'Hospital)法则.

洛必达法则　已知函数 $u(x)$，$v(x)$ 都可导，如果极限 $\lim \frac{u(x)}{v(x)}$ 为 $\frac{0}{0}$ 型或 $\frac{\infty}{\infty}$ 型未定式极限，且极限 $\lim \frac{u'(x)}{v'(x)}$ 存在或为 ∞，则极限

$$\lim \frac{u(x)}{v(x)} = \lim \frac{u'(x)}{v'(x)}$$

对于在 §1.5 讨论的属于未定式极限第一种基本情况与第二种基本情况的 $\frac{0}{0}$ 型未定式极限及在 §1.6 讨论的含三角函数的 $\frac{0}{0}$ 型未定式极限，当然可以应用洛必达法则求解.

例 1　求极限 $\lim\limits_{x \to 2} \frac{x^2-5x+6}{x^2-4}$.

解：$\lim\limits_{x \to 2} \frac{x^2-5x+6}{x^2-4}$　$\left(\frac{0}{0}\text{ 型}\right)$

$$= \lim_{x \to 2} \frac{(x^2-5x+6)'}{(x^2-4)'} = \lim_{x \to 2} \frac{2x-5}{2x} = -\frac{1}{4}$$

例 2　求极限 $\lim\limits_{x \to 5} \frac{\sqrt{x+4}-3}{\sqrt{x-1}-2}$.

解：$\lim\limits_{x \to 5} \frac{\sqrt{x+4}-3}{\sqrt{x-1}-2}$　$\left(\frac{0}{0}\text{ 型}\right)$

$$= \lim_{x \to 5} \frac{\frac{1}{2\sqrt{x+4}}}{\frac{1}{2\sqrt{x-1}}} = \lim_{x \to 5} \frac{\sqrt{x-1}}{\sqrt{x+4}} = \frac{2}{3}$$

例 3　求极限 $\lim\limits_{x \to 3} \frac{\sin(x^2-9)}{x-3}$.

解：$\lim\limits_{x \to 3} \frac{\sin(x^2-9)}{x-3}$　$\left(\frac{0}{0}\text{ 型}\right)$

$$= \lim_{x \to 3} \frac{2x\cos(x^2-9)}{1} = 6$$

上面三个例题分别是 §1.5 例 1、例 3 及 §1.6 例 3，应用洛必达法则求解的过程比较简单. 此外，还有相当数量的 $\frac{0}{0}$ 型未定式极限应用洛必达法则求解更显出优越性.

例 4　求极限 $\lim\limits_{x \to -2} \frac{\sqrt{1-x}-\sqrt{3}}{x^2+x-2}$

解：$\lim\limits_{x \to -2} \frac{\sqrt{1-x}-\sqrt{3}}{x^2+x-2}$　$\left(\frac{0}{0}\text{ 型}\right)$

$$= \lim_{x \to -2} \frac{-\frac{1}{2\sqrt{1-x}}}{2x+1} = \frac{1}{6\sqrt{3}} = \frac{\sqrt{3}}{18}$$

例 5　求极限$\lim\limits_{x\to 1}\dfrac{\sqrt{x}-1}{x^5-1}$

解：$\lim\limits_{x\to 1}\dfrac{\sqrt{x}-1}{x^5-1}\quad\left(\dfrac{0}{0}\text{ 型}\right)$

$=\lim\limits_{x\to 1}\dfrac{\dfrac{1}{2\sqrt{x}}}{5x^4}=\dfrac{1}{10}$

例 6　求极限$\lim\limits_{x\to 3}\dfrac{2^x-8}{x^2-9}$.

解：$\lim\limits_{x\to 3}\dfrac{2^x-8}{x^2-9}\quad\left(\dfrac{0}{0}\text{ 型}\right)$

$=\lim\limits_{x\to 3}\dfrac{2^x\ln 2}{2x}=\dfrac{4\ln 2}{3}$

例 7　求极限$\lim\limits_{x\to 0}\dfrac{\sin 3x}{\sin 5x}$.

解：$\lim\limits_{x\to 0}\dfrac{\sin 3x}{\sin 5x}\quad\left(\dfrac{0}{0}\text{ 型}\right)$

$=\lim\limits_{x\to 0}\dfrac{3\cos 3x}{5\cos 5x}=\dfrac{3}{5}$

例 8　求极限$\lim\limits_{x\to 0}\dfrac{\arcsin x}{x+\sin 2x}$.

解：$\lim\limits_{x\to 0}\dfrac{\arcsin x}{x+\sin 2x}\quad\left(\dfrac{0}{0}\text{ 型}\right)$

$=\lim\limits_{x\to 0}\dfrac{\dfrac{1}{\sqrt{1-x^2}}}{1+2\cos 2x}=\dfrac{1}{3}$

在应用洛必达法则求解过程中，要注意结合应用 §1.6 第一个重要极限求解.

例 9　求极限$\lim\limits_{x\to 0}\dfrac{e^{\cos x}-e}{x^2}$.

解：$\lim\limits_{x\to 0}\dfrac{e^{\cos x}-e}{x^2}\quad\left(\dfrac{0}{0}\text{ 型}\right)$

$=\lim\limits_{x\to 0}\dfrac{-e^{\cos x}\sin x}{2x}=-\lim\limits_{x\to 0}\dfrac{e^{\cos x}}{2}\ \dfrac{\sin x}{x}=-\dfrac{e}{2}$

所求$\dfrac{0}{0}$型未定式极限在应用洛必达法则求解后，若得到的极限仍然为$\dfrac{0}{0}$型未定式极限，且满足洛必达法则的其他条件，则可继续应用洛必达法则求解，并注意分离非未定式极限.

例 10　求极限$\lim\limits_{x\to 1}\dfrac{x^3-4x^2+5x-2}{x^4+x^2-6x+4}$.

解：$\lim\limits_{x\to 1}\dfrac{x^3-4x^2+5x-2}{x^4+x^2-6x+4}\quad\left(\dfrac{0}{0}\text{ 型}\right)$

$=\lim\limits_{x\to 1}\dfrac{3x^2-8x+5}{4x^3+2x-6}\quad\left(\dfrac{0}{0}\text{ 型}\right)$

$=\lim\limits_{x\to 1}\dfrac{6x-8}{12x^2+2}=-\dfrac{1}{7}$

例 11 求极限$\lim\limits_{x\to 0}\dfrac{e^x-e^{-x}-2x}{x-\sin x}$.

解:$\lim\limits_{x\to 0}\dfrac{e^x-e^{-x}-2x}{x-\sin x}$ $\left(\dfrac{0}{0}\text{ 型}\right)$

$=\lim\limits_{x\to 0}\dfrac{e^x+e^{-x}-2}{1-\cos x}$ $\left(\dfrac{0}{0}\text{ 型}\right)$

$=\lim\limits_{x\to 0}\dfrac{e^x-e^{-x}}{\sin x}$ $\left(\dfrac{0}{0}\text{ 型}\right)$

$=\lim\limits_{x\to 0}\dfrac{e^x+e^{-x}}{\cos x}=2$

例 12 求极限$\lim\limits_{x\to 0}\dfrac{\ln(1+x^2)}{e^x-x-1}$.

解:$\lim\limits_{x\to 0}\dfrac{\ln(1+x^2)}{e^x-x-1}$ $\left(\dfrac{0}{0}\text{ 型}\right)$

$$=\lim_{x\to 0}\frac{\frac{2x}{1+x^2}}{e^x-1}=\lim_{x\to 0}\frac{2}{1+x^2}\,\frac{x}{e^x-1}=\lim_{x\to 0}\frac{2}{1+x^2}\lim_{x\to 0}\frac{x}{e^x-1}\quad\left(\frac{0}{0}\text{ 型}\right)$$

$=2\lim\limits_{x\to 0}\dfrac{1}{e^x}=2$

例 13 填空题

已知函数$u(x),v(x)$皆在点$x=1$处及其左右可导,且一阶导数$u'(x),v'(x)$连续.设函数值$u(1)=1,v(1)=2$,一阶导数值$u'(1)=1,v'(1)=-2$,则极限$\lim\limits_{x\to 1}\dfrac{u(x)v(x)-2}{x-1}=$ ______.

解:计算极限

$$\lim_{x\to 1}\frac{u(x)v(x)-2}{x-1}\quad\left(\frac{0}{0}\text{ 型}\right)$$

$$=\lim_{x\to 1}\frac{u'(x)v(x)+u(x)v'(x)}{1}=u'(1)v(1)+u(1)v'(1)=1\times 2+1\times(-2)=0$$

于是应将“0”直接填在空内.

例 14 单项选择题

当$x\to 0$时,无穷小量$x-\ln(1+x)$与x^2比较是( )无穷小量.

(a) 较高阶 (b) 较低阶

(c) 同阶但非等价 (d) 等价

解:当$x\to 0$时,无穷小量$x-\ln(1+x)$与x^2比较意味着计算它们之比值的极限,当然为$\dfrac{0}{0}$型未定式极限,应用洛必达法则求解,有

$$\lim_{x\to 0}\frac{x-\ln(1+x)}{x^2}\quad\left(\frac{0}{0}\text{ 型}\right)$$

$$=\lim_{x\to 0}\frac{1-\frac{1}{1+x}}{2x}=\lim_{x\to 0}\frac{\frac{x}{1+x}}{2x}=\lim_{x\to 0}\frac{1}{2(1+x)}=\frac{1}{2}\neq 0$$

根据无穷小量阶的定义，说明当 $x \to 0$ 时，无穷小量 $x-\ln(1+x)$ 与 x^2 是同阶无穷小量，又由于它们之比值的极限不等于 1，因此无穷小量 $x-\ln(1+x)$ 与 x^2 是同阶但非等价无穷小量. 这个正确答案恰好就是备选答案(c)，所以选择(c).

§ 3.2　函数曲线的切线

根据 § 2.1 给出的导数值的几何意义，若函数 $f(x)$ 在点 x_0 处可导，即一阶导数值 $f'(x_0)$ 为有限值，则函数曲线$y=f(x)$ 上点 $M_0(x_0, y_0)$ 处的切线斜率为函数 $f(x)$ 在切点横坐标x_0 处的一阶导数值 $f'(x_0)$，因而得到函数曲线 $y=f(x)$ 上点 $M_0(x_0, y_0)$ 处切线方程的点斜式为

$$y-y_0=f'(x_0)(x-x_0)$$

其中切点纵坐标 $y_0=f(x_0)$，如图 3－1.

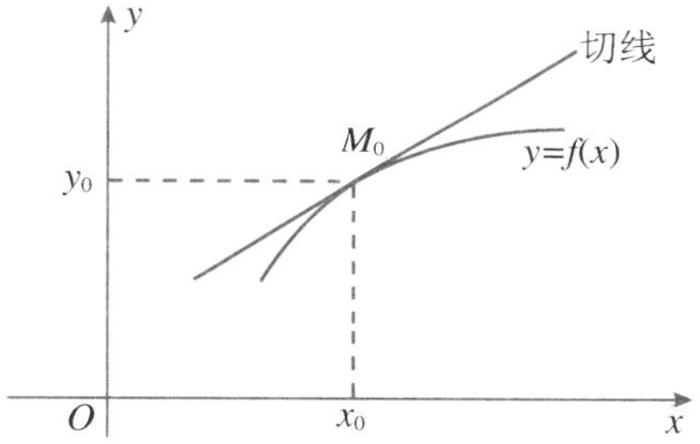

图 3－1

特别地，若切线斜率 $f'(x_0)=0$，说明切线平行于 x 轴，则切线方程为 $y=y_0$.
此外，若函数 $f(x)$ 在点 x_0 处连续但不可导，且一阶导数值 $f'(x_0)=\infty$，说明函数曲线 $y=f(x)$ 上点 $M_0(x_0, y_0)$ 处切线倾斜角 $\alpha=\dfrac{\pi}{2}$，即切线垂直于 x 轴，则切线方程为 $x=x_0$.

综合上面的讨论，求函数曲线 $y=f(x)$ 上点 $M_0(x_0, y_0)$ 处切线方程的步骤如下：

步骤 1　计算一阶导数 $f'(x)$，再在一阶导数 $f'(x)$ 的表达式中，自变量 x 用切点横坐标 x_0 代入，得到函数 $f(x)$ 在切点横坐标 x_0 处的一阶导数值 $f'(x_0)$；

步骤 2　若一阶导数值 $f'(x_0)$ 为有限值，则所求切线斜率为 $f'(x_0)$，所求切线方程的点斜式为

$$y-y_0=f'(x_0)(x-x_0)$$

当一阶导数值 $f'(x_0)=0$ 时，所求切线方程为 $y=y_0$；若一阶导数值 $f'(x_0)=\infty$，则所求切线方程为 $x=x_0$.

例 1　填空题

若函数曲线 $y=f(x)$ 上点 $M_0(x_0, f(x_0))$ 处的切线平行于直线 $y=3x+5$，则极限 $\lim\limits_{\Delta x\to 0}\dfrac{f(x_0+2\Delta x)-f(x_0)}{\Delta x}=$ ______.

解:函数曲线 $y=f(x)$ 上点 $M_0(x_0, f(x_0))$ 处的切线斜率为 $f'(x_0)$,又直线 $y=3x+5$ 的斜率为 3,由于这两条直线平行,因而它们的斜率相等,有

$$f'(x_0)=3$$

再根据 §2.1 导数值的概念,得到极限

$$\lim_{\Delta x\to 0}\frac{f(x_0+2\Delta x)-f(x_0)}{\Delta x}=2\lim_{\Delta x\to 0}\frac{f(x_0+2\Delta x)-f(x_0)}{2\Delta x}=2f'(x_0)=2\times 3=6$$

于是应将“6”直接填在空内.

例 2 求函数曲线 $y=\mathrm{e}^{2x}+x^2$ 上点(0,1)处的切线方程.

解:计算一阶导数

$$y'=\mathrm{e}^{2x}(2x)'+2x=2\mathrm{e}^{2x}+2x$$

于是所求切线斜率为

$$y'\Big|_{x=0}=2$$

所以所求切线方程为

$$y-1=2(x-0)$$

即有

$$2x-y+1=0$$

例 3 已知函数曲线 $y=x\ln x$ 上点 $M_0(x_0, y_0)$ 处的切线平行于直线 $y=4x-3$,求切点 M_0 的坐标 (x_0, y_0).

解:计算函数 $y=x\ln x$ 的一阶导数

$$y'=\ln x+x\frac{1}{x}=\ln x+1$$

于是函数曲线 $y=x\ln x$ 上点 $M_0(x_0, y_0)$ 处的切线斜率为

$$y'\Big|_{x=x_0}=\ln x_0+1$$

又直线 $y=4x-3$ 的斜率为 4,由于这两条直线平行,因而它们的斜率相等,有

$$\ln x_0+1=4$$

即有

$$\ln x_0=3$$

得到切点 M_0 的横坐标 $x_0=\mathrm{e}^3$,相应纵坐标 $y_0=\mathrm{e}^3\ln\mathrm{e}^3=3\mathrm{e}^3$,所以所求切点 M_0 的坐标为

$$(\mathrm{e}^3, 3\mathrm{e}^3)$$

例 4 求一条直线与函数曲线 $y=x^4-4x$ 相切,且平行于 x 轴.

解:所求直线为函数曲线 $y=x^4-4x$ 的切线,设切点为点 $M_0(x_0, y_0)$. 计算函数 $y=x^4-4x$ 的一阶导数

$$y'=4x^3-4$$

于是函数曲线 $y=x^4-4x$ 上点 $M_0(x_0, y_0)$ 处的切线斜率为

$$y'\Big|_{x=x_0}=4x_0^3-4$$

由于这条切线平行于 x 轴，因而它的斜率等于零，有

$$4x_0^3-4=0$$

得到切点 M_0 的横坐标 $x_0=1$，相应纵坐标 $y_0=-3$，因此切点为 $(1,-3)$，所以所求直线方程为

$$y=-3$$

例 5　设函数曲线 $y=\frac{1}{8}x^4+1$ 的一条切线平行于直线 $y=4x-5$，求此切线方程.

解：设切点为点 $M_0(x_0,y_0)$. 计算函数 $y=\frac{1}{8}x^4+1$ 的一阶导数

$$y'=\frac{1}{2}x^3$$

于是函数曲线 $y=\frac{1}{8}x^4+1$ 上点 $M_0(x_0,y_0)$ 处的切线斜率为

$$y'\Big|_{x=x_0}=\frac{1}{2}x_0^3$$

又直线 $y=4x-5$ 的斜率为 4，由于这两条直线平行，因而它们的斜率相等，有

$$\frac{1}{2}x_0^3=4$$

得到切点 M_0 的横坐标 $x_0=2$，相应纵坐标 $y_0=\frac{1}{8}\times 2^4+1=3$，因此切点为 $(2,3)$，所以所求切线方程为

$$y-3=4(x-2)$$

即有

$$4x-y-5=0$$

例 6　方程式 $y^2+\mathrm{e}^{xy}=5$ 确定变量 y 为 x 的函数 $y=y(x)$，求函数曲线 $y=y(x)$ 上点 $(0,2)$ 处的切线方程.

解：方程式 $y^2+\mathrm{e}^{xy}=5$ 等号两端皆对自变量 x 求导数，有

$$2yy'+\mathrm{e}^{xy}(y+xy')=0$$

即有

$$2yy'+x\mathrm{e}^{xy}y'=-y\mathrm{e}^{xy}$$

得到

$$(2y+x\mathrm{e}^{xy})y'=-y\mathrm{e}^{xy}$$

因而一阶导数

$$y'=-\frac{y\mathrm{e}^{xy}}{2y+x\mathrm{e}^{xy}}$$

于是所求切线斜率为

$$y'\Big|_{(0,2)}=-\frac{1}{2}$$

所以所求切线方程为

$$y-2=-\frac{1}{2}(x-0)$$

即有

$$x+2y-4=0$$

§3.3　函数的单调区间与极值

在 §1.1 虽然给出了函数单调性与极值的定义,但是直接根据定义确定函数的单调区间与极值是比较困难的,现在应用函数的导数解决这个问题.

如图 3-2,可导函数 $f(x)$ 在开区间(a,b) 内单调增加,这时函数曲线$y=f(x)$ 上任意点(x,y) 处切线倾斜角 α 是锐角,因而切线斜率

$$f'(x)=\tan\alpha>0$$

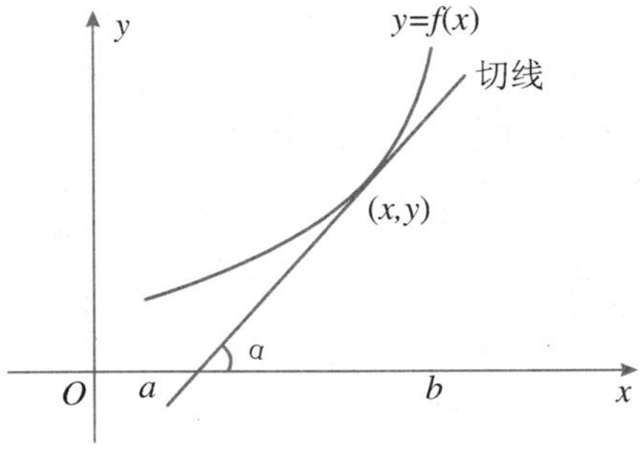

图 3-2

如图 3-3,可导函数 $f(x)$ 在开区间(a,b) 内单调减少,这时函数曲线$y=f(x)$ 上任意点(x,y) 处切线倾斜角 β 是钝角,因而切线斜率

$$f'(x)=\tan\beta<0$$

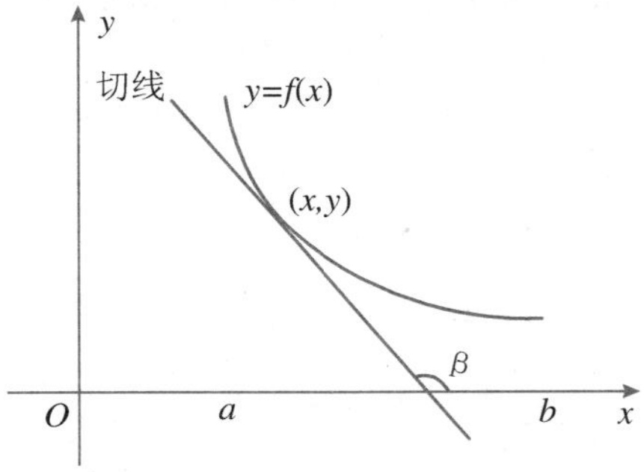

图 3-3

由此可知:可导函数的单调性与一阶导数正负号有着紧密的联系.

定理 3.1　已知函数 $f(x)$ 在开区间 J 内可导,那么:

(1) 如果在开区间 J 内一阶导数 $f'(x)$ 恒为正,则开区间 J 为可导函数 $f(x)$ 的单调增加区间;

(2) 如果在开区间 J 内一阶导数 $f'(x)$ 恒为负,则开区间 J 为可导函数 $f(x)$ 的单调减少区间.

推论　如果在开区间 J 内一阶导数 $f'(x)$ 恒非负(或恒非正)，且使得一阶导数 $f'(x)=0$ 的点 x 只是一些孤立的点，则开区间 J 为可导函数 $f(x)$ 的单调增加区间(或单调减少区间).

在给出判断可导函数单调性方法的基础上，下面讨论可导函数的极值，为此给出一个重要的概念.

定义 3.1　若可导函数 $f(x)$ 在点 x_0 处的一阶导数值 $f'(x_0)=0$，则称点 x_0 为可导函数 $f(x)$ 的驻点.

根据这个定义，可导函数 $f(x)$ 在驻点 x_0 处的一阶导数值 $f'(x_0)=0$，意味着函数曲线 $y=f(x)$ 上点 $(x_0, f(x_0))$ 处的切线斜率等于零，说明切线平行于 x 轴.

如图 3－4，可导函数 $f(x)$ 在开区间 (a,b) 内有极大值点 x_1 与极小值点 x_2，这时函数曲线 $y=f(x)$ 上点 $(x_1, f(x_1))$ 与 $(x_2, f(x_2))$ 处的切线平行于 x 轴，因而极值点 x_1，x_2 皆为可导函数的驻点. 说明可导函数的极值点一定在驻点中产生，为了求可导函数的极值点，必须先求出驻点，若无驻点，则无极值点. 但驻点是否一定为极值点？函数曲线 $y=f(x)$ 上点 $(x_3, f(x_3))$ 处的切线平行于 x 轴，从而点 x_3 为可导函数 $f(x)$ 的驻点，它却不为极值点. 自然提出问题：驻点在什么情况下一定为极值点，又在什么情况下一定不为极值点. 容易看出：可导函数 $f(x)$ 在驻点 x_1 左右与驻点 x_2 左右的单调性有改变，即一阶导数 $f'(x)$ 在驻点 x_1 左右与驻点 x_2 左右变号，这时驻点 x_1 与 x_2 为极值点；而可导函数 $f(x)$ 在驻点 x_3 左右的单调性没有改变，即一阶导数 $f'(x)$ 在驻点 x_3 左右不变号，这时驻点 x_3 不为极值点.

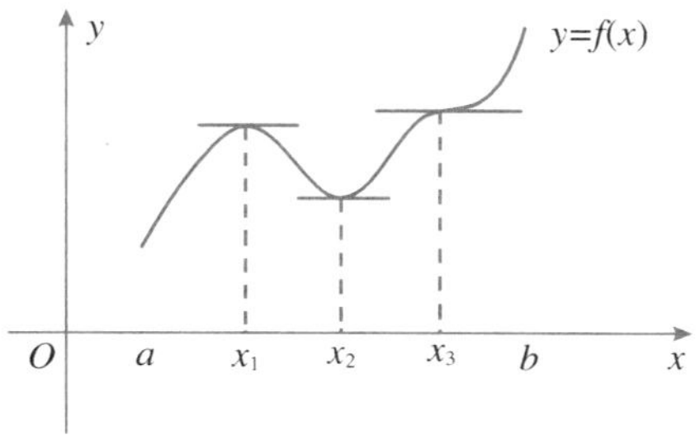

图 3－4

由此可知：对于可导函数，极值点一定为驻点，但驻点不一定为极值点，驻点是否为极值点与一阶导数在其左右变号不变号有着紧密的联系.

定理 3.2　已知点 x_0 为可导函数 $f(x)$ 的驻点，当点 x 从驻点 x_0 的左方变化到右方时，那么：

(1) 如果一阶导数 $f'(x)$ 变号，且从正号(或负号)变化到负号(或正号)，则驻点 x_0 为可导函数 $f(x)$ 的极大值点(或极小值点)；

(2) 如果一阶导数 $f'(x)$ 不变号，则驻点 x_0 不为可导函数 $f(x)$ 的极值点.

证：(1) 考虑驻点 x_0 左右很小范围内任意点 $x \neq x_0$，当点 x 在驻点 x_0 的左方即 $x_0 > x$ 时，一阶导数 $f'(x)$ 恒为正(或恒为负)，说明可导函数 $f(x)$ 单调增加(或单调减少)，从而有

$$f(x_0) > f(x) \quad (\text{或 } f(x_0) < f(x))$$

当点 x 在驻点 x_0 的右方即 $x > x_0$ 时，一阶导数 $f'(x)$ 恒为负(或恒为正)，说明可导函数

$f(x)$ 单调减少(或单调增加),从而有 $f(x) < f(x_0)$(或 $f(x) > f(x_0)$),即

$$f(x_0) > f(x) \quad (\text{或 } f(x_0) < f(x))$$

所以函数值 $f(x_0)$ 为极大值(或极小值),即驻点 x_0 为可导函数 $f(x)$ 的极大值点(或极小值点).

(2) 在驻点 x_0 左右很小范围内一阶导数 $f'(x)$ 不变号,即恒为正(或恒为负),说明可导函数 $f(x)$ 单调增加(或单调减少),可导函数 $f(x)$ 在驻点 x_0 处当然连续,因而函数值 $f(x_0)$ 大于左方函数值且小于右方函数值(或小于左方函数值且大于右方函数值),所以函数值 $f(x_0)$ 不为极值,即驻点 x_0 不为可导函数 $f(x)$ 的极值点.

综合上面的讨论,求可导函数 $f(x)$ 的单调区间与极值的步骤如下:

步骤 1　确定可导函数 $f(x)$ 的定义域 D;

步骤 2　计算一阶导数 $f'(x)$;

步骤 3　在定义域 D 内,若一阶导数 $f'(x)$ 恒非负(或恒非正),则可导函数 $f(x)$ 的单调增加区间(或单调减少区间)为定义域 D,这时当然无极值. 否则令一阶导数 $f'(x)=0$,求出可导函数 $f(x)$ 的全部驻点,并转入步骤 4;

步骤 4　可导函数 $f(x)$ 的全部驻点将定义域 D 分成几个开区间,列表判断在这几个开区间内一阶导数 $f'(x)$ 的正负号,于是确定可导函数 $f(x)$ 的单调区间、极值点,计算极值点处的函数值即为极值. 单调增加用记号 ↗ 表示,单调减少用记号 ↘ 表示.

例 1　填空题

若函数 $f(x)$ 在点 x_0 处及其左右可导,且函数值 $f(x_0)$ 为极大值,则函数曲线 $y=f(x)$ 上点 $M_0(x_0, f(x_0))$ 处的切线方程为______.

解: 由于函数 $f(x)$ 在点 x_0 处及其左右可导,且函数值 $f(x_0)$ 为极大值,即点 x_0 为可导函数 $f(x)$ 的极大值点,从而点 x_0 为函数 $f(x)$ 的驻点,当然一阶导数值 $f'(x_0)=0$. 这说明函数曲线 $y=f(x)$ 上点 $M_0(x_0, f(x_0))$ 处的切线斜率为零,即切线平行于 x 轴,因而所求切线方程为

$$y = f(x_0)$$

于是应将"$y=f(x_0)$"直接填在空内.

例 2　求函数 $f(x)=x-\sin x$ 的单调区间与极值.

解: 函数定义域 $D=(-\infty,+\infty)$,计算一阶导数

$$f'(x) = 1-\cos x \geqslant 0$$

说明在定义域 $D=(-\infty,+\infty)$ 内一阶导数 $f'(x)$ 恒非负,所以函数 $f(x)=x-\sin x$ 的单调增加区间为定义域 $D=(-\infty,+\infty)$;无极值.

例 3　求函数 $f(x)=x^2-4x+5$ 的单调区间与极值.

解: 函数定义域 $D=(-\infty,+\infty)$,计算一阶导数

$$f'(x) = 2x-4$$

令一阶导数 $f'(x)=0$,得到驻点 $x=2$.

驻点 $x=2$ 将定义域 $D=(-\infty,+\infty)$ 分成两个开区间:$(-\infty,2)$ 与 $(2,+\infty)$,注意到在这两个开区间内一阶导数 $f'(x)$ 是连续的,且不等于零,根据 §1.7 连续函数性质 3,对于其中每一个开区间内所有点 x,一阶导数 $f'(x)$ 同号. 在开区间 $(-\infty,2)$ 内任取一点,不妨取点

$x=0$，计算一阶导数值 $f'(0)=-4<0$，从而在此开区间内一阶导数 $f'(x)$ 恒为负，说明函数 $f(x)$ 在此开区间内单调减少；再在开区间 $(2,+\infty)$ 内任取一点，不妨取点 $x=3$，计算一阶导数值 $f'(3)=2>0$，从而在此开区间内一阶导数 $f'(x)$ 恒为正，说明函数 $f(x)$ 在此开区间内单调增加.

当点 x 从驻点 $x=2$ 的左方变化到右方时，由于一阶导数 $f'(x)$ 变号，且从负号变化到正号，因而驻点 $x=2$ 为函数 $f(x)$ 的极小值点，极小值为 $f(2)=1$.

上面这些分析列表如表 3－1：

表 3－1

x	$(-\infty,2)$	2	$(2,+\infty)$
$f'(x)$	$-$	0	$+$
$f(x)$	↘	极小值 1	↗

所以函数 $f(x)=x^2-4x+5$ 的单调减少区间为 $(-\infty,2)$，单调增加区间为 $(2,+\infty)$；极小值为 $f(2)=1$.

例 4　求函数 $f(x)=\dfrac{\ln x}{x}$ 的单调区间与极值.

解：函数定义域 $D=(0,+\infty)$，计算一阶导数

$$f'(x)=\frac{\frac{1}{x}x-\ln x}{x^2}=\frac{1-\ln x}{x^2}$$

令一阶导数 $f'(x)=0$，得到驻点 $x=\mathrm{e}$. 列表如表 3－2：

表 3－2

x	$(0,\mathrm{e})$	e	$(\mathrm{e},+\infty)$
$f'(x)$	$+$	0	$-$
$f(x)$	↗	极大值 $\frac{1}{\mathrm{e}}$	↘

所以函数 $f(x)=\dfrac{\ln x}{x}$ 的单调增加区间为 $(0,\mathrm{e})$，单调减少区间为 $(\mathrm{e},+\infty)$；极大值为 $f(\mathrm{e})=\dfrac{1}{\mathrm{e}}$.

例 5　求函数 $f(x)=x^2\mathrm{e}^{-x}$ 的单调区间与极值.

解：函数定义域 $D=(-\infty,+\infty)$，计算一阶导数

$$f'(x)=2x\mathrm{e}^{-x}+x^2\mathrm{e}^{-x}(-x)'=2x\mathrm{e}^{-x}-x^2\mathrm{e}^{-x}=(2x-x^2)\mathrm{e}^{-x}$$

令一阶导数 $f'(x)=0$，注意到指数函数 e^{-x} 恒大于零，得到驻点 $x=0$ 与 $x=2$. 列表如表 3－3：

表 3-3

x	$(-\infty,0)$	0	$(0,2)$	2	$(2,+\infty)$
$f'(x)$	$-$	0	$+$	0	$-$
$f(x)$	↘	极小值 0	↗	极大值 $4e^{-2}$	↘

所以函数 $f(x)=x^2e^{-x}$ 的单调减少区间为 $(-\infty,0)$，$(2,+\infty)$，单调增加区间为 $(0,2)$；极小值为 $f(0)=0$，极大值为 $f(2)=4e^{-2}$.

例 6 求函数 $f(x)=4x^3-x^4$ 的单调区间与极值.

解:函数定义域 $D=(-\infty,+\infty)$，计算一阶导数

$$f'(x)=12x^2-4x^3=4x^2(3-x)$$

令一阶导数 $f'(x)=0$，得到驻点 $x=0$ 与 $x=3$. 列表如表 3-4：

表 3-4

x	$(-\infty,0)$	0	$(0,3)$	3	$(3,+\infty)$
$f'(x)$	$+$	0	$+$	0	$-$
$f(x)$	↗	非极值	↗	极大值 27	↘

所以函数 $f(x)=4x^3-x^4$ 的单调增加区间为 $(-\infty,3)$，单调减少区间为 $(3,+\infty)$；极大 值为 $f(3)=27$.

注意:由于在驻点 $x=0$ 左右一阶导数 $f'(x)$ 不变号，因而驻点 $x=0$ 不为极值点，这时应把单调增加区间 $(-\infty,0)$ 与 $(0,3)$ 合并为一个区间 $(-\infty,3)$.

值得注意的是:极值是局部性的概念，它只是与极值点左右很小范围内对应的函数值比较而得到的，因此同一个函数的极大值有可能小于极小值.

利用函数的单调性，可以证明给定条件下含变量 x 的不等式. 作法是:令不等式左端减右端为函数 $f(x)$，计算一阶导数 $f'(x)$，在给定条件下，判别一阶导数 $f'(x)$ 的正负号，确定函数 $f(x)$ 的单调性，再根据函数单调性的定义，得到所证不等式.

例 7 证明:当 $x>0$ 时，恒有不等式

$$\ln(x+1)<x$$

证:考虑函数

$$f(x)=\ln(x+1)-x$$

计算一阶导数

$$f'(x)=\frac{1}{x+1}(x+1)'-1=\frac{1}{x+1}-1=-\frac{x}{x+1}<0 \quad (x>0)$$

说明当 $x>0$ 时，函数 $f(x)$ 单调减少，因而自变量取值为 x 对应的函数值 $f(x)$ 小于自变量取值为 0 对应的函数值 $f(0)$，即有 $f(x)<f(0)=0$，得到

$$\ln(x+1)-x<0$$

所以当 $x>0$ 时，恒有不等式

$$\ln(x+1)<x$$

§3.4　函数的最值

若只求函数的极值，还有下面定理给出的另外一种方法，可以作为 §3.3 定理 3.2 的补充.

定理 3.3　已知点 x_0 为可导函数 $f(x)$ 的驻点，且二阶导数 $f''(x)$ 在驻点 x_0 处及其左右连续，那么：

(1) 如果二阶导数值 $f''(x_0) < 0$，则驻点 x_0 为可导函数 $f(x)$ 的极大值点；

(2) 如果二阶导数值 $f''(x_0) > 0$，则驻点 x_0 为可导函数 $f(x)$ 的极小值点.

证：考虑驻点 x_0 处及其左右很小范围内任意点 x，由于二阶导数 $f''(x)$ 连续，若二阶导数值 $f''(x_0) \neq 0$，根据 §1.7 连续函数性质 3，则二阶导数 $f''(x)$ 与二阶导数值 $f''(x_0)$ 同号.

(1) 由于二阶导数值 $f''(x_0) < 0$，从而二阶导数 $f''(x) < 0$，说明一阶导数 $f'(x)$ 单调减少. 这意味着当点 x 从驻点 x_0 的左方变化到右方时，一阶导数 $f'(x)$ 逐渐减小，注意到可导函数 $f(x)$ 在驻点 x_0 处的一阶导数值 $f'(x_0) = 0$，因而这时一阶导数 $f'(x)$ 变号，且从正号变化到负号，根据 §3.3 定理 3.2，所以驻点 x_0 为可导函数 $f(x)$ 的极大值点；

(2) 由于二阶导数值 $f''(x_0) > 0$，从而二阶导数 $f''(x) > 0$，说明一阶导数 $f'(x)$ 单调增加. 这意味着当点 x 从驻点 x_0 的左方变化到右方时，一阶导数 $f'(x)$ 逐渐增大，注意到可导函数 $f(x)$ 在驻点 x_0 处的一阶导数值 $f'(x_0) = 0$，因而这时一阶导数 $f'(x)$ 变号，且从负号变化到正号，根据 §3.3 定理 3.2，所以驻点 x_0 为可导函数 $f(x)$ 的极小值点.

例 1　求函数 $f(x) = x^2 e^{-x}$ 的极值.

解：函数定义域 $D = (-\infty, +\infty)$，计算一阶导数

$$f'(x) = 2xe^{-x} + x^2 e^{-x}(-x)' = 2xe^{-x} - x^2 e^{-x} = (2x - x^2)e^{-x}$$

令一阶导数 $f'(x) = 0$，注意到指数函数 e^{-x} 恒大于零，得到驻点 $x = 0$ 与 $x = 2$. 再计算二阶导数

$$\begin{aligned} f''(x) &= (2 - 2x)e^{-x} + (2x - x^2)e^{-x}(-x)' = (2 - 2x)e^{-x} - (2x - x^2)e^{-x} \\ &= (2 - 4x + x^2)e^{-x} \end{aligned}$$

得到在驻点 $x = 0$ 处的二阶导数值

$$f''(0) = 2 > 0$$

根据定理 3.3，于是驻点 $x = 0$ 为极小值点；又得到在驻点 $x = 2$ 处的二阶导数值

$$f''(2) = -2e^{-2} < 0$$

根据定理 3.3，于是驻点 $x = 2$ 为极大值点.

所以函数 $f(x) = x^2 e^{-x}$ 的极小值为 $f(0) = 0$，极大值为 $f(2) = 4e^{-2}$. 这个结果与 §3.3 例 5 得到的结果是相同的.

函数的最值点与极值点是不同的概念，不可混淆. 极值点只能是给定区间内部的点，不能是给定区间的端点；而最值点可以是给定区间内部的点，也可以是给定区间的端点. 一般情况下，最值点不一定是极值点，极值点也不一定是最值点，但在一定条件下，它们又有着紧密的联系.

如图 3－5,可导函数 $f(x)$ 在开区间(a,b) 内只有一个极值点 x_0,且为极大值点,这时函数曲线 $y=f(x)$ 上点 $M_0(x_0,f(x_0))$ 左右很小范围内的曲线段当然向下延伸,又由于可导函数 $f(x)$ 没有极小值,从而函数曲线 $y=f(x)$ 不可能再向上延伸,只能继续向下延伸,因而唯一极大值 $f(x_0)$ 也为可导函数 $f(x)$ 在开区间(a,b) 内的最大值,即唯一极大值点 x_0 也为可导函数 $f(x)$ 在开区间(a,b) 内的最大值点.

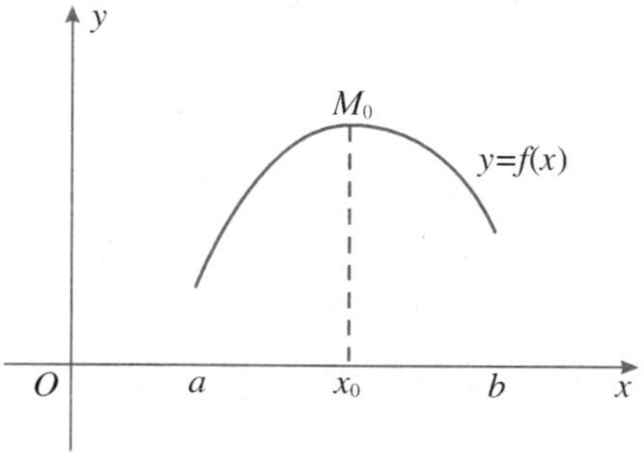

图 3－5

如图 3－6,可导函数 $f(x)$ 在开区间(a,b) 内只有一个极值点 x_0,且为极小值点,这时函数曲线 $y=f(x)$ 上点 $M_0(x_0,f(x_0))$ 左右很小范围内的曲线段当然向上延伸,又由于可导函数 $f(x)$ 没有极大值,从而函数曲线 $y=f(x)$ 不可能再向下延伸,只能继续向上延伸,因而唯一极小值 $f(x_0)$ 也为可导函数 $f(x)$ 在开区间(a,b) 内的最小值,即唯一极小值点 x_0 也为可导函数 $f(x)$ 在开区间(a,b) 内的最小值点.

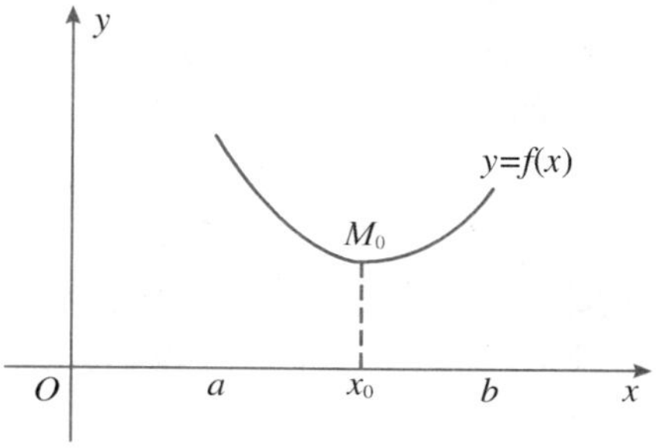

图 3－6

综合上面的讨论,得到下面的定理.

定理 3.4 已知可导函数 $f(x)$ 在区间 I(可以是开区间,也可以是闭区间或半开区间)内只有一个极值点 x_0,那么:

(1) 如果点 x_0 为极大值点,则唯一极大值点 x_0 也为可导函数 $f(x)$ 在区间 I 上的最大值点;

(2) 如果点 x_0 为极小值点,则唯一极小值点 x_0 也为可导函数 $f(x)$ 在区间 I 上的最小值点.

开区间内的可导函数不一定存在最大值或最小值,但若满足定理 3.4 的条件,则开区间内的可导函数存在最大值或最小值. 在这种情况下,求可导函数 $f(x)$ 在定义域内的最值的步骤如下:

步骤 1　确定可导函数 $f(x)$ 的定义域 D；

步骤 2　计算一阶导数 $f'(x)$；

步骤 3　令一阶导数 $f'(x)=0$，得到唯一驻点 x_0；

步骤 4　计算二阶导数 $f''(x)$，判断二阶导数值 $f''(x_0)$ 的正负号，确定唯一驻点 x_0 为唯一极大值点还是唯一极小值点，进而得到它为最大值点还是最小值点，计算最值点 x_0 处的函数值 $f(x_0)$ 即为最值.

例 2　求函数 $f(x)=x^2-8x+7$ 在定义域内的最值.

解: 函数定义域 $D=(-\infty,+\infty)$，计算一阶导数

$$f'(x)=2x-8$$

令一阶导数 $f'(x)=0$，得到唯一驻点 $x=4$. 再计算二阶导数

$$f''(x)=2$$

它是常数. 当然，在唯一驻点 $x=4$ 处也不例外，有二阶导数值

$$f''(4)=2>0$$

根据定理 3.3，于是唯一驻点 $x=4$ 为唯一极小值点，再根据定理 3.4，这个唯一极小值点 $x=4$ 也为最小值点.

所以函数 $f(x)=x^2-8x+7$ 在定义域 $D=(-\infty,+\infty)$ 内有最小值，最小值为 $f(4)=-9$.

例 3　求函数 $f(x)=(1-x)e^x$ 在定义域内的最值.

解: 函数定义域 $D=(-\infty,+\infty)$，计算一阶导数

$$f'(x)=-e^x+(1-x)e^x=-xe^x$$

令一阶导数 $f'(x)=0$，注意到指数函数 e^x 恒大于零，得到唯一驻点 $x=0$. 再计算二阶导数

$$f''(x)=-(e^x+xe^x)=-(1+x)e^x$$

得到在唯一驻点 $x=0$ 处的二阶导数值

$$f''(0)=-1<0$$

于是唯一驻点 $x=0$ 为唯一极大值点，也为最大值点.

所以函数 $f(x)=(1-x)e^x$ 在定义域 $D=(-\infty,+\infty)$ 内有最大值，最大值为 $f(0)=1$.

闭区间上的可导函数当然连续，根据 §1.7 连续函数性质 1，它一定存在最大值与最小值. 如何求出这个最大值与最小值?由于这个最大值与最小值一定在相应开区间内的极值点或两个端点处取得，又可导函数的极值点一定在驻点中产生，因而所求最大值与最小值一定在相应开区间内的驻点或两个端点处取得.

综合上面的讨论，求可导函数 $f(x)$ 在闭区间 $[a,b]$ 上的最大值与最小值的步骤如下：

步骤 1　计算一阶导数 $f'(x)$，并令一阶导数 $f'(x)=0$，求出可导函数 $f(x)$ 在开区间 (a,b) 内的所有驻点；

步骤 2　计算可导函数 $f(x)$ 在这些驻点处的函数值，同时计算可导函数 $f(x)$ 在两个端点处的函数值 $f(a)$，$f(b)$；

步骤 3　比较上述计算得到的函数值大小，其中最大者为所求最大值，最小者为所求最小值.

特别地，若可导函数 $f(x)$ 在开区间 (a,b) 内单调，则可导函数 $f(x)$ 在闭区间 $[a,b]$ 上的最大值与最小值分别在两个端点处取得.

例 4 求函数 $f(x)=x^4-8x^2+3$ 在闭区间 $[-1,3]$ 上的最大值与最小值.

解:计算一阶导数

$$f'(x)=4x^3-16x=4x(x^2-4)$$

令一阶导数 $f'(x)=0$,得到驻点 $x=-2$,$x=0$ 及 $x=2$,容易看出驻点 $x=0$ 与 $x=2$ 在开区间 $(-1,3)$ 内,而驻点 $x=-2$ 不在开区间 $(-1,3)$ 内. 再计算函数 $f(x)$ 在驻点 $x=0$, $x=2$ 及两个端点 $x=-1$,$x=3$ 处的函数值

$$f(0)=3$$
$$f(2)=-13$$
$$f(-1)=-4$$
$$f(3)=12$$

比较这些函数值的大小,得到最大者为 $f(3)=12$,最小者为 $f(2)=-13$.

所以函数 $f(x)=x^4-8x^2+3$ 在闭区间 $[-1,3]$ 上的最大值为 $f(3)=12$,最小值为 $f(2)=-13$.

§3.5 函数曲线的凹向区间与拐点

在讨论可导函数的单调区间与极值的基础上,往往还要讨论函数曲线的弯曲情况,即讨论函数曲线与其切线在位置上的关系.

如图 3-7,函数曲线 $y=f(x)$ 在开区间 (a,c) 内向上弯曲,这时曲线弧 AC 位于其上任意一点处切线的上方;函数曲线 $y=f(x)$ 在开区间 (c,b) 内向下弯曲,这时曲线弧 CB 位于其上任意一点处切线的下方,而函数曲线 $y=f(x)$ 上点 $C(c,f(c))$ 是曲线 $y=f(x)$ 弯曲方向改变的分界点.

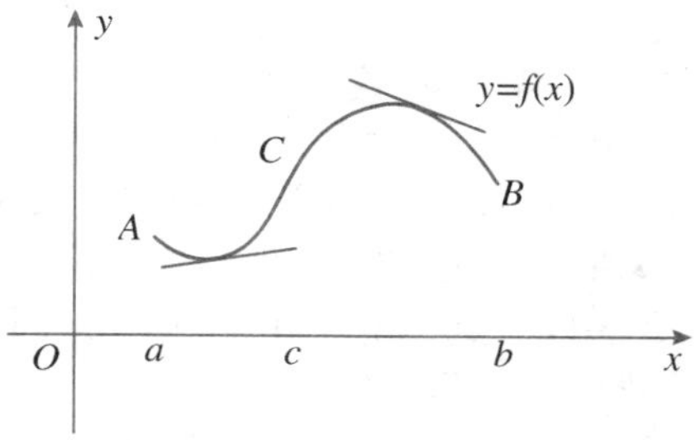

图 3-7

定义 3.2 已知函数 $f(x)$ 在开区间 J 内可导,若函数曲线 $y=f(x)$ 在开区间 J 内位于其上任意一点处切线的上方,则称函数曲线 $y=f(x)$ 在开区间 J 内上凹,开区间 J 为函数曲线 $y=f(x)$ 的上凹区间;若函数曲线 $y=f(x)$ 在开区间 J 内位于其上任意一点处切线的下方,则称函数曲线 $y=f(x)$ 在开区间 J 内下凹,开区间 J 为函数曲线 $y=f(x)$ 的下凹区间.

直接根据定义确定函数曲线的凹向区间是比较困难的,经过深入的讨论可知:函数曲线的凹向与函数的二阶导数正负号有着紧密的联系.

定理 3.5　已知函数 $f(x)$ 在开区间 J 内二阶可导，那么：

(1) 如果在开区间 J 内二阶导数 $f''(x)$ 恒为正，则开区间 J 为函数曲线 $y = f(x)$ 的上凹区间；

(2) 如果在开区间 J 内二阶导数 $f''(x)$ 恒为负，则开区间 J 为函数曲线 $y = f(x)$ 的下凹区间.

推论　如果在开区间 J 内二阶导数 $f''(x)$ 恒非负(或恒非正)，且使得二阶导数 $f''(x)=0$ 的点 x 只是一些孤立的点，则开区间 J 为函数曲线 $y = f(x)$ 的上凹区间(或下凹区间).

定义 3.3　在函数曲线 $y=f(x)$ 上，凹向改变的分界点称为函数曲线 $y=f(x)$ 的拐点.

对于二阶可导函数 $f(x)$，函数曲线 $y = f(x)$ 在其拐点 $(x_0, f(x_0))$ 左右的凹向改变，即在拐点横坐标 x_0 左右二阶导数 $f''(x)$ 变号，因而二阶导数值 $f''(x_0)=0$，说明拐点横坐标 x_0 一定是二阶导数 $f''(x) = 0$ 的根；但在二阶导数 $f''(x) = 0$ 的根左右，若二阶导数 $f''(x)$ 不变号，意味着函数曲线 $y = f(x)$ 在对应点左右的凹向不改变，则这个二阶导数 $f''(x)=0$ 的根不是拐点横坐标.

由此可知：对于二阶可导函数，函数曲线拐点横坐标一定为二阶导数等于零的根，但二阶导数等于零的根不一定为函数曲线拐点横坐标，二阶导数等于零的根是否为函数曲线拐点横坐标与二阶导数在其左右变号不变号有着紧密的联系.

定理 3.6　已知函数 $f(x)$ 二阶可导，点 x_0 为二阶导数 $f''(x)=0$ 的根，那么：

(1) 如果在点 x_0 左右二阶导数 $f''(x)$ 变号，则点 $(x_0, f(x_0))$ 为函数曲线 $y=f(x)$ 的拐点；

(2) 如果在点 x_0 左右二阶导数 $f''(x)$ 不变号，则点 $(x_0, f(x_0))$ 不为函数曲线 $y=f(x)$ 的拐点.

根据函数曲线凹向与拐点的定义，如图 3－7，函数曲线 $y = f(x)$ 的上凹区间为 (a,c) 下凹区间为 (c,b)，拐点为 $(c, f(c))$.

综合上面的讨论，在函数 $f(x)$ 二阶可导时，求函数曲线 $y = f(x)$ 的凹向区间与拐点的步骤如下：

步骤 1　确定二阶可导函数 $f(x)$ 的定义域 D；

步骤 2　计算一阶导数 $f'(x)$、二阶导数 $f''(x)$；

步骤 3　在定义域 D 内，若二阶导数 $f''(x)$ 恒非负(或恒非正)，则函数曲线 $y = f(x)$ 的上凹区间(或下凹区间)为定义域 D，这时当然无拐点. 否则令二阶导数 $f''(x) = 0$，求出全部根，并转入步骤 4；

步骤 4　二阶导数 $f''(x) = 0$ 的全部根将定义域 D 分成几个开区间，列表判断在这几个开区间内二阶导数 $f''(x)$ 的正负号，于是确定函数曲线 $y = f(x)$ 的凹向区间、拐点横坐标，计算拐点横坐标处的函数值即为拐点纵坐标. 上凹用记号 $\cup$ 表示，下凹用记号 $\cap$ 表示.

例 1　求函数曲线 $y = x + \ln x$ 的凹向区间与拐点.

解：函数定义域 $D = (0, +\infty)$，计算一阶导数、二阶导数

$$y' = 1 + \frac{1}{x}$$

$$y'' = -\frac{1}{x^2} < 0$$

说明在定义域 $D=(0,+\infty)$ 内二阶导数 y'' 恒为负,所以函数曲线 $y=x+\ln x$ 的下凹区间为定义域 $D=(0,+\infty)$;无拐点.

例 2 求函数曲线 $y=6x^2-x^3$ 的凹向区间与拐点.

解:函数定义域 $D=(-\infty,+\infty)$,计算一阶导数、二阶导数

$$y'=12x-3x^2$$

$$y''=12-6x$$

令二阶导数 $y''=0$,得到根 $x=2$. 列表如表 3-5:

表 3-5

x	$(-\infty,2)$	2	$(2,+\infty)$
y''	+	0	−
$y=f(x)$	∪	拐点 (2,16)	∩

所以函数曲线 $y=6x^2-x^3$ 的上凹区间为 $(-\infty,2)$,下凹区间为 $(2,+\infty)$;拐点为 $(2,16)$.

例 3 求函数曲线 $y=(x^2-2)e^x$ 的凹向区间与拐点.

解:函数定义域 $D=(-\infty,+\infty)$,计算一阶导数、二阶导数

$$y'=2xe^x+(x^2-2)e^x=(x^2+2x-2)e^x$$

$$y''=(2x+2)e^x+(x^2+2x-2)e^x=(x^2+4x)e^x$$

令二阶导数 $y''=0$,得到根 $x=-4$ 与 $x=0$. 列表如表 3-6:

表 3-6

x	$(-\infty,-4)$	-4	$(-4,0)$	0	$(0,+\infty)$
y''	+	0	−	0	+
$y=f(x)$	∪	拐点 $(-4,14e^{-4})$	∩	拐点 $(0,-2)$	∪

所以函数曲线 $y=(x^2-2)e^x$ 的上凹区间为 $(-\infty,-4)$,$(0,+\infty)$,下凹区间为 $(-4,0)$;拐点为 $(-4,14e^{-4})$,$(0,-2)$.

例 4 求函数 $y=x^3-3x^2+1$ 的单调区间与极值及函数曲线的凹向区间与拐点.

解:函数定义域 $D=(-\infty,+\infty)$,计算一阶导数

$$y'=3x^2-6x$$

令一阶导数 $y'=0$,得到驻点 $x=0$ 与 $x=2$. 列表如表 3-7:

表 3-7

x	$(-\infty,0)$	0	$(0,2)$	2	$(2,+\infty)$
y'	+	0	−	0	+
y	↗	极大值 1	↘	极小值 −3	↗

计算二阶导数

$$y'' = 6x - 6$$

令二阶导数 $y''=0$，得到根 $x=1$. 列表如表 3-8：

表 3-8

x	$(-\infty,1)$	1	$(1,+\infty)$
y''	$-$	0	$+$
$y=f(x)$	$\cap$	拐点 $(1,-1)$	$\cup$

所以函数 $y=x^3-3x^2+1$ 的单调增加区间为 $(-\infty,0)$，$(2,+\infty)$，单调减少区间为 $(0,2)$；极大值为 $y\Big|_{x=0}=1$，极小值为 $y\Big|_{x=2}=-3$. 函数曲线 $y=x^3-3x^2+1$ 的下凹区间为 $(-\infty,1)$，上凹区间为 $(1,+\infty)$；拐点为 $(1,-1)$.

例 5　求函数 $y=e^{-\frac{x^2}{2}}$ 的单调区间与极值及函数曲线的凹向区间与拐点.

解：函数定义域 $D=(-\infty,+\infty)$，计算一阶导数

$$y'=e^{-\frac{x^2}{2}}\left(-\frac{x^2}{2}\right)'=-xe^{-\frac{x^2}{2}}$$

令一阶导数 $y'=0$，得到驻点 $x=0$. 列表如表 3-9：

表 3-9

x	$(-\infty,0)$	0	$(0,+\infty)$
y'	$+$	0	$-$
y	↗	极大值 1	↘

计算二阶导数

$$y''=-\left[e^{-\frac{x^2}{2}}+xe^{-\frac{x^2}{2}}\left(-\frac{x^2}{2}\right)'\right]=-(e^{-\frac{x^2}{2}}-x^2e^{-\frac{x^2}{2}})=(x^2-1)e^{-\frac{x^2}{2}}$$

令二阶导数 $y''=0$，得到根 $x=-1$ 与 $x=1$. 列表如表 3-10：

表 3-10

x	$(-\infty,-1)$	-1	$(-1,1)$	1	$(1,+\infty)$
y''	$+$	0	$-$	0	$+$
$y=f(x)$	$\cup$	拐点 $(-1,e^{-\frac{1}{2}})$	$\cap$	拐点 $(1,e^{-\frac{1}{2}})$	$\cup$

所以函数 $y=e^{-\frac{x^2}{2}}$ 的单调增加区间为 $(-\infty,0)$，单调减少区间为 $(0,+\infty)$；极大值为 $y\Big|_{x=0}=1$. 函数曲线 $y=e^{-\frac{x^2}{2}}$ 的上凹区间为 $(-\infty,-1)$，$(1,+\infty)$，下凹区间为 $(-1,1)$；拐点为 $(-1,e^{-\frac{1}{2}})$，$(1,e^{-\frac{1}{2}})$.

§3.6 经济方面函数的边际与弹性

在生产过程中,产品的总成本 C 为产量 x 的单调增加函数

$$C = C(x) \quad (x > 0)$$

当产量从 x_0 水平增加到 $x_0 + \Delta x$ 水平时,总成本函数相应增量为

$$\Delta C = C(x_0 + \Delta x) - C(x_0)$$

在产量区间$[x_0, x_0 + \Delta x]$上,总成本函数对产量的平均变化率为

$$\frac{\Delta C}{\Delta x} = \frac{C(x_0 + \Delta x) - C(x_0)}{\Delta x}$$

当 $\Delta x \to 0$ 时,总成本函数对产量的平均变化率的极限称为总成本函数在产量 x_0 水平上对产量的瞬时变化率,为总成本函数在点 x_0 处对产量的导数值,即

$$C'(x_0) = \lim_{\Delta x \to 0} \frac{C(x_0 + \Delta x) - C(x_0)}{\Delta x}$$

一般地,考虑总成本函数在产量 x 水平上对产量的瞬时变化率,有下面的定义.

定义 3.4 总成本函数 $C = C(x)$ 对产量 x 的一阶导数 $C'(x)$ 称为边际成本函数.

根据这个定义,总成本函数 $C = C(x)$ 在产量 x_0 水平上对产量 x 的一阶导数值 $C'(x_0)$ 称为在产量 x_0 水平上的边际成本值. 根据 §2.7 微分的概念,当产量在 x_0 水平上有了改变量 Δx 时,总成本函数改变量

$$\Delta C \approx \mathrm{d}C\Big|_{x=x_0} = C'(x_0)\Delta x \quad (|\Delta x| \text{ 很小})$$

特别地,若取 $\Delta x = 1$,则有

$$\Delta C \approx C'(x_0)$$

说明在产量 x_0 水平上的边际成本值可以近似表示在产量 x_0 水平上增加一个单位产量所需要增添的成本.

若边际成本值 $C'(x_0)$ 较大,则在产量 x_0 水平上增产所需要增添的成本也较大,说明增产潜力较小;若边际成本值 $C'(x_0)$ 较小,则在产量 x_0 水平上增产所需要增添的成本也较小,说明增产潜力较大.

例 1 某产品总成本 C 元为产量 x 个的函数

$$C = C(x) = 900 + \frac{1}{100}x^2$$

求在产量为 100 个水平上的平均单位成本值与边际成本值.

解: 平均单位成本函数为

$$\overline{C}(x) = \frac{C(x)}{x} = \frac{900}{x} + \frac{1}{100}x$$

所以在产量为 100 个水平上的平均单位成本值

$$\bar{C}(100)=\frac{900}{100}+\frac{100}{100}=10(\text{元/个})$$

边际成本函数为

$$C'(x)=\frac{1}{50}x$$

所以在产量为 100 个水平上的边际成本值

$$C'(100)=\frac{100}{50}=2(\text{元/个})$$

上述计算结果说明：生产前 100 个产品时，均摊在每个产品上的成本为 10 元，在此水平上生产第 101 个产品，所需要增添的成本大约为 2 元.

一般情况下，经济方面函数 $y=f(x)$ 对自变量 x 的一阶导数 $f'(x)$ 称为边际函数，它表示函数 $y=f(x)$ 当自变量 x 改变一个单位时的改变量近似值. 除边际成本函数 $C'(x)$ 外，如边际收益函数 $R'(x)$ 是总收益函数 $R=R(x)$ 对产量 x 的一阶导数，边际利润函数 $L'(x)$ 是总利润函数 $L=L(x)$ 对产量 x 的一阶导数，边际需求函数 $Q'(p)$ 是需求函数 $Q=Q(p)$ 对销售价格 p 的一阶导数.

在销售过程中，商品的需求量 Q 为销售价格 p 的单调减少函数

$$Q=Q(p)$$

在商品紧缺的情况下，可以用提价的办法以减少需求量；而在商品滞销的情况下，则用降价的办法以增加需求量. 下面讨论销售价格的变动对需求函数变动的影响程度：在销售价格 p_0 水平上的需求量为 $Q_0=Q(p_0)$，当销售价格 p 有了改变量 $\Delta p\neq 0$，需求函数 Q 的相应改变量为 $\Delta Q\neq 0$. 但这不足以说明问题，如销售价格水平分别为1 000 元 / 件与 100 元 / 件的商品，尽管都降低 50 元 / 件，可是降价的幅度却差别很大，从而增加需求量的效果也不会一样. 于是应该考虑销售价格的变化幅度即相对改变量 $\frac{\Delta p}{p_0}$ 对需求函数变化幅度即相对改变量 $\frac{\Delta Q}{Q_0}$ 的影响程度.

考虑比值

$$\bar{\eta}(p_0)=\frac{\frac{\Delta Q}{Q_0}}{\frac{\Delta p}{p_0}}=\frac{\frac{\Delta Q}{\Delta p}}{Q_0}p_0$$

它称为需求函数在销售价格 p_0 水平上对销售价格的平均相对变化率，由于需求函数改变量 ΔQ 与销售价格改变量 Δp 异号，从而比值 $\bar{\eta}(p_0)$ 恒为负. 若绝对值 $|\bar{\eta}(p_0)|<1$，则有 $\left|\frac{\Delta Q}{Q_0}\right|<\left|\frac{\Delta p}{p_0}\right|$，说明销售价格相对改变量对需求函数相对改变量的影响比较小；若绝对值 $|\bar{\eta}(p_0)|\geqslant 1$，则有 $\left|\frac{\Delta Q}{Q_0}\right|\geqslant\left|\frac{\Delta p}{p_0}\right|$，说明销售价格相对改变量对需求函数相对改变量的影响比较大. 当 $\Delta p\to 0$ 时，比值 $\bar{\eta}(p_0)$ 的极限称为需求函数在销售价格 p_0 水平上对销售价格的瞬时相对变化率，记作

$$\eta(p_0)=\lim_{\Delta p\to 0}\frac{\frac{\Delta Q}{\Delta p}}{Q_0}p_0=\frac{Q'(p_0)}{Q(p_0)}p_0$$

一般地,考虑需求函数在销售价格 p 水平上对销售价格的瞬时相对变化率,有下面的定义.

定义 3.5 需求函数 $Q=Q(p)$ 对销售价格 p 的瞬时相对变化率称为需求弹性函数,记作

$$\eta(p)=\frac{Q'(p)}{Q(p)}p$$

根据这个定义,需求函数在销售价格 p_0 水平上对销售价格的瞬时相对变化率 $\eta(p_0)$ 称为需求函数在销售价格 p_0 水平上的需求弹性值.需求弹性值 $\eta(p_0)$ 恒为负,其数值 $|\eta(p_0)|$ 说明在销售价格 p_0 水平上,若销售价格 p 的变化幅度为 1%,则需求函数 Q 的变化幅度大约为 $|\eta(p_0)|$ %,其负号则说明它们的变化是反方向的.

例 2 某商品日需求量 Qkg 为销售价格 p 元 /kg 的函数

$$Q=Q(p)=100\mathrm{e}^{-\frac{p}{5}}$$

求在销售价格为 10 元 /kg 水平上的边际需求值与需求弹性值.

解:边际需求函数为

$$Q'(p)=100\mathrm{e}^{-\frac{p}{5}}\left(-\frac{p}{5}\right)'=-20\mathrm{e}^{-\frac{p}{5}}$$

所以在销售价格为 10 元 /kg 水平上的边际需求值

$$Q'(10)=-20\mathrm{e}^{-\frac{10}{5}}=-20\mathrm{e}^{-2}\approx-2.7$$

需求弹性函数为

$$\eta(p)=\frac{Q'(p)}{Q(p)}p=\frac{-20\mathrm{e}^{-\frac{p}{5}}}{100\mathrm{e}^{-\frac{p}{5}}}p=-\frac{1}{5}p$$

所以在销售价格为 10 元 /kg 水平上的需求弹性值

$$\eta(10)=-\frac{10}{5}=-2$$

上述计算结果说明:在商品销售价格为 10 元 /kg 水平上,若降价 1 元 /kg,则日需求量大约增加 2.7kg;若降价 10%,则日需求量大约增加 20%.

一般情况下,经济方面函数 $y=f(x)$ 对自变量 x 的瞬时相对变化率$\frac{f'(x)}{f(x)}x$ 称为弹性函数,它刻画函数 $y=f(x)$ 对自变量 x 相对变动的反应灵敏程度.

§3.7 几何与经济方面函数的优化

求函数的最值点也称为函数的优化,求最值点的函数称为目标函数,目标函数的最值点称为最优解,目标函数的最值称为最优值.

几何与经济方面函数的优化的类型有两种:

类型 1 求使得消耗为最小的最优解;

类型 2 求使得效益为最大的最优解.

几何与经济方面函数优化的求解步骤如下：

步骤 1　根据实际问题的具体情况，确定自变量与因变量，建立它们之间的函数关系即目标函数关系式；

步骤 2　求目标函数的极值点，往往也为最值点，即得最优解.

例 1　一块正方形纸板的边长为 a，将其四角各截去一个大小相同的边长为 x 的小正方形，再将四边折起做成一个无盖方盒，问所截小正方形边长 x 为多少时，才能使得无盖方盒容积 V 最大？

解：已设所截小正方形边长为 x，从而无盖方盒底边长为 $a-2x$，如图 3 - 8.

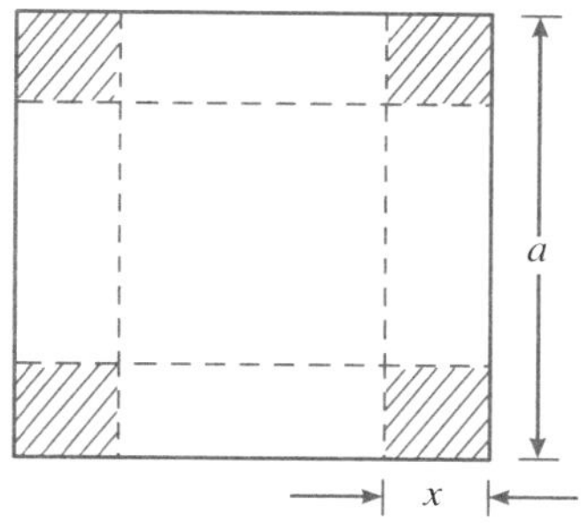

图 3 - 8

自变量为所截小正方形边长 x，因变量为无盖方盒容积 V. 由于盒底面积为 $(a-2x)^2$，盒高为 x，于是无盖方盒容积即目标函数为

$$V=V(x)=x(a-2x)^2$$

由于高 $x>0$；又由于底边长 $a-2x>0$，得到 $0<x<\frac{a}{2}$，因而函数定义域为 $0<x<\frac{a}{2}$.

计算一阶导数

$$\begin{aligned}V'(x)&=(a-2x)^2+x\cdot 2(a-2x)(a-2x)'=(a-2x)^2-4x(a-2x)\\&=(a-2x)(a-6x)\end{aligned}$$

令一阶导数 $V'(x)=0$，有根 $x=\frac{a}{2}$ 与 $x=\frac{a}{6}$，但由于根 $x=\frac{a}{2}$ 不在函数定义域内，应舍掉，因而得到唯一驻点 $x=\frac{a}{6}$. 再计算二阶导数

$$V''(x)=-2(a-6x)+(a-2x)(-6)=24x-8a$$

得到在唯一驻点 $x=\frac{a}{6}$ 处的二阶导数值

$$V''\left(\frac{a}{6}\right)=-4a<0$$

根据 §3.4 定理 3.3，于是唯一驻点 $x=\frac{a}{6}$ 为唯一极大值点，再根据 §3.4 定理 3.4，这个唯一极大值点 $x=\frac{a}{6}$ 也为最大值点，为最优解.

所以所截小正方形边长 x 为 $\frac{a}{6}$ 时，才能使得无盖方盒容积 V 最大.

例 2 欲做一个容积为 72m^3 的长方体带盖箱子,箱子底长 xm 与宽 um 的比为 1∶2,问长方体带盖箱子底长 x、宽 u 及高 h 各为多少时,才能使得箱子用料最省?

解:已设长方体带盖箱子底长为 xm、宽为 um 及高为 hm,如图 3-9.

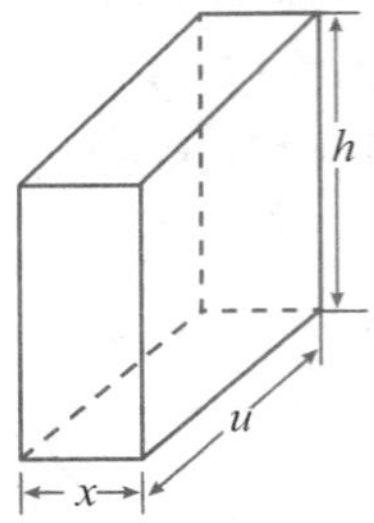

图 3-9

自变量为长方体带盖箱子底长 x,注意到箱子用料最省意味着箱子表面积最小,因此因变量为长方体带盖箱子表面积 S. 由于箱子底长 x 与宽 u 的比为 1∶2,得到 $u = 2x$;由于箱子容积为 72m^3,因而有关系式 $xuh = 72$,即 $2x^2h = 72$,得到

$$h = \frac{36}{x^2}$$

于是长方体带盖箱子表面积即目标函数为

$$S = S(x) = 2(xu + xh + uh) = 2\left(2x^2 + x\cdot\frac{36}{x^2} + 2x\cdot\frac{36}{x^2}\right) = 4x^2 + \frac{216}{x}(\text{m}^2) \quad (x > 0)$$

计算一阶导数

$$S'(x) = 8x - \frac{216}{x^2}$$

令一阶导数 $S'(x) = 0$,得到唯一驻点 $x = 3$. 再计算二阶导数

$$S''(x) = 8 + \frac{432}{x^3} > 0$$

当然,在唯一驻点 $x = 3$ 处也不例外,有二阶导数值

$$S''(3) > 0$$

于是唯一驻点 $x = 3$ 为唯一极小值点,也为最小值点,为最优解. 此时另外两个变量 $u = 2x = 2\times 3 = 6$,$h = \frac{36}{x^2} = \frac{36}{3^2} = 4$.

所以长方体带盖箱子底长 x 为 3m、宽 u 为 6m 及高 h 为 4m 时,才能使得箱子用料最省.

例 3 欲做一个容积为 $250\pi\text{m}^3$ 的圆柱形无盖蓄水池,已知池底材料价格为池周围材料价格的 2 倍,问圆柱形无盖蓄水池池底半径 r 与高 h 各为多少时,才能使得所用材料费 T 最省?

解:已设圆柱形无盖蓄水池池底半径为 rm,高为 hm,如图 3-10.

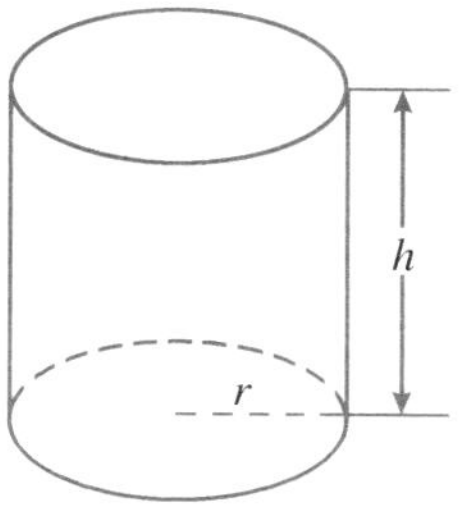

图 3-10

自变量为圆柱形无盖蓄水池池底半径 r，因变量为所用材料费 T. 由于蓄水池容积为 $250\pi \mathrm{m}^3$，因而有关系式 $\pi r^2 h = 250\pi$，即

$$h = \frac{250}{r^2}$$

再设池周围材料价格为 a 元 $/\mathrm{m}^2$，从而池底材料价格为 $2a$ 元 $/\mathrm{m}^2$. 由于池周围面积为 $2\pi rh\,\mathrm{m}^2$，池底面积为 $\pi r^2\,\mathrm{m}^2$，于是所用材料费即目标函数为

$$T = T(r) = 2\pi rha + \pi r^2 \cdot 2a = 2\pi a(rh + r^2) = 2\pi a\left(r \cdot \frac{250}{r^2} + r^2\right)$$

$$= 2\pi a\left(\frac{250}{r} + r^2\right)(\text{元}) \quad (r > 0)$$

计算一阶导数

$$T'(r) = 2\pi a\left(-\frac{250}{r^2} + 2r\right)$$

令一阶导数 $T'(r) = 0$，得到唯一驻点 $r = 5$. 再计算二阶导数

$$T''(r) = 2\pi a\left(\frac{500}{r^3} + 2\right) > 0$$

于是唯一驻点 $r = 5$ 为唯一极小值点，也为最小值点，为最优解. 此时另外一个变量 $h = \frac{250}{r^2} = \frac{250}{5^2} = 10$.

所以圆柱形无盖蓄水池池底半径 r 为 5m、高 h 为 10m 时，才能使得所用材料费 T 最省.

例 4　某厂每批生产 Qt 某商品的平均单位成本函数为

$$\overline{C} = \overline{C}(Q) = Q + 4 + \frac{10}{Q}(\text{万元/t})$$

商品销售价格为 p 万元 /t，它与批量 Qt 的关系为

$$5Q + p - 28 = 0$$

问批量 Q 为多少时，才能使得每批商品全部销售后获得的总利润 L 最大?最大利润值为多少?

解：自变量为批量 Q，因变量为每批商品全部销售后获得的总利润 L. 从已知销售价格 p 与批量 Q 的关系式 $5Q + p - 28 = 0$ 得到销售价格

$$p = p(Q) = 28 - 5Q$$

每批生产 Qt 商品，以价格 p 万元 /t 销售，总收益为

$$R = R(Q) = Qp(Q) = Q(28 - 5Q) = 28Q - 5Q^2$$

又生产 Qt 商品的总成本为

$$C = C(Q) = Q\overline{C}(Q) = Q\left(Q + 4 + \frac{10}{Q}\right) = Q^2 + 4Q + 10$$

于是每批商品全部销售后获得的总利润即目标函数为

$$L = L(Q) = R(Q) - C(Q) = (28Q - 5Q^2) - (Q^2 + 4Q + 10)$$
$$= -6Q^2 + 24Q - 10 (万元)$$

由于批量 $Q > 0$;又由于销售价格 $p > 0$,即 $28 - 5Q > 0$,得到 $0 < Q < \frac{28}{5}$,因而函数定义域为 $0 < Q < \frac{28}{5}$.

计算一阶导数

$$L'(Q) = -12Q + 24$$

令一阶导数 $L'(Q) = 0$,得到唯一驻点 $Q = 2$. 再计算二阶导数

$$L''(Q) = -12 < 0$$

于是唯一驻点 $Q = 2$ 为唯一极大值点,也为最大值点,为最优解. 计算此时目标函数值,得到 $L(2) = 14$ 为最优值.

所以批量 Q 为 2t 时,才能使得每批商品全部销售后获得的总利润 L 最大,最大利润值为 14 万元.

例 5 某产品总成本 C 为月产量 x 的函数

$$C = C(x) = \frac{1}{5}x^2 + 4x + 20$$

产品销售价格为 p,需求函数为

$$x = x(p) = 160 - 5p$$

试问:

(1) 月产量 x 为多少时,才能使得平均单位成本 $\overline{C}$ 最低?最低平均单位成本值为多少?

(2) 销售价格 p 为多少时,才能使得每月产品全部销售后获得的总收益 R 最高?最高收益值为多少?

解:(1) 自变量为月产量 x,因变量为平均单位成本 $\overline{C}$. 平均单位成本即目标函数为

$$\overline{C} = \overline{C}(x) = \frac{C(x)}{x} = \frac{1}{5}x + 4 + \frac{20}{x} \quad (x > 0)$$

计算一阶导数

$$\overline{C}'(x) = \frac{1}{5} - \frac{20}{x^2}$$

令一阶导数 $\overline{C}'(x) = 0$,得到唯一驻点 $x = 10$. 再计算二阶导数

$$\overline{C}''(x) = \frac{40}{x^3} > 0$$

于是唯一驻点 $x = 10$ 为唯一极小值点,也为最小值点,为最优解. 计算此时目标函数值,得到 $\overline{C}(10) = 8$ 为最优值.

所以月产量 x 为 10 时,才能使得平均单位成本 $\overline{C}$ 最低,最低平均单位成本值为 8.

(2) 变量为销售价格 p,因变量为每月产品全部销售后获得的总收益 R. 每月生产 x 产品,以价格 p 销售,于是每月产品全部销售后获得的总收益即目标函数为

$$R = R(p) = px(p) = p(160 - 5p) = 160p - 5p^2$$

由于销售价格 $p>0$；又由于产量 $x>0$，即 $160-5p>0$，得到 $0<p<32$，因而函数定义域为 $0<p<32$.

计算一阶导数

$$R'(p)=160-10p$$

令一阶导数 $R'(p)=0$，得到唯一驻点 $p=16$. 再计算二阶导数

$$R''(p)=-10<0$$

于是唯一驻点 $p=16$ 为唯一极大值点，也为最大值点，为最优解. 计算此时目标函数值，得到 $R(16)=1\ 280$ 为最优值.

所以销售价格 p 为16时，才能使得每月产品全部销售后获得的总收益 R 最高，最高收益值为 1 280.

习题三

3.01　求下列极限：

(1) $\lim\limits_{x\to 3}\dfrac{x^2-4x+3}{x^2-x-6}$　　(2) $\lim\limits_{x\to 1}\dfrac{\sin(x^2-1)}{x-1}$

(3) $\lim\limits_{x\to 0}\dfrac{e^x-e^{-x}}{x}$　　(4) $\lim\limits_{x\to 1}\dfrac{x^2-1+\ln x}{e^x-e}$

(5) $\lim\limits_{x\to 0}\dfrac{\ln(1+5x)}{x+\sin x}$　　(6) $\lim\limits_{x\to \pi}\dfrac{\sin x}{x-\pi}$

(7) $\lim\limits_{x\to 0}\dfrac{\arcsin 3x}{x}$　　(8) $\lim\limits_{x\to 0}\dfrac{x-\arctan x}{\ln(1+x^3)}$

3.02　求下列极限：

(1) $\lim\limits_{x\to 1}\dfrac{x^3-3x+2}{x^3-x^2-x+1}$　　(2) $\lim\limits_{x\to 1}\dfrac{e^x-ex}{(x-1)^2}$

(3) $\lim\limits_{x\to 0}\dfrac{e^{2x}-2e^x+1}{x^2}$　　(4) $\lim\limits_{x\to 0}\dfrac{x-\sin x}{x^3}$

3.03　求函数曲线 $y=2x+\ln x$ 上点(1,2)处的切线方程.

3.04　设函数曲线 $y=x+x^2$ 上点 $M_0(x_0,y_0)$ 处的切线平行于直线 $y=-3x+1$，求切点 M_0 的坐标 (x_0,y_0).

3.05　求下列函数的单调区间与极值：

(1) $f(x)=x^5+5^x$　　(2) $f(x)=\dfrac{1}{1+x^2}$

(3) $f(x)=ex-e^x$　　(4) $f(x)=x^2-8\ln x$

(5) $f(x)=3x^2-2x^3$　　(6) $f(x)=(x^2-3)e^x$

3.06　证明：当 $x>0$ 时，恒有不等式

$$(1+x)\ln(1+x)>\arctan x$$

3.07　求下列函数在定义域内的最值：

(1) $f(x)=e^{-x^2}$　　(2) $f(x)=\ln x+\dfrac{2}{x}$

3.08　求下列函数在给定闭区间上的最大值与最小值：

(1) $f(x)=\frac{1}{2}x-\sqrt{x}, x\in[0,9]$　　(2) $f(x)=\frac{x}{1+x^2}, x\in[0,2]$

3.09　求下列函数曲线的凹向区间与拐点：

(1) $y=x\arctan x$　　(2) $y=(x-2)\mathrm{e}^x$

(3) $y=2x\ln x-x^2$　　(4) $y=x^4-2x^3+3$

3.10　求下列函数的单调区间与极值及函数曲线的凹向区间与拐点：

(1) $y=x^3-3x$　　(2) $y=\ln(1+x^2)$

3.11　某产品总成本 C 元为产量 Qkg 的函数

$$C=C(Q)=1\,000+7Q+50\sqrt{Q}$$

产品销售价格为 p 元 /kg，需求函数为

$$Q=Q(p)=1\,600\left(\frac{1}{2}\right)^p$$

试求：

(1) 在产量为 100kg 水平上的边际成本值；

(2) 在销售价格为 4 元 /kg 水平上的需求弹性值.

3.12　欲围一块面积为 216m^2 的矩形场地，矩形场地东西方向长 xm、南北方向宽 um，沿矩形场地四周建造高度相同的围墙，并在正中间南北方向建造同样高度的一堵墙，把矩形场地隔成两块，问矩形场地长 x 与宽 u 各为多少时，才能使得筑墙用料最省？

3.13　欲做一个底为正方形、表面积为 108m^2 的长方体开口容器，问长方体开口容器底边长 x 与高 h 各为多少时，才能使得容器容积 V 最大？

3.14　欲做一个容积为 V_0 的圆柱形封闭罐头盒，问圆柱形封闭罐头盒底半径 r 为多少时，才能使得罐头盒用料最省？此时罐头盒高 h 与底半径 r 的比值等于多少？

3.15　某产品总成本 C 万元为年产量 xt 的函数

$$C=C(x)=a+bx^2$$

其中 a,b 为待定常数. 已知固定成本为 400 万元，且当年产量 $x=100$t 时，总成本 $C=500$ 万元. 问年产量 x 为多少时，才能使得平均单位成本 $\overline{C}$ 最低？最低平均单位成本值为多少？

3.16　某产品总成本 C 元为日产量 $x$kg 的函数

$$C=C(x)=\frac{1}{9}x^2+6x+100$$

产品销售价格为 p 元 /kg，它与日产量 $x$kg 的关系为

$$p=p(x)=46-\frac{1}{3}x$$

问日产量 x 为多少时，才能使得每日产品全部销售后获得的总利润 L 最大？最大利润值为多少？

3.17　填空题

(1) 已知函数 $v(x)$ 在点 $x=0$ 处及其左右皆可导，且一阶导数 $v'(x)$ 连续. 设函数值 $v(0)=-2$，一阶导数值 $v'(0)=6$，则极限 $\lim\limits_{x\to 0}\dfrac{\dfrac{1}{v(x)}+\dfrac{1}{2}}{x}=$ ______.

(2) 函数曲线 $y=x^3+2x$ 上原点(0,0)处的切线方程为 $y=$ ______.

(3) 设函数曲线 $y=2x^2+3x-26$ 上点 $M_0(x_0,y_0)$ 处的切线斜率为15，则切点 M_0 的纵坐标 $y_0=$ ______.

(4) 已知函数 $f(x)=k\sin x+\dfrac{1}{3}\sin 3x$，若点 $x=\dfrac{\pi}{3}$ 为其驻点，则常数 $k=$ ______.

(5) 若函数 $f(x)$ 在点 x_0 处及其左右皆可导，且函数值 $f(x_0)$ 为极小值，则极限 $\lim\limits_{h\to 0}\dfrac{f(x_0+h)-f(x_0)}{h}=$ ______.

(6) 函数 $f(x)=\ln(1+x^2)$ 在闭区间[1,3]上的最小值等于______.

(7) 函数曲线 $y=(x-1)^6$ 的上凹区间为______.

(8) 函数曲线 $y=x^3+1$ 的拐点为______.

3.18　单项选择题

(1) 若极限 $\lim\limits_{x\to 0}\dfrac{1-\cos kx}{x^2}=1(k>0)$，则常数 $k=$(　　).

(a) $\dfrac{1}{2}$　　(b) 2

(c) $\dfrac{\sqrt{2}}{2}$　　(d) $\sqrt{2}$

(2) 当 $x\to 0$ 时，无穷小量 $e^{x^2}-1$ 与 $\sin x$ 比较是(　　)无穷小量.

(a) 较高阶　　(b) 较低阶

(c) 同阶但非等价　　(d) 等价

(3) 函数曲线 $y=x+e^x$ 上点(0,1)处的切线方程为(　　).

(a) $x-y+1=0$　　(b) $x+y-1=0$

(c) $2x-y+1=0$　　(d) $2x+y-1=0$

(4) 方程式 $\sin y+xe^y=0$ 确定变量 y 为 x 的函数 $y=y(x)$，则函数曲线 $y=y(x)$ 上原点处的切线斜率为(　　).

(a) -2　　(b) 2

(c) -1　　(d) 1

(5) 函数 $f(x)=3x^5+5x^3$ 有(　　)个驻点.

(a) 1　　(b) 2

(c) 3　　(d) 4

(6) 已知函数 $f(x)$ 在开区间 (a,b) 内二阶可导,若在开区间 (a,b) 内恒有一阶导数 $f'(x)>0$,且二阶导数 $f''(x)<0$,则函数曲线 $y=f(x)$ 在开区间 (a,b) 内(　　).

(a) 上升且上凹　　(b) 上升且下凹

(c) 下降且上凹　　(d) 下降且下凹

(7) 函数曲线 $y=\mathrm{e}^x-\mathrm{e}^{-x}$ 在定义域内(　　).

(a) 有极值有拐点　　(b) 有极值无拐点

(c) 无极值有拐点　　(d) 无极值无拐点

(8) 若点(1,4)为函数曲线 $y=ax^3+bx^2$ 的拐点,则常数 a,b 的值为(　　).

(a) $a=-6,b=2$　　(b) $a=6,b=-2$

(c) $a=-2,b=6$　　(d) $a=2,b=-6$

第四章

不定积分

§4.1　不定积分的概念与基本运算法则

在实际问题中，往往会提出一阶导数的逆运算问题.

例 1　平面曲线

已知平面曲线上任意点 $M(x,y)$ 处的切线斜率 $f'(x)$，求平面曲线 $y = f(x)$ 的表达式.

例 2　运动方程

已知作直线运动的物体在任意时刻 t 的瞬时速度 $s'(t)$，求运动方程 $s = s(t)$ 的表达式.

例 3　产品总产量

已知产品总产量在任意时刻 t 的瞬时变化率 $x'(t)$，求产品总产量 $x = x(t)$ 的表达式.

在上面三个具体问题中，尽管实际背景不一样，但从抽象的数量关系来看却是一样的，都归结为：已知函数的一阶导数，求该函数的表达式.

定义 4.1　已知函数 $F(x)$ 在区间 I(可以是开区间，也可以是闭区间或半开区间) 上可导，若一阶导数 $F'(x) = f(x)$，则称函数 $F(x)$ 为 $f(x)$ 在区间 I 上的原函数.

在满足关系式 $F'(x) = f(x)$ 的情况下，已知函数 $F(x)$ 求 $f(x)$ 是求一阶导数运算，已知函数 $f(x)$ 求 $F(x)$ 是求原函数运算，于是求一阶导数与求原函数互为逆运算. 由此可知：在存在一阶导数的条件下，任何函数都为其一阶导数的原函数；在存在原函数的条件下，任何函数都为其原函数的一阶导数.

根据原函数的定义，在例 1 中，平面曲线上任意点的纵坐标为该点处切线斜率的原函数；在例 2 中，作直线运动物体从出发到任意时刻走过的路程为该时刻瞬时速度的原函数；在例 3 中，产品从开始到任意时刻的总产量为该时刻瞬时变化率的原函数.

如果函数存在原函数,那么原函数是否只有一个?如在开区间$(-\infty,+\infty)$内,由于一阶导数

$$(x^2)' = 2x$$

因而函数x^2为$2x$的原函数;又由于一阶导数

$$(x^2+1)' = 2x$$

因而函数x^2+1也为$2x$的原函数;一般地,由于一阶导数

$$(x^2+c)' = 2x \quad (c\text{ 为任意常数})$$

因而函数x^2+c为$2x$的原函数.这说明函数$2x$的原函数不止一个,而是无穷多个,它们之间仅相差一个常数.这个结论对于一般情况也是适用的,有下面的定理.

定理 4.1 如果函数$F(x)$为$f(x)$的一个原函数,则函数族$F(x)+c$(c为任意常数)也为函数$f(x)$的原函数,且函数$f(x)$的任意一个原函数都是这个函数族中的一个函数.

证:由于函数$F(x)$为$f(x)$的一个原函数,当然有关系式$F'(x)=f(x)$,因而得到一阶导数

$$(F(x)+c)' = F'(x) = f(x)$$

所以函数族$F(x)+c$也为函数$f(x)$的原函数.

设函数$\Phi(x)$为$f(x)$的任意一个原函数,当然有关系式$\Phi'(x)=f(x)$,又由于有关系式$F'(x)=f(x)$,从而一阶导数

$$\Phi'(x) = F'(x)$$

根据§2.2定理2.4,所以

$$\Phi(x) = F(x) + c_0 \quad (c_0\text{ 为常数})$$

说明函数$\Phi(x)$是函数族$F(x)+c$中任意常数c取值为c_0所对应的那一个函数.

根据这个定理,如果函数$f(x)$存在原函数$F(x)$,则原函数不止一个,而是无穷多个,它们之间仅相差一个常数,构成一个函数族$F(x)+c$(c为任意常数),它是函数$f(x)$的所有原函数的一般表达式.

定义 4.2 若函数$F(x)$为$f(x)$的一个原函数,则函数$f(x)$的所有原函数的一般表达式$F(x)+c$(c为任意常数)称为函数$f(x)$的不定积分,也称为函数$f(x)$对变量x的不定积分,记作

$$\int f(x)\mathrm{d}x = F(x) + c$$

其中变量x称为积分变量,函数$f(x)$称为被积函数,乘积$f(x)\mathrm{d}x$称为被积表达式,任意常数c称为积分常数,记号"$\int$"称为积分记号.

例 4 单项选择题

若函数$\ln(x^2+1)$为$f(x)$的一个原函数,则下列函数中(　　)为$f(x)$的原函数.

(a)$\ln(x^2+2)$　　(b)$2\ln(x^2+1)$

(c)$\ln(2x^2+2)$　　(d)$2\ln(2x^2+1)$

解:由于同一个函数的原函数之间仅相差一个常数,因此与函数$\ln(x^2+1)$相差一个常数的函数为$f(x)$的原函数,否则不为$f(x)$的原函数,可以依次对备选答案进行判别.首先考虑备选答案(a):由于差

$$\ln(x^2+2)-\ln(x^2+1)=\ln\frac{x^2+2}{x^2+1}$$

不等于常数，说明所给函数 $\ln(x^2+2)$ 不为 $f(x)$ 的原函数，从而备选答案(a) 落选；

其次考虑备选答案(b)：由于差

$$2\ln(x^2+1)-\ln(x^2+1)=\ln(x^2+1)$$

不等于常数，说明所给函数 $2\ln(x^2+1)$ 不为 $f(x)$ 的原函数，从而备选答案(b) 落选；

再考虑备选答案(c)：由于差

$$\ln(2x^2+2)-\ln(x^2+1)=\ln\frac{2x^2+2}{x^2+1}=\ln 2$$

等于常数，说明所给函数 $\ln(2x^2+2)$ 为 $f(x)$ 的原函数，从而备选答案(c) 当选，所以选择(c).

至于备选答案(d)：由于差

$$2\ln(2x^2+1)-\ln(x^2+1)=\ln(2x^2+1)^2-\ln(x^2+1)=\ln\frac{(2x^2+1)^2}{x^2+1}$$

不等于常数，说明所给函数 $2\ln(2x^2+1)$ 不为 $f(x)$ 的原函数，从而备选答案(d) 落选，进一步说明选择(c) 是正确的.

求不定积分与求一阶导数、求微分互为逆运算，这一根本关系在下面的定理中得到充分的体现.

定理 4.2　如果函数 $f(x)$ 存在原函数，则

$$\left(\int f(x)\mathrm{d}x\right)'=f(x)$$

$$\mathrm{d}\left(\int f(x)\mathrm{d}x\right)=f(x)\mathrm{d}x$$

证：设函数 $F(x)$ 为 $f(x)$ 的一个原函数，当然有关系式 $F'(x)=f(x)$，所以一阶导数

$$\left(\int f(x)\mathrm{d}x\right)'=(F(x)+c)'=F'(x)=f(x)$$

根据 §2.7 函数微分表达式，所以微分

$$\mathrm{d}\left(\int f(x)\mathrm{d}x\right)=\left(\int f(x)\mathrm{d}x\right)'\mathrm{d}x=f(x)\mathrm{d}x$$

定理 4.3　如果函数 $F(x)$ 可导，则

$$\int F'(x)\mathrm{d}x=F(x)+c$$

$$\int \mathrm{d}F(x)=F(x)+c$$

证：由于函数 $F(x)$ 为其一阶导数 $F'(x)$ 的一个原函数，所以不定积分

$$\int F'(x)\mathrm{d}x=F(x)+c$$

根据 §2.7 函数微分表达式，所以不定积分

$$\int \mathrm{d}F(x)=F(x)+c$$

根据这两个定理，形式上可以认为：微分记号 d 在积分记号 $\int$ 前面时，它们相互抵消；积

分记号$\int$在微分记号 d 前面时,它们也相互抵消,但由于后积分,须加上积分常数 c.

由于求不定积分是求一阶导数的逆运算,于是用一阶导数运算检验不定积分运算结果是否正确.判别不定积分

$$\int f(x)\mathrm{d}x = F(x) + c$$

正确的唯一标准是一阶导数

$$F'(x) = f(x)$$

根据这个原则,被积函数当然为原函数的一阶导数,容易得到一些比较简单的不定积分结果,如由于一阶导数$(x^2)' = 2x$,说明函数 x^2 为 $2x$ 的一个原函数,于是不定积分

$$\int 2x\mathrm{d}x = x^2 + c$$

例 5 填空题

函数 $\mathrm{e}^{\sqrt{x}}$ 为______的一个原函数.

解:由于任何函数都为其一阶导数的一个原函数,因此函数 $\mathrm{e}^{\sqrt{x}}$ 为其一阶导数

$$(\mathrm{e}^{\sqrt{x}})' = \mathrm{e}^{\sqrt{x}}(\sqrt{x})' = \frac{\mathrm{e}^{\sqrt{x}}}{2\sqrt{x}}$$

的一个原函数,于是应将"$\dfrac{\mathrm{e}^{\sqrt{x}}}{2\sqrt{x}}$"直接填在空内.

例 6 单项选择题

若函数 $f(x)$ 的一个原函数为函数 $\ln x$,则一阶导数 $f'(x) =$ (　　).

(a) $\dfrac{1}{x}$　　(b) $-\dfrac{1}{x^2}$

(c) $\ln x$　　(d) $x\ln x$

解:由于任何函数都为其原函数的一阶导数,因此函数 $f(x)$ 为其原函数 $\ln x$ 的一阶导数,即函数

$$f(x) = (\ln x)' = \frac{1}{x}$$

再计算函数 $f(x)$ 的一阶导数,得到

$$f'(x) = -\frac{1}{x^2}$$

这个正确答案恰好就是备选答案(b),所以选择(b).

例 7 填空题

若不定积分$\int f(x)\mathrm{d}x = x\ln x + c$,则被积函数 $f(x) =$ ______.

解:由于被积函数为原函数的一阶导数,因而所求被积函数

$$f(x) = (x\ln x)' = \ln x + x\frac{1}{x} = \ln x + 1$$

于是应将"$\ln x + 1$"直接填在空内.

例 8 填空题

一阶导数$\left(\int \arctan x\mathrm{d}x\right)'=$______.

解:根据定理 4.2,一阶导数

$$\left(\int \arctan x\mathrm{d}x\right)'=\arctan x$$

于是应将"$\arctan x$"直接填在空内.

例 9 单项选择题

不定积分$\int \mathrm{d}(\sin\sqrt{x})=($　　$)$.

(a)$\sin\sqrt{x}$　　　(b)$\sin\sqrt{x}+c$

(c)$\cos\sqrt{x}$　　　(d)$\cos\sqrt{x}+c$

解:根据定理 4.3,不定积分

$$\int \mathrm{d}(\sin\sqrt{x})=\sin\sqrt{x}+c$$

这个正确答案恰好就是备选答案(b),所以选择(b).

值得注意的是:不定积分代表所有原函数的一般表达式,它等于一个原函数加上积分常数 c,而不等于一个原函数,因而积分常数 c 不能丢掉.如不定积分

$$\int \mathrm{d}(\sin\sqrt{x})\neq\sin\sqrt{x}$$

什么函数存在原函数?经过深入的讨论可以得到结论:如果函数 $f(x)$ 在区间 I(可以是开区间,也可以是闭区间或半开区间)上连续,则函数 $f(x)$ 在区间 I 上存在原函数.由于所有初等函数在其定义区间上连续,于是所有初等函数在其定义区间上存在原函数,当然可以求它们的不定积分,但有一些初等函数的原函数是非初等函数,因而并不是所有初等函数的不定积分都能表示为初等函数.

最后给出不定积分基本运算法则:

法则 1 如果函数 $u=u(x)$,$v=v(x)$ 都存在原函数,则不定积分

$$\int (u\pm v)\mathrm{d}x=\int u\mathrm{d}x\pm\int v\mathrm{d}x$$

证:由于一阶导数

$$\left(\int u\mathrm{d}x\pm\int v\mathrm{d}x\right)'=\left(\int u\mathrm{d}x\right)'\pm\left(\int v\mathrm{d}x\right)'=u\pm v$$

因而函数$\int u\mathrm{d}x\pm\int v\mathrm{d}x$ 为 $u\pm v$ 的原函数,又由于它本身含积分常数 c,所以得到不定积分

$$\int (u\pm v)\mathrm{d}x=\int u\mathrm{d}x\pm\int v\mathrm{d}x$$

法则 2 如果函数 $v=v(x)$ 存在原函数,k 为非零常数,则不定积分

$$\int kv\mathrm{d}x=k\int v\mathrm{d}x$$

证:由于一阶导数

$$\left(k\int v\mathrm{d}x\right)'=k\left(\int v\mathrm{d}x\right)'=kv$$

因而函数 $k\int v\mathrm{d}x$ 为 kv 的原函数,又由于它本身含积分常数 c,所以得到不定积分

$$\int kv\mathrm{d}x = k\int v\mathrm{d}x$$

§4.2　不定积分基本公式

由于在不定积分定义中并没有给出计算不定积分的具体方法,因而只能根据"求不定积分是求一阶导数的逆运算"这一根本关系求不定积分. 根据 §2.3 导数基本公式得到下列函数的不定积分.

1. 常数零

由于一阶导数 $(0)' = 0$,所以不定积分

$$\int 0\mathrm{d}x = 0 + c$$

2. 幂函数

由于一阶导数 $(x^{\alpha+1})' = (\alpha+1)x^{\alpha}$($\alpha$ 为常数),在 $\alpha \neq -1$ 条件下,得到关系式 $\frac{1}{\alpha+1}(x^{\alpha+1})' = x^{\alpha}$,即一阶导数 $\left(\frac{1}{\alpha+1}x^{\alpha+1}\right)' = x^{\alpha}$,所以不定积分

$$\int x^{\alpha}\mathrm{d}x = \frac{1}{\alpha+1}x^{\alpha+1} + c \quad (\alpha \neq -1)$$

容易看出:在幂次不等于-1的条件下,幂函数的一个原函数为幂函数与常系数的积,但幂次升高一次,且常系数是升高幂次的倒数.

由于 §2.4 得到结果:一阶导数 $(\ln|x|)' = \frac{1}{x}$,所以不定积分

$$\int \frac{1}{x}\mathrm{d}x = \ln|x| + c$$

例 1 $\int \mathrm{d}x = \int x^0\mathrm{d}x = \frac{1}{0+1}x^{0+1} + c = x + c$

$$\int x\mathrm{d}x = \frac{1}{2}x^2 + c$$

$$\int x^{10}\mathrm{d}x = \frac{1}{11}x^{11} + c$$

其中不定积分 $\int \mathrm{d}x = x + c$ 也可以根据 §4.1 定理 4.3 而直接得到.

例 2 $\int \frac{1}{x^2}\mathrm{d}x = \int x^{-2}\mathrm{d}x = -x^{-1} + c = -\frac{1}{x} + c$

$$\int \frac{1}{x^3}\mathrm{d}x = \int x^{-3}\mathrm{d}x = -\frac{1}{2}x^{-2} + c = -\frac{1}{2x^2} + c$$

$$\int \frac{1}{x^{10}}\mathrm{d}x = \int x^{-10}\mathrm{d}x = -\frac{1}{9}x^{-9} + c = -\frac{1}{9x^9} + c$$

例 3 $\int \sqrt{x}\mathrm{d}x = \int x^{\frac{1}{2}}\mathrm{d}x = \frac{2}{3}x^{\frac{3}{2}} + c = \frac{2}{3}\sqrt{x^3} + c$

$\int \sqrt[3]{x}\mathrm{d}x = \int x^{\frac{1}{3}}\mathrm{d}x = \frac{3}{4}x^{\frac{4}{3}} + c = \frac{3}{4}\sqrt[3]{x^4} + c$

$\int \frac{1}{\sqrt{x}}\mathrm{d}x = \int x^{-\frac{1}{2}}\mathrm{d}x = 2x^{\frac{1}{2}} + c = 2\sqrt{x} + c$

例 4 求不定积分$\int (5x^4 + x^2 + 7)\mathrm{d}x$.

解:$\int (5x^4 + x^2 + 7)\mathrm{d}x = 5\int x^4\mathrm{d}x + \int x^2\mathrm{d}x + 7\int \mathrm{d}x = x^5 + \frac{1}{3}x^3 + 7x + c$

其中三个不定积分应该各含一个积分常数,但由于任意常数的代数和仍为任意常数,因此在整个不定积分结果中只需加上一个积分常数 c.

例 5 求不定积分$\int x^4(x - 10)\mathrm{d}x$.

解:$\int x^4(x - 10)\mathrm{d}x = \int (x^5 - 10x^4)\mathrm{d}x = \frac{1}{6}x^6 - 2x^5 + c$

例 6 求不定积分$\int \left(\frac{x}{2} + \frac{2}{x}\right)\mathrm{d}x$.

解:$\int \left(\frac{x}{2} + \frac{2}{x}\right)\mathrm{d}x = \frac{1}{4}x^2 + 2\ln|x| + c$

例 7 求不定积分$\int \left(\sqrt{x} - \frac{1}{\sqrt{x}}\right)^2\mathrm{d}x$.

解:$\int \left(\sqrt{x} - \frac{1}{\sqrt{x}}\right)^2\mathrm{d}x = \int \left(x - 2 + \frac{1}{x}\right)\mathrm{d}x = \frac{1}{2}x^2 - 2x + \ln|x| + c$

3. 指数函数

由于一阶导数$(a^x)' = a^x\ln a\,(a > 0, a \neq 1)$,得到关系式$\frac{(a^x)'}{\ln a} = a^x$,注意到 $\ln a$ 为非零常数,有一阶导数$\left(\frac{a^x}{\ln a}\right)' = a^x$,所以不定积分

$$\int a^x\mathrm{d}x = \frac{a^x}{\ln a} + c \quad (a > 0, a \neq 1)$$

由于一阶导数$(\mathrm{e}^x)' = \mathrm{e}^x$,所以不定积分

$$\int \mathrm{e}^x\mathrm{d}x = \mathrm{e}^x + c$$

例 8 $\int 2^x\mathrm{d}x = \frac{2^x}{\ln 2} + c$

$\int 3^x\mathrm{d}x = \frac{3^x}{\ln 3} + c$

$\int 10^x\mathrm{d}x = \frac{10^x}{\ln 10} + c$

例 9 求不定积分$\int 5^x\pi^x\mathrm{d}x$.

解:$\int 5^x\pi^x\mathrm{d}x = \int (5\pi)^x\mathrm{d}x = \frac{(5\pi)^x}{\ln 5\pi} + c = \frac{5^x\pi^x}{\ln 5 + \ln\pi} + c$

例 10 求不定积分$\int(x^{e}-e^{x}+e^{e})dx$.

解:$\int(x^{e}-e^{x}+e^{e})dx=\frac{1}{e+1}x^{e+1}-e^{x}+e^{e}x+c$

例 11 求不定积分$\int\frac{e^{2x}-x^{2}}{e^{x}-x}dx$.

解:$\int\frac{e^{2x}-x^{2}}{e^{x}-x}dx=\int\frac{(e^{x})^{2}-x^{2}}{e^{x}-x}dx=\int(e^{x}+x)dx=e^{x}+\frac{1}{2}x^{2}+c$

4. 三角函数

由于一阶导数$(\cos x)'=-\sin x$,从而容易得到关系式$-(\cos x)'=\sin x$,即一阶导数$(-\cos x)'=\sin x$,所以不定积分

$$\int\sin x dx=-\cos x+c$$

由于一阶导数$(\sin x)'=\cos x$,所以不定积分

$$\int\cos x dx=\sin x+c$$

由于一阶导数$(\tan x)'=\sec^{2}x$,所以不定积分

$$\int\sec^{2}x dx=\tan x+c$$

由于一阶导数$(\cot x)'=-\csc^{2}x$,从而容易得到关系式$-(\cot x)'=\csc^{2}x$,即一阶导数$(-\cot x)'=\csc^{2}x$,所以不定积分

$$\int\csc^{2}x dx=-\cot x+c$$

例 12 求不定积分$\int(\sqrt{2}\cos x+\sin x)dx$.

解:$\int(\sqrt{2}\cos x+\sin x)dx=\sqrt{2}\sin x-\cos x+c$

例 13 求不定积分$\int\tan^{2}x dx$.

解:$\int\tan^{2}x dx=\int(\sec^{2}x-1)dx=\tan x-x+c$

例 14 求不定积分$\int\frac{1}{1-\cos^{2}x}dx$.

解:$\int\frac{1}{1-\cos^{2}x}dx=\int\frac{1}{\sin^{2}x}dx=\int\csc^{2}x dx=-\cot x+c$

5. 函数$\frac{1}{\sqrt{1-x^{2}}}$与$\frac{1}{1+x^{2}}$

由于一阶导数$(\arcsin x)'=\frac{1}{\sqrt{1-x^{2}}}$,所以不定积分

$$\int\frac{1}{\sqrt{1-x^{2}}}dx=\arcsin x+c$$

由于一阶导数$(\arctan x)'=\frac{1}{1+x^{2}}$,所以不定积分

$$\int\frac{1}{1+x^{2}}dx=\arctan x+c$$

例 15　求不定积分$\int\left(3+\frac{2}{\sqrt{1-x^2}}\right)\mathrm{d}x$.

解:$\int\left(3+\frac{2}{\sqrt{1-x^2}}\right)\mathrm{d}x=3x+2\arcsin x+c$

例 16　求不定积分$\int\frac{1}{x^2(1+x^2)}\mathrm{d}x$.

解:$\int\frac{1}{x^2(1+x^2)}\mathrm{d}x$

（被积函数分子加上 x^2 且减去 x^2）

$$=\int\frac{(1+x^2)-x^2}{x^2(1+x^2)}\mathrm{d}x=\int\left(\frac{1}{x^2}-\frac{1}{1+x^2}\right)\mathrm{d}x=-\frac{1}{x}-\arctan x+c$$

例 17　填空题

已知一阶导数 $f'(x)=\sqrt{x\sqrt{x}}$,则函数 $f(x)=$ ______.

解:由于任何函数都为其一阶导数的原函数,因此所求函数

$$f(x)=\int f'(x)\mathrm{d}x=\int\sqrt{x\sqrt{x}}\mathrm{d}x=\int(xx^{\frac{1}{2}})^{\frac{1}{2}}\mathrm{d}x=\int(x^{\frac{3}{2}})^{\frac{1}{2}}\mathrm{d}x=\int x^{\frac{3}{4}}\mathrm{d}x$$
$$=\frac{4}{7}x^{\frac{7}{4}}+c=\frac{4}{7}\sqrt[4]{x^7}+c$$

于是应将"$\frac{4}{7}\sqrt[4]{x^7}+c$"直接填在空内.

例 18　已知某产品在前 t 年的总产量 $x(t)$ 在第 t 年的瞬时变化率为

$$x'(t)=2t+5\quad(t\geqslant 0)$$

求第二个 5 年的产量 X.

解:根据 §4.1 的结论,产品从开始到任意时刻的总产量为该时刻瞬时变化率的原函数,因而满足瞬时变化率 $x'(t)=2t+5$ 的总产量函数族为

$$x(t)=\int x'(t)\mathrm{d}t=\int(2t+5)\mathrm{d}t=t^2+5t+c$$

由于生产开始时的总产量为零,即 $x(0)=0$,将这个初值条件代入到总产量函数族 $x(t)$ 的表达式中,得到关系式

$$0=0^2+5\times 0+c$$

从而确定积分常数

$$c=0$$

因此满足已知条件的总产量函数为

$$x(t)=t^2+5t$$

由于第二个 5 年的产量 X 等于前 10 年的总产量减去前 5 年的总产量,所以

$$X=x(10)-x(5)=150-50=100$$

综合上面的讨论,得到**不定积分基本公式**:

公式 1　$\int 0\mathbf{d}\boldsymbol{x}=0+\boldsymbol{c}$

公式 2　$\int\boldsymbol{x}^{\boldsymbol{\alpha}}\mathbf{d}\boldsymbol{x}=\frac{1}{\boldsymbol{\alpha}+1}\boldsymbol{x}^{\boldsymbol{\alpha}+1}+\boldsymbol{c}\quad(\boldsymbol{\alpha}\neq-1)$

公式 3 $\int \frac{1}{x}dx = \ln|x| + c$

公式 4 $\int a^x dx = \frac{a^x}{\ln a} + c \quad (a > 0, a \neq 1)$

公式 5 $\int e^x dx = e^x + c$

公式 6 $\int \sin x dx = -\cos x + c$

公式 7 $\int \cos x dx = \sin x + c$

公式 8 $\int \sec^2 x dx = \tan x + c$

公式 9 $\int \csc^2 x dx = -\cot x + c$

公式 10 $\int \frac{1}{\sqrt{1-x^2}}dx = \arcsin x + c$

公式 11 $\int \frac{1}{1+x^2}dx = \arctan x + c$

§4.3 凑微分

为了求解不定积分的需要,现在讨论微分运算的逆运算,即将函数的一阶导数与自变量 x 微分 dx 的乘积凑成这个函数的微分,称为凑微分. 根据 §2.7 函数微分表达式,考虑自变量 x 的线性函数与几个非线性函数的微分,得到下列凑微分.

1. 线性凑微分

(1) 由于微分 $d(x+c) = dx$(c 为常数),所以微分

$$dx = d(x+c) \quad (c\text{ 为常数})$$

(2) 由于微分 $d(kx) = kdx$(k 为常数),所以微分

$$dx = \frac{1}{k}d(kx) \quad (k \neq 0)$$

这两个线性凑微分说明:微分记号 d 后面括号里加、减常数项,对微分无影响;微分记号 d 前面与后面括号里分别乘以互为倒数的非零常系数,对微分也无影响. 当然,在这两个线性凑微分中常数 c,k 的选择不是唯一的,应针对求解不定积分的需要适当选择常数 c,k 的具体数值,如 $dx = d(x+2)$,$dx = d(x-1)$,$dx = \frac{1}{2}d(2x)$,$dx = 2d\left(\frac{x}{2}\right)$,$dx = -d(-x)$,$dx = \frac{1}{3}d(3x) = \frac{1}{3}d(3x+2)$ 等.

2. 非线性凑微分

(1) 由于微分 $d(x^2) = 2xdx$,所以乘积

$$xdx = \frac{1}{2}d(x^2)$$

由于微分 $d(x^3)=3x^2dx$,所以乘积

$$x^2dx=\frac{1}{3}d(x^3)$$

由于微分 $d\left(\frac{1}{x}\right)=-\frac{1}{x^2}dx$,所以乘积

$$\frac{1}{x^2}dx=-d\left(\frac{1}{x}\right)$$

由于微分 $d(\sqrt{x})=\frac{1}{2\sqrt{x}}dx$,所以乘积

$$\frac{1}{\sqrt{x}}dx=2d(\sqrt{x})$$

(2) 由于微分 $d(\ln x)=\frac{1}{x}dx$,所以乘积

$$\frac{1}{x}dx=d(\ln x)\quad(x>0)$$

(3) 由于微分 $d(e^x)=e^xdx$,所以乘积

$$e^xdx=d(e^x)$$

(4) 由于微分 $d(\cos x)=-\sin xdx$,所以乘积

$$\sin xdx=-d(\cos x)$$

由于微分 $d(\sin x)=\cos xdx$,所以乘积

$$\cos xdx=d(\sin x)$$

在求解不定积分的过程中,有时联合应用线性凑微分与非线性凑微分,得到所需要的凑微分,如 $xdx=\frac{1}{2}d(x^2)=\frac{1}{2}d(1+x^2)$,$e^xdx=d(e^x)=d(1+d^x)$ 等.

3. 一般凑微分

由于微分 $df(x)=f'(x)dx$,所以乘积

$$f'(x)dx=df(x)$$

根据 §4.1 定理 4.2,由于微分 $d\left(\int f(x)dx\right)=f(x)dx$,所以得到一般凑微分的另一种表达形式

$$f(x)dx=d\left(\int f(x)dx\right)$$

其中不定积分$\int f(x)dx$ 表达式所含积分常数取值为零. 前面得到的具体凑微分都是这个一般凑微分的特殊情况,都可以从这个一般凑微分得到. 在求解不定积分问题中,可以根据这个一般凑微分得到所需要的凑微分.

为了求解不定积分的需要,根据 §2.7 定理 2.5 关于微分形式不变性的结论,在凑微分等式中,若将自变量 x 改为中间变量 $u=u(x)$,则凑微分等式仍然成立,由此得到所需要的凑微分,如 $f''(x)dx=(f'(x))'dx=df'(x)$ 等.

综合上面的讨论,得到**凑微分**:

1. 线性凑微分

(1)$\mathbf{d}x = \mathbf{d}(x + c)$ (c 为常数)

(2)$\mathbf{d}x = \frac{1}{k}\mathbf{d}(kx)$ ($k \neq 0$)

2. 非线性凑微分

(1)$x\mathbf{d}x = \frac{1}{2}\mathbf{d}(x^2)$

(2)$x^2\mathbf{d}x = \frac{1}{3}\mathbf{d}(x^3)$

(3) $\frac{1}{x^2}\mathbf{d}x = -\mathbf{d}\left(\frac{1}{x}\right)$

(4) $\frac{1}{\sqrt{x}}\mathbf{d}x = 2\mathbf{d}(\sqrt{x})$

(5) $\frac{1}{x}\mathbf{d}x = \mathbf{d}(\ln x)$ ($x > 0$)

(6)$\mathrm{e}^x\mathbf{d}x = \mathbf{d}(\mathrm{e}^x)$

(7)$\sin x\mathbf{d}x = -\mathbf{d}(\cos x)$

(8)$\cos x\mathbf{d}x = \mathbf{d}(\sin x)$

3. 一般凑微分

$$f'(x)\mathbf{d}x = \mathbf{d}f(x)$$

或者

$$f(x)\mathbf{d}x = \mathbf{d}\left(\int f(x)\mathbf{d}x\right)$$

§4.4 不定积分第一换元积分法则

直接应用不定积分基本运算法则与基本公式求解不定积分的数量是很有限的,因此应该扩大不定积分基本公式的应用范围. 如考虑不定积分

$$\int 2x\mathrm{d}x = x^2 + c$$

其中积分变量为自变量 x. 若积分变量不为自变量 x,而为中间变量 $u = u(x)$,问不定积分

$$\int 2u\mathrm{d}u = u^2 + c$$

是否还成立?不定积分第一换元积分法则给出了肯定的回答.

不定积分第一换元积分法则 如果不定积分

$$\int f(x)\mathrm{d}x = F(x) + c$$

函数 $u = u(x)$ 可导,且一阶导数 $u'(x)$ 连续,则对于中间变量 u 同样有不定积分

$$\int f(u)\mathrm{d}u = F(u) + c$$

证:由于不定积分

$$\int f(x)\mathrm{d}x = F(x) + c$$

从而一阶导数

$$F'(x) = f(x)$$

根据 §2.7 函数微分表达式,得到微分

$$\mathrm{d}F(x) = F'(x)\mathrm{d}x = f(x)\mathrm{d}x$$

根据 §2.7 定理 2.5 关于微分形式不变性的结论,对于中间变量 u 同样有微分

$$\mathrm{d}F(u) = f(u)\mathrm{d}u$$

等号两端皆取不定积分,得到不定积分

$$\int \mathrm{d}F(u) = \int f(u)\mathrm{d}u$$

再根据 §4.1 定理 4.3,所以不定积分

$$\int f(u)\mathrm{d}u = F(u) + c$$

这个法则说明:在积分变量为自变量 x 的不定积分表达式中,若将自变量记号 x 换成中间变量记号 u,则不定积分表达式仍然成立.

对于 §4.2 不定积分基本公式,应用不定积分第一换元积分法则,得到**推广的不定积分基本公式**:

公式 1 $\int 0\mathrm{d}u = 0 + c$

公式 2 $\int u^{\alpha}\mathrm{d}u = \frac{1}{\alpha+1}u^{\alpha+1} + c \quad (\alpha \neq -1)$

公式 3 $\int \frac{1}{u}\mathrm{d}u = \ln|u| + c$

公式 4 $\int a^{u}\mathrm{d}u = \frac{a^{u}}{\ln a} + c \quad (a > 0, a \neq 1)$

公式 5 $\int \mathrm{e}^{u}\mathrm{d}u = \mathrm{e}^{u} + c$

公式 6 $\int \sin u\mathrm{d}u = -\cos u + c$

公式 7 $\int \cos u\mathrm{d}u = \sin u + c$

公式 8 $\int \sec^{2} u\mathrm{d}u = \tan u + c$

公式 9 $\int \csc^{2} u\mathrm{d}u = -\cot u + c$

公式 10 $\int \frac{1}{\sqrt{1-u^{2}}}\mathrm{d}u = \arcsin u + c$

公式 11 $\int \frac{1}{1+u^{2}}\mathrm{d}u = \arctan u + c$

由于中间变量u作为自变量x的函数$u=u(x)$有无穷多个,因此每一个不定积分基本公式推广为无穷多个不定积分公式,扩大了不定积分基本公式的应用范围.

不定积分第一换元积分法则主要能够解决一部分但不是全部复合函数的不定积分,在计算复合函数的不定积分时,应该按照推广的不定积分基本公式的被积函数形状引进中间变量u,分解复合函数.同时注意到不定积分第一换元积分法则要求不定积分被积表达式为乘积$f(u)\mathrm{d}u$,说明复合函数$f(u)$应对中间变量u求不定积分才能得到结果,因而应在所求复合函数的不定积分中,通过凑微分作恒等变形,将自变量x的微分$\mathrm{d}x$与中间变量u的微分$\mathrm{d}u$建立联系,以符合不定积分第一换元积分法则的要求,再应用推广的不定积分基本公式求解,并将原函数表示为自变量x的函数.根据中间变量u与自变量x的函数关系类型,分下列两种基本情况讨论复合函数的不定积分.

1. 第一种基本情况

所求不定积分为

$$\int f(ax+b)\mathrm{d}x \quad (a,b\text{ 为常数,且 } a\neq 0)$$

其中被积函数的对应关系f为§4.2不定积分基本公式中某个被积函数的对应关系.这时应该引进中间变量$u=ax+b$,它是自变量x的线性函数,在求解过程中须应用§4.3线性凑微分.

例 1 求不定积分$\int(x+2)^{10}\mathrm{d}x$.

解:被积函数为复合函数$y=(x+2)^{10}$,将它分解为

$$y=u^{10}\text{ 与 }u=x+2$$

应用线性凑微分得到微分

$$\mathrm{d}x=\mathrm{d}(x+2)=\mathrm{d}u$$

再应用推广的不定积分基本公式2求解,所以所求不定积分

$$\int(x+2)^{10}\mathrm{d}x=\int u^{10}\mathrm{d}u=\frac{1}{11}u^{11}+c=\frac{1}{11}(x+2)^{11}+c$$

在运算熟练后,可以在心中引进中间变量u,而不必写出来,只需写出凑微分过程,同时在心中应用推广的不定积分基本公式,计算复合函数$f(u)$对中间变量u的不定积分,并将原函数表示为自变量x的函数,这种写法称为标准写法.应用不定积分第一换元积分法则求解不定积分皆应采用标准写法,例1的标准写法为

$$\int(x+2)^{10}\mathrm{d}x=\int(x+2)^{10}\mathrm{d}(x+2)=\frac{1}{11}(x+2)^{11}+c$$

例 2 求不定积分$\int\frac{1}{3x+2}\mathrm{d}x$.

解:$\int\frac{1}{3x+2}\mathrm{d}x=\frac{1}{3}\int\frac{1}{3x+2}\mathrm{d}(3x+2)=\frac{1}{3}\ln|3x+2|+c$

例 3 求不定积分$\int \mathrm{e}^{-x}\mathrm{d}x$.

解:$\int\mathrm{e}^{-x}\mathrm{d}x=-\int\mathrm{e}^{-x}\mathrm{d}(-x)=-\mathrm{e}^{-x}+c$

例 4　求不定积分$\int \sin 6x \mathrm{d}x$.

解:$\int \sin 6x \mathrm{d}x = \frac{1}{6}\int \sin 6x \mathrm{d}(6x) = -\frac{1}{6}\cos 6x + c$

例 5　求不定积分$\int \sec^2 \frac{x}{6} \mathrm{d}x$.

解:$\int \sec^2 \frac{x}{6} \mathrm{d}x = 6\int \sec^2 \frac{x}{6} \mathrm{d}\left(\frac{x}{6}\right) = 6\tan \frac{x}{6} + c$

例 6　求不定积分$\int \frac{1}{\sqrt{4-x^2}} \mathrm{d}x$.

解:$\int \frac{1}{\sqrt{4-x^2}} \mathrm{d}x$

（被积函数分子、分母同除以 2）

$$= \int \frac{\frac{1}{2}}{\sqrt{1-\frac{x^2}{4}}} \mathrm{d}x = \int \frac{\frac{1}{2}}{\sqrt{1-\left(\frac{x}{2}\right)^2}} \cdot 2\mathrm{d}\left(\frac{x}{2}\right) = \int \frac{1}{\sqrt{1-\left(\frac{x}{2}\right)^2}} \mathrm{d}\left(\frac{x}{2}\right) = \arcsin \frac{x}{2} + c$$

例 7　求不定积分$\int \frac{1}{4+x^2} \mathrm{d}x$.

解:$\int \frac{1}{4+x^2} \mathrm{d}x$

（被积函数分子、分母同除以 4）

$$= \int \frac{\frac{1}{4}}{1+\frac{x^2}{4}} \mathrm{d}x = \int \frac{\frac{1}{4}}{1+\left(\frac{x}{2}\right)^2} \cdot 2\mathrm{d}\left(\frac{x}{2}\right) = \frac{1}{2}\int \frac{1}{1+\left(\frac{x}{2}\right)^2} \mathrm{d}\left(\frac{x}{2}\right) = \frac{1}{2}\arctan \frac{x}{2} + c$$

2. 第二种基本情况

所求不定积分为

$$\int f(u(x))u'(x)\mathrm{d}x$$

其中被积函数一个因式的对应关系 f 为 §4.2 不定积分基本公式中某个被积函数的对应关系，另一个因式 $u'(x)$ 为 §4.3 非线性凑微分中等号左端微分 $\mathrm{d}x$ 的系数. 这时应该引进中间变量 $u = u(x)$，它是自变量 x 的非线性函数，在求解过程中须应用 §4.3 非线性凑微分.

例 8　求不定积分$\int x\mathrm{e}^{x^2} \mathrm{d}x$.

解:$\int x\mathrm{e}^{x^2} \mathrm{d}x = \frac{1}{2}\int \mathrm{e}^{x^2} \mathrm{d}(x^2) = \frac{1}{2}\mathrm{e}^{x^2} + c$

例 9　求不定积分$\int x^2(x^3-1)^{10} \mathrm{d}x$.

解:$\int x^2(x^3-1)^{10} \mathrm{d}x = \frac{1}{3}\int (x^3-1)^{10} \mathrm{d}(x^3-1) = \frac{1}{33}(x^3-1)^{11} + c$

例 10　求不定积分$\int \frac{\mathrm{e}^{\frac{1}{x}}}{x^2} \mathrm{d}x$.

解:$\int \frac{\mathrm{e}^{\frac{1}{x}}}{x^2} \mathrm{d}x = \int \frac{1}{x^2}\mathrm{e}^{\frac{1}{x}} \mathrm{d}x = -\int \mathrm{e}^{\frac{1}{x}} \mathrm{d}\left(\frac{1}{x}\right) = -\mathrm{e}^{\frac{1}{x}} + c$

例 11 求不定积分$\int \frac{\sin\sqrt{x}}{\sqrt{x}}dx$.

解:$\int \frac{\sin\sqrt{x}}{\sqrt{x}}dx = \int \frac{1}{\sqrt{x}}\sin\sqrt{x}dx = 2\int \sin\sqrt{x}d(\sqrt{x}) = -2\cos\sqrt{x}+c$

例 12 求不定积分$\int \frac{1}{x\ln x}dx$.

解:$\int \frac{1}{x\ln x}dx = \int \frac{1}{x}\frac{1}{\ln x}dx = \int \frac{1}{\ln x}d(\ln x) = \ln|\ln x|+c$

例 13 求不定积分$\int \frac{e^x}{\sqrt{1-e^{2x}}}dx$.

解:$\int \frac{e^x}{\sqrt{1-e^{2x}}}dx = \int \frac{1}{\sqrt{1-(e^x)^2}}e^x dx = \int \frac{1}{\sqrt{1-(e^x)^2}}d(e^x) = \arcsin e^x + c$

例 14 求不定积分$\int \tan x dx$.

解:$\int \tan x dx = \int \frac{\sin x}{\cos x}dx = \int \frac{1}{\cos x}\sin x dx = -\int \frac{1}{\cos x}d(\cos x) = -\ln|\cos x|+c$

例 15 求不定积分$\int \cos^3 x dx$.

解:$\int \cos^3 x dx = \int \cos^2 x\cos x dx = \int (1-\sin^2 x)d(\sin x) = \sin x - \frac{1}{3}\sin^3 x + c$

例 16 已知一阶导数 $f'(x) = \frac{1}{x\sqrt{1-\ln^2 x}}$,求函数 $f(x)$.

解:由于任何函数都为其一阶导数的原函数,所以所求函数

$$f(x) = \int f'(x)dx = \int \frac{1}{x\sqrt{1-\ln^2 x}}dx = \int \frac{1}{x}\frac{1}{\sqrt{1-\ln^2 x}}dx = \int \frac{1}{\sqrt{1-\ln^2 x}}d(\ln x)$$
$$= \arcsin\ln x + c$$

若被积函数为分式,有时需先对分式作代数恒等变形:分子加上(减去)且减去(加上)同一个量,或者分子、分母同乘以一个量,然后应用不定积分第一换元积分法则求解不定积分.

例 17 求不定积分$\int \frac{1}{1+e^x}dx$.

解:$\int \frac{1}{1+e^x}dx$

(被积函数分子加上 e^x 且减去 e^x)

$$= \int \frac{(1+e^x)-e^x}{1+e^x}dx = \int \left(1-\frac{e^x}{1+e^x}\right)dx = \int dx - \int \frac{e^x}{1+e^x}dx = x - \int \frac{1}{1+e^x}d(1+e^x)$$
$$= x - \ln(1+e^x) + c$$

例 18　求不定积分$\int \frac{1}{e^{-x}+e^{x}}dx$.

解:$\int \frac{1}{e^{-x}+e^{x}}dx$

（被积函数分子、分母同乘以 e^{x}）

$$=\int \frac{e^{x}}{1+(e^{x})^{2}}dx=\int \frac{1}{1+(e^{x})^{2}}d(e^{x})=\arctan e^{x}+c$$

若没有给出被积函数的具体表达式，只要符合条件，则同样可以应用不定积分第一换元积分法则求解.

例 19　已知函数 $f(x)$ 的一阶导数 $f'(x)$ 连续，求不定积分$\int \frac{f'(\ln x)}{x}dx$.

解:引进中间变量 $u=\ln x$，应用非线性凑微分$\frac{1}{x}dx=d(\ln x)$，并注意到一阶导数 $f'(u)$ 对中间变量 u 求不定积分时，它的一个原函数为 $f(u)$，根据不定积分第一换元积分法则，所以所求不定积分

$$\int \frac{f'(\ln x)}{x}dx=\int f'(\ln x)d(\ln x)=f(\ln x)+c$$

例 20　单项选择题

若函数 $F(x)$ 可导，且一阶导数 $F'(x)=f(x)$，则不定积分$\int f(e^{x})e^{x}dx=$（　　）.

(a)$F(x)+c$　　　　(b)$F(x)e^{x}+c$

(c)$F(e^{x})+c$　　　　(d)$F(e^{x})e^{x}+c$

解:由于一阶导数 $F'(x)=f(x)$，说明函数 $F(x)$ 为 $f(x)$ 的一个原函数，因而有不定积分

$$\int f(x)dx=F(x)+c$$

根据不定积分第一换元积分法则，有不定积分

$$\int f(u)du=F(u)+c$$

引进中间变量 $u=e^{x}$，并应用非线性凑微分 $e^{x}dx=d(e^{x})$，因而所求不定积分

$$\int f(e^{x})e^{x}dx=\int f(e^{x})d(e^{x})=F(e^{x})+c$$

这个正确答案恰好就是备选答案(c)，所以选择(c).

例 21　填空题

已知不定积分$\int f(x)dx=F(x)+c$，则不定积分$\int F(x)f(x)dx=$______.

解:由于被积函数为原函数的一阶导数，根据已知不定积分表达式，得到被积函数

$$f(x)=F'(x)$$

根据不定积分第一换元积分法则，所求不定积分

$$\int F(x)f(x)dx=\int F(x)F'(x)dx=\int F(x)dF(x)=\frac{1}{2}F^{2}(x)+c$$

于是应将"$\frac{1}{2}F^{2}(x)+c$"直接填在空内.

同一个不定积分可以用不同方法求解，所得到不定积分中的原函数表达式不一定相同，但它们之间仅相差一个常数. 如考虑不定积分

$$\int \sin x \cos x \mathrm{d}x = \int \sin x \mathrm{d}(\sin x) = \frac{1}{2}\sin^2 x + c$$

还有另外一种方法求解,得到不定积分

$$\int \sin x \cos x \mathrm{d}x = -\int \cos x \mathrm{d}(\cos x) = -\frac{1}{2}\cos^2 x + c$$

两种方法求解得到不定积分中的原函数表达式并不相同,但它们之差为

$$\frac{1}{2}\sin^2 x - \left(-\frac{1}{2}\cos^2 x\right) = \frac{1}{2}$$

因为不定积分含作为常数项的积分常数 c,从而这个常数项$\frac{1}{2}$ 可以被吸收到积分常数 c 中,所以两种方法求解得到的结果都是正确的.

§4.5　有理分式的不定积分

多项式的商称为有理分式,若分子的幂次低于分母的幂次,则称为有理真分式;若分子的幂次等于或高于分母的幂次,则称为有理假分式. 对于有理假分式,可以对分子作代数恒等变形:加上(减去)且减去(加上)同一个量,使得部分项的代数和能够被分母整除,这样就将有理假分式化为多项式与有理真分式的代数和.

作为不定积分第一换元积分法则的应用,分下列两种基本情况讨论比较简单的有理分式的不定积分.

1. 第一种基本情况

当被积函数分母为一次二项式 $x+a$ 或二次二项式 $x^2+a^2(a\neq 0)$ 时,若被积函数为有理真分式,则直接应用 §4.2 不定积分基本公式或 §4.4 不定积分第一换元积分法则求解;若被积函数为有理假分式,则将其化为多项式与有理真分式的代数和,再应用 §4.2 不定积分基本公式或 §4.4 不定积分第一换元积分法则求解.

例 1　求不定积分$\int \frac{1}{x+1}\mathrm{d}x$.

解:$\int \frac{1}{x+1}\mathrm{d}x = \int \frac{1}{x+1}\mathrm{d}(x+1) = \ln|x+1| + c$

例 2　求不定积分$\int \frac{x}{x+1}\mathrm{d}x$.

解:$\int \frac{x}{x+1}\mathrm{d}x = \int \frac{(x+1)-1}{x+1}\mathrm{d}x = \int \left(1-\frac{1}{x+1}\right)\mathrm{d}x = x - \ln|x+1| + c$

例 3　求不定积分$\int \frac{x^2}{x+1}\mathrm{d}x$.

解:$\int \frac{x^2}{x+1}\mathrm{d}x$

$$= \int \frac{(x^2-1)+1}{x+1}\mathrm{d}x = \int \left(x-1+\frac{1}{x+1}\right)\mathrm{d}x = \frac{1}{2}x^2 - x + \ln|x+1| + c$$

例 4　求不定积分$\int \frac{x}{x^2+1}dx$.

解:$\int \frac{x}{x^2+1}dx = \frac{1}{2}\int \frac{1}{x^2+1}d(x^2+1) = \frac{1}{2}\ln(x^2+1)+c$

例 5　求不定积分$\int \frac{x^2}{x^2+1}dx$.

解:$\int \frac{x^2}{x^2+1}dx = \int \frac{(x^2+1)-1}{x^2+1}dx = \int\left(1-\frac{1}{x^2+1}\right)dx = x-\arctan x+c$

2. 第二种基本情况

(1) 若被积函数为有理真分式$\frac{1}{(x-a)^2}(a\neq 0)$,则直接应用§4.4不定积分第一换元积分法则求解;

(2) 若被积函数为有理真分式$\frac{1}{(x-a)(x-b)}(a\neq b)$,则需要对分子作代数恒等变形:$1=\frac{1}{b-a}[(x-a)-(x-b)]$,这样将被积函数化为两个有理真分式之差,再应用§4.4不定积分第一换元积分法则求解.

例 6　求不定积分$\int \frac{1}{(x-1)^2}dx$.

解:$\int \frac{1}{(x-1)^2}dx = \int \frac{1}{(x-1)^2}d(x-1) = -\frac{1}{x-1}+c$

例 7　求不定积分$\int \frac{1}{x(x+1)}dx$.

解:$\int \frac{1}{x(x+1)}dx$

$= \int \frac{(x+1)-x}{x(x+1)}dx = \int\left(\frac{1}{x}-\frac{1}{x+1}\right)dx = \ln|x|-\ln|x+1|+c = \ln\left|\frac{x}{x+1}\right|+c$

例 8　求不定积分$\int \frac{1}{x^2-1}dx$.

解:$\int \frac{1}{x^2-1}dx$

$= \int \frac{1}{(x+1)(x-1)}dx = \frac{1}{2}\int \frac{(x+1)-(x-1)}{(x+1)(x-1)}dx = \frac{1}{2}\int\left(\frac{1}{x-1}-\frac{1}{x+1}\right)dx$

$= \frac{1}{2}(\ln|x-1|-\ln|x+1|)+c = \frac{1}{2}\ln\left|\frac{x-1}{x+1}\right|+c$

例 9　求不定积分$\int \frac{1}{x^2+5x+4}dx$.

解:$\int \frac{1}{x^2+5x+4}dx$

$= \int \frac{1}{(x+1)(x+4)}dx = \frac{1}{3}\int \frac{(x+4)-(x+1)}{(x+1)(x+4)}dx = \frac{1}{3}\int\left(\frac{1}{x+1}-\frac{1}{x+4}\right)dx$

$= \frac{1}{3}(\ln|x+1|-\ln|x+4|)+c = \frac{1}{3}\ln\left|\frac{x+1}{x+4}\right|+c$

§4.6 不定积分第二换元积分法则

根据 §4.4 不定积分第一换元积分法则,如果对于自变量 x,有不定积分

$$\int f(x)\mathrm{d}x = F(x) + c$$

则对于中间变量 $x = \varphi(t)$,也同样有不定积分

$$\int f(x)\mathrm{d}x = F(x) + c$$

即有

$$\int f(\varphi(t))\varphi'(t)\mathrm{d}t = F(\varphi(t)) + c$$

现在提出相反的问题:如果对于自变量 t,有不定积分

$$\int f(\varphi(t))\varphi'(t)\mathrm{d}t = F(\varphi(t)) + c$$

那么对于自变量 x,问不定积分

$$\int f(x)\mathrm{d}x = F(x) + c$$

是否还成立?不定积分第二换元积分法则给出了肯定的回答.

不定积分第二换元积分法则 已知函数 $f(x)$ 连续,对不定积分$\int f(x)\mathrm{d}x$ 作变量代换 $x=\varphi(t)$,函数 $x = \varphi(t)$ 单调可导,且一阶导数 $\varphi'(t)$ 连续,如果对于自变量 t,有不定积分

$$\int f(\varphi(t))\varphi'(t)\mathrm{d}t = F(\varphi(t)) + c$$

则对于自变量 x,有不定积分

$$\int f(x)\mathrm{d}x = F(x) + c$$

证:由于函数 $x = \varphi(t)$ 单调,因而它存在反函数 $t = \varphi^{-1}(x)$;又由于函数 $x = \varphi(t)$ 可导,当然可微,根据 §2.7 函数微分表达式,于是微分

$$\mathrm{d}x = \varphi'(t)\mathrm{d}t$$

根据 §2.7 定理2.5关于微分形式不变性的结论,当变量t不是自变量而是中间变量,即变量 t 为自变量x 的函数$t = \varphi^{-1}(x)$ 时,同样有微分

$$\mathrm{d}x = \varphi'(t)\mathrm{d}t$$

对于已知不定积分

$$\int f(\varphi(t))\varphi'(t)\mathrm{d}t = F(\varphi(t)) + c$$

等号两端皆取微分,根据 §4.1 定理 4.2,得到关系式

$$f(\varphi(t))\varphi'(t)\mathrm{d}t = \mathrm{d}F(\varphi(t))$$

根据 §2.7 定理2.5关于微分形式不变性的结论,当变量t不是自变量而是中间变量,即变量

t 为自变量 x 的函数 $t=\varphi^{-1}(x)$ 时，同样有关系式

$$f(\varphi(t))\varphi'(t)\mathrm{d}t=\mathrm{d}F(\varphi(t))$$

注意到函数$t=\varphi^{-1}(x)$ 与 $x=\varphi(t)$ 互为反函数，它们是等价的，又微分 $\mathrm{d}x=\varphi'(t)\mathrm{d}t$，于是得到关系式

$$f(x)\mathrm{d}x=\mathrm{d}F(x)$$

等号两端皆取不定积分，根据 §4.1 定理 4.3，所以对于自变量 x，有不定积分

$$\int f(x)\mathrm{d}x=F(x)+c$$

这个法则说明：对不定积分$\int f(x)\mathrm{d}x$ 可以通过作变量代换$x=\varphi(t)$ 达到求解的目的. 关键在于：变量代换 $x=\varphi(t)$ 表达式的选择要使得新积分变量为变量 t 的不定积分很容易求得结果.

若不定积分被积函数含根式 $\sqrt[n]{ax+b}$（a,b 为常数，且 $a\neq 0$；n 为大于 1 的正整数），会给不定积分的求解带来困难，则可以令变量

$$t=\sqrt[n]{ax+b}$$

即作变量代换

$$x=\frac{1}{a}(t^n-b)$$

将原积分变量为自变量 x 的不定积分化为新积分变量为变量 t 的不定积分，其被积函数可能不再含根式，容易得到不定积分结果，然后将原函数表达式中的变量 t 用根式 $\sqrt[n]{ax+b}$ 代回，得到积分变量为自变量 x 的不定积分表达式.

例 1　求不定积分$\int x\sqrt{2x+1}\mathrm{d}x$.

解：令变量 $t=\sqrt{2x+1}$，即作变量代换 $x=\frac{1}{2}(t^2-1)\ (t\geqslant 0)$，从而微分$\mathrm{d}x=t\mathrm{d}t$，所以不定积分

$$\begin{aligned}&\int x\sqrt{2x+1}\mathrm{d}x\\&=\int\frac{1}{2}(t^2-1)t\cdot t\mathrm{d}t=\frac{1}{2}\int(t^4-t^2)\mathrm{d}t=\frac{1}{2}\left(\frac{1}{5}t^5-\frac{1}{3}t^3\right)+c\\&=\frac{1}{10}\sqrt{(2x+1)^5}-\frac{1}{6}\sqrt{(2x+1)^3}+c\end{aligned}$$

例 2　求不定积分$\int\frac{1}{\sqrt{x}+1}\mathrm{d}x$.

解：令变量 $t=\sqrt{x}$，即作变量代换 $x=t^2\ (t\geqslant 0)$，从而微分 $\mathrm{d}x=2t\mathrm{d}t$，所以不定积分

$$\begin{aligned}&\int\frac{1}{\sqrt{x}+1}\mathrm{d}x\\&=\int\frac{1}{t+1}\cdot 2t\mathrm{d}t=2\int\frac{(t+1)-1}{t+1}\mathrm{d}t=2\int\left(1-\frac{1}{t+1}\right)\mathrm{d}t=2(t-\ln|t+1|)+c\\&=2\sqrt{x}-2\ln(\sqrt{x}+1)+c\end{aligned}$$

例 3 求不定积分$\int \frac{1}{x+\sqrt{x}}dx$.

解:令变量 $t=\sqrt{x}$,即作变量代换 $x=t^2(t>0)$,从而微分 $dx=2tdt$,所以不定积分

$$\int \frac{1}{x+\sqrt{x}}dx=\int \frac{1}{t^2+t}\cdot 2tdt=2\int \frac{1}{t+1}dt=2\ln|t+1|+c=2\ln(\sqrt{x}+1)+c$$

例 4 求不定积分$\int \frac{1}{\sqrt{(x-3)^3}+\sqrt{x-3}}dx$.

解:令变量 $t=\sqrt{x-3}$,即作变量代换 $x=t^2+3(t>0)$,从而微分 $dx=2tdt$,所以不定积分

$$\int \frac{1}{\sqrt{(x-3)^3}+\sqrt{x-3}}dx$$

$$=\int \frac{1}{t^3+t}2tdt=2\int \frac{1}{t^2+1}dt=2\arctan t+c=2\arctan\sqrt{x-3}+c$$

例 5 求不定积分$\int \frac{1}{\sqrt[3]{x}+1}dx$.

解:令变量 $t=\sqrt[3]{x}$,即作变量代换 $x=t^3$,从而微分 $dx=3t^2dt$,所以不定积分

$$\int \frac{1}{\sqrt[3]{x}+1}dx$$

$$=\int \frac{1}{t+1}\cdot 3t^2dt=3\int \frac{(t^2-1)+1}{t+1}dt=3\int\left(t-1+\frac{1}{t+1}\right)dt$$

$$=3\left(\frac{1}{2}t^2-t+\ln|t+1|\right)+c=\frac{3}{2}\sqrt[3]{x^2}-3\sqrt[3]{x}+3\ln\left|\sqrt[3]{x}+1\right|+c$$

例 6 求不定积分$\int \frac{2}{x+\sqrt[3]{x}}dx$.

解:令变量 $t=\sqrt[3]{x}$,即作变量代换 $x=t^3(t\neq 0)$,从而微分 $dx=3t^2dt$,所以不定积分

$$\int \frac{2}{x+\sqrt[3]{x}}dx$$

$$=\int \frac{2}{t^3+t}\cdot 3t^2dt=6\int \frac{t}{t^2+1}dt=3\int \frac{1}{t^2+1}d(t^2+1)=3\ln(t^2+1)+c$$

$$=3\ln(\sqrt[3]{x^2}+1)+c$$

不定积分第一换元积分法则与不定积分第二换元积分法则统称为不定积分换元积分法则,它是求解不定积分的重要方法.

§4.7 不定积分分部积分法则

求解不定积分的基础是不定积分基本公式,求解不定积分的重要方法除不定积分换元积分法则外,还有不定积分分部积分法则.

不定积分分部积分法则　如果函数 $u=u(x)$, $v=v(x)$ 都可导,且一阶导数 $u'(x)$, $v'(x)$ 都连续,则不定积分

$$\int u\mathrm{d}v = uv - \int v\mathrm{d}u$$

证:根据 §2.2 导数基本运算法则 2,有一阶导数

$$(uv)' = u'v + uv'$$

即有

$$uv' = (uv)' - u'v$$

等号两端皆取不定积分,得到不定积分

$$\int uv'\mathrm{d}x = \int (uv)'\mathrm{d}x - \int u'v\mathrm{d}x$$

根据 §2.7 函数微分表达式,有关系式 $u'\mathrm{d}x=\mathrm{d}u$, $v'\mathrm{d}x=\mathrm{d}v$,又由于任何函数都为其一阶导数的一个原函数,因此函数 uv 为其一阶导数 $(uv)'$ 的一个原函数,所以不定积分

$$\int u\mathrm{d}v = uv - \int v\mathrm{d}u$$

这个法则说明:所求不定积分等于两项之差,被减项为原被积表达式中微分记号 d 前后两个函数的积,减项为原被积表达式中微分记号 d 前后两个函数调换位置所构成的不定积分.这样就将所求不定积分 $\int u\mathrm{d}v$ 归结为求作为减项的不定积分 $\int v\mathrm{d}u$,再应用 §4.2 不定积分基本公式或 §4.4 不定积分第一换元积分法则求解.

不定积分分部积分法则主要能够解决对数函数、反三角函数的不定积分及一部分但不是全部函数乘积的不定积分,分下列两种基本情况讨论这些不定积分.

1. 第一种基本情况

被积函数为对数函数或反三角函数,这时直接应用不定积分分部积分法则求解.

例 1　求不定积分 $\int \ln x\mathrm{d}x$.

解:这是对数函数的不定积分,应直接应用不定积分分部积分法则求解.注意到被积表达式 $\ln x\mathrm{d}x$ 中微分记号 d 前面的函数为对数函数 $\ln x$,后面的函数为幂函数 x,因而微分记号 d 前后两个函数的积为函数 $\ln x\cdot x$,微分记号 d 前后两个函数调换位置所构成的不定积分为不定积分 $\int x\mathrm{d}(\ln x)$.所以所求不定积分

$$\int \ln x\mathrm{d}x = \ln x\cdot x - \int x\mathrm{d}(\ln x) = x\ln x - \int x\frac{1}{x}\mathrm{d}x = x\ln x - \int \mathrm{d}x = x\ln x - x + c$$

例 2　求不定积分 $\int \arctan x\mathrm{d}x$.

解: $\int \arctan x\mathrm{d}x$

$$= x\arctan x - \int x\mathrm{d}(\arctan x) = x\arctan x - \int x\frac{1}{1+x^2}\mathrm{d}x$$

$$= x\arctan x - \frac{1}{2}\int \frac{1}{1+x^2}\mathrm{d}(1+x^2) = x\arctan x - \frac{1}{2}\ln(1+x^2) + c$$

2. 第二种基本情况

(1) 被积函数为乘积 $x^n e^x$(n 为正整数),这时必须首先应用 §4.3 非线性凑微分将乘积 $e^x dx$ 凑微分,然后应用不定积分分部积分法则求解;

(2) 被积函数为乘积 $x^n \sin x$ 或 $x^n \cos x$(n 为正整数),这时必须首先应用 §4.3 非线性凑微分将乘积 $\sin x dx$ 或 $\cos x dx$ 凑微分,然后应用不定积分分部积分法则求解;

(3) 被积函数为乘积 $x^\alpha \ln x$($\alpha \neq -1$),这时必须首先应用 §4.3 非线性凑微分将乘积 $x^\alpha dx$ 凑微分,然后应用不定积分分部积分法则求解;

(4) 被积函数为乘积 $x^n \arctan x$(n 为正整数),这时必须首先应用 §4.3 非线性凑微分将乘积 $x^n dx$ 凑微分,然后应用不定积分分部积分法则求解.

例 3 求不定积分 $\int x e^x dx$.

解: $\int x e^x dx = \int x d(e^x) = x e^x - \int e^x dx = x e^x - e^x + c$

例 4 求不定积分 $\int x \sin x dx$.

解: $\int x \sin x dx$

$$= -\int x d(\cos x) = -\left(x\cos x - \int \cos x dx\right) = -(x\cos x - \sin x) + c = -x\cos x + \sin x + c$$

例 5 求不定积分 $\int x \ln x dx$.

解: $\int x \ln x dx$

$$= \frac{1}{2}\int \ln x d(x^2) = \frac{1}{2}\left[x^2 \ln x - \int x^2 d(\ln x)\right] = \frac{1}{2}\left(x^2 \ln x - \int x^2 \frac{1}{x} dx\right)$$

$$= \frac{1}{2}\left(x^2 \ln x - \int x dx\right) = \frac{1}{2}\left(x^2 \ln x - \frac{1}{2}x^2\right) + c = \frac{1}{2}x^2 \ln x - \frac{1}{4}x^2 + c$$

例 6 求不定积分 $\int x \arctan x dx$.

解: $\int x \arctan x dx$

$$= \frac{1}{2}\int \arctan x d(1+x^2) = \frac{1}{2}\left[(1+x^2)\arctan x - \int (1+x^2) d(\arctan x)\right]$$

$$= \frac{1}{2}\left[(1+x^2)\arctan x - \int (1+x^2)\frac{1}{1+x^2} dx\right] = \frac{1}{2}\left[(1+x^2)\arctan x - \int dx\right]$$

$$= \frac{1}{2}[(1+x^2)\arctan x - x] + c = \frac{1}{2}(1+x^2)\arctan x - \frac{1}{2}x + c$$

对于上述两种基本情况,在应用不定积分分部积分法则求解时,虽然不能立即得到结果,但是若作为减项的不定积分比原不定积分简单,还可以连续应用不定积分分部积分法则,直至得到结果.

例 7　求不定积分$\int \ln^2 x\mathrm{d}x$.

解:$\int \ln^2 x\mathrm{d}x$

$$= x\ln^2 x - \int x\mathrm{d}(\ln^2 x) = x\ln^2 x - \int x \cdot 2\ln x \cdot \frac{1}{x}\mathrm{d}x = x\ln^2 x - 2\int \ln x\mathrm{d}x$$

$$= x\ln^2 x - 2\left[x\ln x - \int x\mathrm{d}(\ln x)\right] = x\ln^2 x - 2\left(x\ln x - \int x\frac{1}{x}\mathrm{d}x\right)$$

$$= x\ln^2 x - 2\left(x\ln x - \int \mathrm{d}x\right) = x\ln^2 x - 2(x\ln x - x) + c = x\ln^2 x - 2x\ln x + 2x + c$$

例 8　求不定积分$\int x^2\sin x\mathrm{d}x$.

解:$\int x^2\sin x\mathrm{d}x$

$$= -\int x^2\mathrm{d}(\cos x) = -\left[x^2\cos x - \int \cos x\mathrm{d}(x^2)\right] = -x^2\cos x + 2\int x\cos x\mathrm{d}x$$

$$= -x^2\cos x + 2\int x\mathrm{d}(\sin x) = -x^2\cos x + 2\left(x\sin x - \int \sin x\mathrm{d}x\right)$$

$$= -x^2\cos x + 2(x\sin x + \cos x) + c = -x^2\cos x + 2x\sin x + 2\cos x + c$$

有时联合应用 §4.6 不定积分第二换元积分法则与不定积分分部积分法则求解不定积分.

例 9　求不定积分$\int \cos\sqrt{x}\mathrm{d}x$.

解:令变量 $t = \sqrt{x}$,即作变量代换 $x = t^2 (t \geqslant 0)$,从而微分 $\mathrm{d}x = 2t\mathrm{d}t$,所以不定积分

$$\int \cos\sqrt{x}\mathrm{d}x$$

$$= \int \cos t \cdot 2t\mathrm{d}t = 2\int t\cos t\mathrm{d}t = 2\int t\mathrm{d}(\sin t) = 2\left(t\sin t - \int \sin t\mathrm{d}t\right) = 2(t\sin t + \cos t) + c$$

$$= 2\sqrt{x}\sin\sqrt{x} + 2\cos\sqrt{x} + c$$

例 10　填空题

不定积分$\int x\mathrm{d}(\mathrm{e}^{-x}) =$ ______.

解:根据不定积分分部积分法则,因而所求不定积分

$$\int x\mathrm{d}(\mathrm{e}^{-x}) = x\mathrm{e}^{-x} - \int \mathrm{e}^{-x}\mathrm{d}x = x\mathrm{e}^{-x} + \int \mathrm{e}^{-x}\mathrm{d}(-x) = x\mathrm{e}^{-x} + \mathrm{e}^{-x} + c$$

于是应将"$x\mathrm{e}^{-x} + \mathrm{e}^{-x} + c$"直接填在空内.

例 11　填空题

已知函数 $f(x)$ 的二阶导数 $f''(x)$ 连续,则不定积分$\int xf''(x)\mathrm{d}x =$ ______.

解:应用 §4.3 一般凑微分,有关系式 $f''(x)\mathrm{d}x = \mathrm{d}f'(x)$,根据不定积分分部积分法则,并注意到函数 $f(x)$ 为其一阶导数 $f'(x)$ 的一个原函数,因而所求不定积分

$$\int xf''(x)\mathrm{d}x = \int x\mathrm{d}f'(x) = xf'(x) - \int f'(x)\mathrm{d}x = xf'(x) - f(x) + c$$

于是应将"$xf'(x) - f(x) + c$"直接填在空内.

例 12 单项选择题

若函数$\frac{\ln x}{x}$为$f(x)$的一个原函数,则不定积分$\int xf(x)\mathrm{d}x=($ $)$.

(a)$\ln x+c$

(b)$\frac{\ln x}{x}+c$

(c)$\frac{1}{2}\ln^2 x+c$

(d)$\ln x-\frac{1}{2}\ln^2 x+c$

解:由于任何函数都为其原函数的一阶导数,因此函数$f(x)$为其原函数$\frac{\ln x}{x}$的一阶导数,即函数

$$f(x)=\left(\frac{\ln x}{x}\right)'$$

根据不定积分分部积分法则,因而所求不定积分

$$\begin{aligned}&\int xf(x)\mathrm{d}x\\=&\int x\left(\frac{\ln x}{x}\right)'\mathrm{d}x=\int x\mathrm{d}\left(\frac{\ln x}{x}\right)=x\frac{\ln x}{x}-\int\frac{\ln x}{x}\mathrm{d}x=\ln x-\int\ln x\mathrm{d}(\ln x)\\=&\ln x-\frac{1}{2}\ln^2 x+c\end{aligned}$$

这个正确答案恰好就是备选答案(d),所以选择(d).

习题四

4.01 求下列不定积分:

(1)$\int(9x^2+4x)\mathrm{d}x$

(2)$\int\left(\frac{2}{x^3}-\frac{3}{x^4}\right)\mathrm{d}x$

(3)$\int(\sqrt{3}-\sqrt{x})\mathrm{d}x$

(4)$\int\left(\frac{x}{3}-\frac{3}{x}\right)\mathrm{d}x$

(5)$\int\frac{(x+1)(x+2)}{x}\mathrm{d}x$

(6)$\int\left(x+\frac{1}{x^2}\right)^2\mathrm{d}x$

4.02 求下列不定积分:

(1)$\int(10^x-\sqrt[10]{x})\mathrm{d}x$

(2)$\int 2^x3^x\mathrm{d}x$

(3)$\int\frac{\mathrm{e}^{2x}-1}{\mathrm{e}^x+1}\mathrm{d}x$

(4)$\int(\sin x+\cos x)\mathrm{d}x$

(5)$\int\frac{\tan x\cot x}{\cos^2 x}\mathrm{d}x$

(6)$\int\frac{1+2x^2}{x^2(1+x^2)}\mathrm{d}x$

4.03　求下列不定积分：

(1) $\int (x-1)^9 \mathrm{d}x$　　(2) $\int \frac{1}{1+2x}\mathrm{d}x$

(3) $\int e^{3x}\mathrm{d}x$　　(4) $\int \cos\frac{x}{4}\mathrm{d}x$

(5) $\int \csc^2\left(4x+\frac{\pi}{3}\right)\mathrm{d}x$　　(6) $\int \frac{1}{\sqrt{9-x^2}}\mathrm{d}x$

4.04　求下列不定积分：

(1) $\int x(x^2-3)^5\mathrm{d}x$　　(2) $\int \frac{x}{(1+x^2)^2}\mathrm{d}x$

(3) $\int x\sin(x^2+1)\mathrm{d}x$　　(4) $\int \frac{x^2}{1+x^3}\mathrm{d}x$

(5) $\int x^2 e^{-x^3}\mathrm{d}x$　　(6) $\int \frac{x^2}{1+x^6}\mathrm{d}x$

4.05　求下列不定积分：

(1) $\int \frac{e^{-\frac{1}{x}}}{x^2}\mathrm{d}x$　　(2) $\int \frac{\sin\frac{1}{x}}{x^2}\mathrm{d}x$

(3) $\int \frac{\cos\frac{1}{x}}{x^2}\mathrm{d}x$　　(4) $\int \frac{e^{\sqrt{x}}}{\sqrt{x}}\mathrm{d}x$

(5) $\int \frac{\cos\sqrt{x}}{\sqrt{x}}\mathrm{d}x$　　(6) $\int \frac{1}{(1+x)\sqrt{x}}\mathrm{d}x$

4.06　求下列不定积分：

(1) $\int \frac{\ln x}{x}\mathrm{d}x$　　(2) $\int \frac{1}{x\ln^2 x}\mathrm{d}x$

(3) $\int \frac{\sin\ln x}{x}\mathrm{d}x$　　(4) $\int \frac{e^x}{1+e^x}\mathrm{d}x$

(5) $\int e^x\cos e^x\mathrm{d}x$　　(6) $\int \frac{e^x}{1+e^{2x}}\mathrm{d}x$

4.07　求下列不定积分：

(1) $\int \sin x\cos^5 x\mathrm{d}x$　　(2) $\int \frac{\sin x}{(1+\cos x)^2}\mathrm{d}x$

(3) $\int \sin^3 x\mathrm{d}x$　　(4) $\int \frac{\cos x}{\sqrt{1+\sin x}}\mathrm{d}x$

(5) $\int \cot x\mathrm{d}x$　　(6) $\int e^{\sin x}\cos x\mathrm{d}x$

4.08　已知函数 $f(n)=\int \cos^n x\mathrm{d}x$（$n$ 为正整数），求差 $f(3)-f(5)$.

4.09　已知函数 $f(x)$ 的一阶导数 $f'(x)$ 连续,求下列不定积分:

(1) $\int\frac{f'(\sqrt{x})}{\sqrt{x}}\mathrm{d}x$　　(2) $\int\frac{f'(x)}{\sqrt{f(x)}}\mathrm{d}x$

(3) $\int f'(\mathrm{e}^x)\mathrm{e}^x\mathrm{d}x$　　(4) $\int\mathrm{e}^{f(x)}f'(x)\mathrm{d}x$

(5) $\int f'(\cos x)\sin x\mathrm{d}x$　　(6) $\int f'(x)\cos f(x)\mathrm{d}x$

4.10　求下列不定积分:

(1) $\int\frac{1}{x+2}\mathrm{d}x$　　(2) $\int\frac{x}{x+2}\mathrm{d}x$

(3) $\int\frac{x}{x^2+2}\mathrm{d}x$　　(4) $\int\frac{1}{x^2+3x+2}\mathrm{d}x$

4.11　求下列不定积分:

(1) $\int\frac{1}{\sqrt{2x-1}+1}\mathrm{d}x$　　(2) $\int\frac{\sqrt{x}}{x+1}\mathrm{d}x$

(3) $\int\frac{1}{x\sqrt{x-1}}\mathrm{d}x$　　(4) $\int\frac{1}{x+\sqrt[3]{x^2}}\mathrm{d}x$

4.12　求下列不定积分:

(1) $\int\lg x\mathrm{d}x$　　(2) $\int\ln(x^2+1)\mathrm{d}x$

4.13　已知函数 $f(x)=\arctan\frac{1}{x}$,求:

(1) 导数 $f'(x)$;

(2) 不定积分 $\int f(x)\mathrm{d}x$.

4.14　求下列不定积分:

(1) $\int x\cos x\mathrm{d}x$　　(2) $\int x^2\ln x\mathrm{d}x$

(3) $\int x^2\mathrm{e}^x\mathrm{d}x$　　(4) $\int x^2\cos x\mathrm{d}x$

4.15　求下列不定积分:

(1) $\int\mathrm{e}^{\sqrt{x}}\mathrm{d}x$　　(2) $\int\sin\sqrt{x}\mathrm{d}x$

4.16　求下列不定积分:

(1) $\int x(\mathrm{e}^{x^2}-\mathrm{e}^x)\mathrm{d}x$　　(2) $\int\frac{1+x^2\ln^2x}{x\ln x}\mathrm{d}x$

4.17　填空题

(1) 若不定积分 $\int f(x)\mathrm{d}x=\mathrm{e}^{x^2}+c$,则被积函数 $f(x)=$ ______.

(2) 已知一阶导数 $\left(\int f(x)\mathrm{d}x\right)'=\sqrt{1+x^2}$,则一阶导数值 $f'(1)=$ ______.

(3) 设函数 $u(x)$,$v(x)$ 的一阶导数 $u'(x)$,$v'(x)$ 皆连续,且函数 $v(x)\neq 0$,则不定积分 $\int\left(u'(x)-\frac{v'(x)}{v^2(x)}\right)\mathrm{d}x=$ ______.

(4) 已知一阶导数 $f'(x)=\dfrac{\cos x-\sin x}{\sin x+\cos x}$,则函数 $f(x)=$ ______.

(5) 若不定积分$\int f(x)\mathrm{d}x=F(x)+c$,则不定积分$\int\dfrac{f\left(\dfrac{1}{x}\right)}{x^2}\mathrm{d}x=$ ______.

(6) 已知不定积分$\int f(x)\mathrm{d}x=F(x)+c$,其中原函数 $F(x)>0$,则不定积分 $\int\dfrac{f(x)}{F(x)}\mathrm{d}x=$ ______.

(7) 已知函数 $f(x)$ 连续,若令变量 $t=\sqrt[3]{3x-1}$,则不定积分$\int f(\sqrt[3]{3x-1})\mathrm{d}x$ 化为 ______.

(8) 不定积分$\int\cos x\mathrm{d}(\mathrm{e}^{\cos x})=$ ______.

4.18　单项选择题

(1) 若函数 2^x 为 $f(x)$ 的一个原函数,则函数 $f(x)=$(　　).

(a) $x2^{x-1}$　　(b) $\dfrac{1}{x+1}2^{x+1}$

(c) $2^x\ln 2$　　(d) $\dfrac{2^x}{\ln 2}$

(2) 函数 $f(x)=\dfrac{1}{\mathrm{e}^x}$ 的一个原函数为(　　).

(a) $-\dfrac{1}{\mathrm{e}^x}$　　(b) $\dfrac{1}{\mathrm{e}^x}$

(c) $-\mathrm{e}^x$　　(d) e^x

(3) 不定积分$\int\dfrac{1}{x}\mathrm{d}\left(\dfrac{1}{x}\right)=$(　　).

(a) $-\ln|x|+c$　　(b) $\ln|x|+c$

(c) $-\dfrac{1}{2x^2}+c$　　(d) $\dfrac{1}{2x^2}+c$

(4) 不定积分$\int\left(\dfrac{1}{\sin^2 x}+1\right)\mathrm{d}(\sin x)=$(　　).

(a) $-\cot x+x+c$　　(b) $-\cot x+\sin x+c$

(c) $-\csc x+x+c$　　(d) $-\csc x+\sin x+c$

(5) 不定积分$\int\dfrac{1}{1+x^2}\mathrm{d}(x^2)=$(　　).

(a) $\ln|1+x|+c$　　(b) $\ln(1+x^2)+c$

(c) $\arctan x+c$　　(d) $\arctan x^2+c$

(6) 已知函数 $f(x)$ 的一阶导数 $f'(x)$ 连续,则不定积分$\int f'(2x)\mathrm{d}x=$(　　).

(a) $\frac{1}{2}f(2x)$　　(b) $\frac{1}{2}f(2x)+c$

(c) $f(2x)$　　(d) $f(2x)+c$

(7) 不定积分$\int \arcsin x\mathrm{d}(\sqrt{1-x^2})=$(　　).

(a) $\sqrt{1-x^2}\arcsin x-x+c$　　(b) $\sqrt{1-x^2}\arcsin x+x+c$

(c) $\sqrt{1-x^2}\arcsin x-x^2+c$　　(d) $\sqrt{1-x^2}\arcsin x+x^2+c$

(8) 若函数 $F(x)$ 为 $f(x)$ 的一个原函数,则不定积分$\int xf'(x)\mathrm{d}x=$(　　).

(a) $xf(x)-F(x)+c$　　(b) $xf(x)+F(x)+c$

(c) $xF(x)-f(x)+c$　　(d) $xF(x)+f(x)+c$

第五章

定积分

§5.1 定积分的概念与基本运算法则

在实际问题中,往往还需要研究另外一类特殊的极限.

例1 曲边梯形的面积

已知函数曲线 $y=f(x)(f(x)\geqslant 0)$,直线 $x=a,x=b$,它们与 x 轴围成的图形称为曲边梯形,考虑其面积 S,如图 5-1.

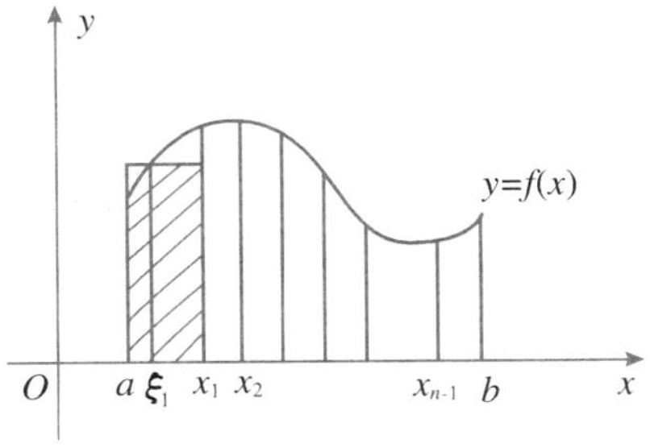

图 5-1

用 $n-1$ 个分点

$$a=x_0<x_1<x_2<\cdots<x_{n-1}<x_n=b$$

将 x 轴上的闭区间 $[a,b]$ 任意分成 n 个首尾相连的小闭区间

$$[x_0,x_1],[x_1,x_2],\cdots,[x_{n-1},x_n]$$

这些小闭区间的长度分别为

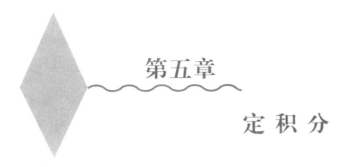

$$\Delta x_1=x_1-x_0,\Delta x_2=x_2-x_1,\cdots,\Delta x_n=x_n-x_{n-1}$$

在各分点处作平行于 y 轴的直线,将曲边梯形分成 n 个小曲边梯形. 显然,所求曲边梯形的面积 S 等于这 n 个小曲边梯形面积之和.

在每个小闭区间上任取一点,这些点分别为

$$\xi_1, \xi_2, \cdots, \xi_n$$

函数曲线 $y = f(x)$ 上对应点的纵坐标分别为

$$f(\xi_1), f(\xi_2), \cdots, f(\xi_n)$$

以小闭区间长度 Δx_i 为底、函数曲线 $y = f(x)$ 上对应点纵坐标 $f(\xi_i)$ 为高的小矩形面积近似代替相应小曲边梯形面积($i = 1, 2, \cdots, n$),于是所求曲边梯形面积

$$S \approx f(\xi_1)\Delta x_1 + f(\xi_2)\Delta x_2 + \cdots + f(\xi_n)\Delta x_n = \sum_{i=1}^{n} f(\xi_i)\Delta x_i$$

用记号 Δx 表示 n 个小闭区间长度中的最大者,即

$$\Delta x = \max\{\Delta x_1, \Delta x_2, \cdots, \Delta x_n\}$$

对于闭区间 $[a,b]$ 的所有分法,点 ξ_i ($i = 1, 2, \cdots, n$) 的所有取法,当 $\Delta x \to 0$ 时,若 n 个小矩形面积之和即总和 $\sum_{i=1}^{n} f(\xi_i)\Delta x_i$ 的极限都存在且相同,则称此极限为所求曲边梯形的面积

$$S = \lim_{\Delta x \to 0} \sum_{i=1}^{n} f(\xi_i)\Delta x_i$$

例 2　一段时间间隔内的产品产量

已知产品总产量在任意时刻 t 的瞬时变化率 $r = r(t)$,考虑从时刻 a 到 b 这一段时间间隔内的产品产量 X.

将时间闭区间 $[a,b]$ 任意分成 n 个首尾相连的小闭区间,其长度分别为 Δt_i ($i = 1, 2, \cdots, n$),在每个小闭区间上任取一点 ξ_i ($i = 1, 2, \cdots, n$),于是从时刻 a 到 b 这一段时间间隔内的产品产量

$$X \approx \sum_{i=1}^{n} r(\xi_i)\Delta t_i$$

对于时间闭区间 $[a,b]$ 的所有分法,点 ξ_i ($i = 1, 2, \cdots, n$) 的所有取法,当

$$\Delta t = \max\{\Delta t_1, \Delta t_2, \cdots, \Delta t_n\} \to 0$$

时,若总和 $\sum_{i=1}^{n} r(\xi_i)\Delta t_i$ 的极限都存在且相同,则称此极限为从时刻 a 到 b 这一段时间间隔内的产品产量

$$X = \lim_{\Delta t \to 0} \sum_{i=1}^{n} r(\xi_i)\Delta t_i$$

在上面两个具体问题中,尽管实际背景不一样,但从抽象的数量关系来看却是一样的,都归结为:计算同一特殊结构的总和的极限.

定义 5.1　已知函数 $f(x)$ 在闭区间 $[a,b]$ 上有定义,将闭区间 $[a,b]$ 任意分成 n 个首尾相连的小闭区间,其长度分别为 Δx_i ($i = 1, 2, \cdots, n$),在每个小闭区间上任取一点 ξ_i ($i = 1, 2, \cdots, n$),作总和 $\sum_{i=1}^{n} f(\xi_i)\Delta x_i$. 对于闭区间 $[a,b]$ 的所有分法,点 ξ_i ($i = 1, 2, \cdots, n$) 的所有取法,当

$$\Delta x = \max\{\Delta x_1, \Delta x_2, \cdots, \Delta x_n\} \to 0$$

时，若总和 $\sum_{i=1}^{n} f(\xi_i)\Delta x_i$ 的极限都存在且相同，则称函数 $f(x)$ 在闭区间$[a,b]$上可积，并称此极限为函数 $f(x)$ 在闭区间$[a,b]$上的定积分，记作

$$\int_a^b f(x)\mathrm{d}x = \lim_{\Delta x \to 0} \sum_{i=1}^{n} f(\xi_i)\Delta x_i$$

其中变量 x 称为积分变量，函数 $f(x)$ 称为被积函数，乘积 $f(x)\mathrm{d}x$ 称为被积表达式，闭区间$[a,b]$称为积分区间，左端点 a 称为积分下限，右端点 b 称为积分上限，记号"$\int$"称为积分记号.

根据定积分的定义，在例 1 中，函数曲线 $y = f(x)(f(x) \geqslant 0, a \leqslant x \leqslant b)$ 下的曲边梯形面积

$$S = \int_a^b f(x)\mathrm{d}x$$

这给出了定积分的几何意义. 说明在函数 $f(x) \geqslant 0$ 的情况下，定积分 $\int_a^b f(x)\mathrm{d}x$ 代表函数曲线 $y = f(x)(a \leqslant x \leqslant b)$ 下的曲边梯形面积 S；在例 2 中，从时刻 a 到 b 这一段时间间隔内的产品产量

$$X = \int_a^b r(t)\mathrm{d}t$$

在 §4.2 中曾经从不定积分的角度讨论了这种问题，并给出求解的方法，现在又将它表示为定积分，说明定积分与不定积分有着内在的联系.

根据定积分的定义，改变被积函数在积分区间内有限个点处的函数值，不影响定积分的值.

什么函数可积？经过深入的讨论可以得到结论：如果函数 $f(x)$ 在闭区间$[a,b]$上连续，则函数 $f(x)$ 在闭区间$[a,b]$上可积. 由于所有初等函数在其定义区间上连续，于是所有初等函数在其定义区间包含的任何闭区间上可积. 同时也可以得到结论：在闭区间上具有有限个间断点的有界函数可积. 显然，闭区间上的无界函数不可积.

下面给出定积分基本运算法则：

法则 1 如果函数 $u = u(x)$，$v = v(x)$ 在闭区间$[a,b]$上都可积，则定积分

$$\int_a^b (u \pm v)\mathrm{d}x = \int_a^b u\mathrm{d}x \pm \int_a^b v\mathrm{d}x$$

法则 2 如果函数 $v = v(x)$ 在闭区间$[a,b]$上可积，k 为常数，则定积分

$$\int_a^b kv\mathrm{d}x = k\int_a^b v\mathrm{d}x$$

法则 3 如果函数 $u = u(x)$ 在闭区间$[a,b]$上可积，则定积分

$$\int_b^a u\mathrm{d}x = -\int_a^b u\mathrm{d}x$$

法则 4 如果函数 $u = u(x)$ 在包含点 a 的某个闭区间上可积，则定积分

$$\int_a^a u\mathrm{d}x = 0$$

法则 5 如果函数 $u=u(x)$ 在以点 a,b,c 三点中任意两点为端点的闭区间上都可积,则定积分

$$\int_a^b u\mathrm{d}x=\int_a^c u\mathrm{d}x+\int_c^b u\mathrm{d}x$$

最后讨论定积分的重要性质. 根据定积分的定义,定积分代表极限值,即

$$\int_a^b f(x)\mathrm{d}x=\lim_{\Delta x\to 0}\sum_{i=1}^{n}f(\xi_i)\Delta x_i$$

从而它是一个完全确定的常数,取决于被积函数 $f(x)$ 的对应关系"f"及积分下限 a、积分上限 b. 如果将积分变量记号 x 改写为 t,尽管变量 x 为 t 的函数,根据 §1.3 定理 1.3 关于函数极限值与函数表达式中变量记号无关的结论,则定积分的值不变,于是有下面的定理.

定理 5.1 定积分与积分变量记号无关. 即:尽管变量 $x=x(t)$,恒有定积分

$$\int_a^b f(x)\mathrm{d}x=\int_a^b f(t)\mathrm{d}t$$

经过深入的讨论还可以得到反映定积分重要性质的另外一个定理.

定理 5.2 如果函数 $f(x)$ 在闭区间 $[a,b]$ 上连续,则在开区间 (a,b) 内至少存在一点 η,使得

$$\int_a^b f(x)\mathrm{d}x=f(\eta)(b-a)\quad(a<\eta<b)$$

根据定理 5.2,函数值 $f(\eta)$ 称为连续函数 $f(x)$ 在闭区间 $[a,b]$ 上的平均值,记作

$$\bar{f}=f(\eta)=\frac{1}{b-a}\int_a^b f(x)\mathrm{d}x$$

定积分的定义给出了求定积分的具体方法,归结为计算总和的极限,即

$$\int_a^b f(x)\mathrm{d}x=\lim_{\Delta x\to 0}\sum_{i=1}^{n}f(\xi_i)\Delta x_i$$

当 $\Delta x\to 0$ 时,当然所有 $\Delta x_i\to 0(i=1,2,\cdots,n)$,同时意味着将闭区间 $[a,b]$ 任意分成首尾相连小闭区间的个数无限增多,即 $n\to\infty$. 由于函数 $f(x)$ 在闭区间 $[a,b]$ 上有界,从而乘积 $f(\xi_i)\Delta x_i\ (i=1,2,\cdots,n)$ 为无穷小量,说明总和 $\sum_{i=1}^{n}f(\xi_i)\Delta x_i$ 为无限个无穷小量之和. 从数学角度上讲,定积分是一种特殊类型的 $0\cdot\infty$ 型未定式极限. 但是直接计算这种极限是非常复杂的,既然例 2 说明定积分与不定积分有着内在的联系,因此必须寻找通过不定积分求定积分的具体途径.

§5.2 变上限定积分

考虑函数 $f(x)$,它在闭区间 $[a,b]$ 上连续,因而定积分 $\int_a^b f(x)\mathrm{d}x$ 是存在的. 定积分的值取决于被积函数 $f(x)$ 的对应关系"f"及积分下限 a、积分上限 b. 若被积函数 $f(x)$ 的对应关系"f"确定不变,积分下限 a 固定,只有积分上限 b 变化,则称这样的定积分为变上限定积分. 不妨用变量记号 x 表示变上限定积分的积分上限,这时对于闭区间 $[a,b]$ 上每一点 x,恒有一

个定积分值与之对应，因此变上限定积分为积分上限 x 的函数，记作

$$\Phi(x)=\int_a^x f(x)\mathrm{d}x \quad (a\leqslant x\leqslant b)$$

注意到函数 $\Phi(x)$ 为积分上限 x 的函数，而不是积分变量 x 的函数，为避免混淆，根据 §5.1 定理 5.1，将积分变量记号 x 改写为 t，于是

$$\Phi(x)=\int_a^x f(t)\mathrm{d}t \quad (a\leqslant x\leqslant b)$$

下面给出反映变上限定积分重要性质的定理.

定理 5.3　如果函数 $f(x)$ 在闭区间 $[a,b]$ 上连续，则函数 $\Phi(x)=\int_a^x f(t)\mathrm{d}t$ 在闭区间 $[a,b]$ 上可导，且一阶导数

$$\Phi'(x)=\frac{\mathrm{d}}{\mathrm{d}x}\int_a^x f(t)\mathrm{d}t=f(x) \quad (a\leqslant x\leqslant b)$$

证：对应于自变量改变量 $\Delta x\neq 0$，函数 $\Phi(x)$ 取得改变量

$$\begin{aligned}\Delta\Phi&=\Phi(x+\Delta x)-\Phi(x)=\int_a^{x+\Delta x}f(t)\mathrm{d}t-\int_a^x f(t)\mathrm{d}t\\&=\left(\int_a^x f(t)\mathrm{d}t+\int_x^{x+\Delta x}f(t)\mathrm{d}t\right)-\int_a^x f(t)\mathrm{d}t=\int_x^{x+\Delta x}f(t)\mathrm{d}t\end{aligned}$$

根据 §5.1 定理 5.2，在点 x 与 $x+\Delta x$ 之间至少存在一点 η，使得

$$\int_x^{x+\Delta x}f(t)\mathrm{d}t=f(\eta)[(x+\Delta x)-x]$$

即有

$$\int_x^{x+\Delta x}f(t)\mathrm{d}t=f(\eta)\Delta x$$

因而得到函数改变量

$$\Delta\Phi=f(\eta)\Delta x$$

即比值

$$\frac{\Delta\Phi}{\Delta x}=f(\eta)$$

注意到点 η 在点 x 与 $x+\Delta x$ 之间，当 $\Delta x\to 0$ 时，当然有 $\eta\to x$；又由于函数 $f(x)$ 连续，因而有 $f(\eta)\to f(x)$. 说明当 $\Delta x\to 0$ 时，比值 $\frac{\Delta\Phi}{\Delta x}$ 的极限存在，所以函数 $\Phi(x)=\int_a^x f(t)\mathrm{d}t$ 在闭区间 $[a,b]$ 上可导，且一阶导数

$$\Phi'(x)=\frac{\mathrm{d}}{\mathrm{d}x}\int_a^x f(t)\mathrm{d}t=\lim_{\Delta x\to 0}\frac{\Delta\Phi}{\Delta x}=\lim_{\eta\to x}f(\eta)=f(x) \quad (a\leqslant x\leqslant b)$$

这个定理说明：在被积函数连续的条件下，变上限定积分对积分上限 x 的一阶导数等于将被积函数表达式中的变量记号 t 改写为积分上限 x 所得到的函数，而与积分下限 a（常数）无关.

根据这个定理，函数 $\Phi(x)=\int_a^x f(t)\mathrm{d}t$ 为连续函数 $f(x)$ 在闭区间 $[a,b]$ 上的一个原函数. 说明连续函数一定存在原函数，这正是 §4.1 关于原函数存在性的结论. 当然，对于中间变量 $u=u(x)$，这个定理可以推广为

$$\frac{d}{du}\int_a^u f(t)dt = f(u)$$

例 1 单项选择题

一阶导数$\frac{d}{dx}\int_0^1 \arctan x dx = ($ $)$.

(a)0 (b) $\frac{\pi}{4}$

(c)$\arctan x$ (d) $\frac{1}{1+x^2}$

解:由于积分下限与积分上限都是常数,从而定积分$\int_0^1 \arctan x dx$ 是一个常数,不是变上限定积分,它的一阶导数当然等于零,即

$$\frac{d}{dx}\int_0^1 \arctan x dx = 0$$

这个正确答案恰好就是备选答案(a),所以选择(a).

例 2 填空题

一阶导数$\frac{d}{dx}\int_0^x \sin e^t dt =$ ______.

解:所给定积分$\int_0^x \sin e^t dt$ 是变上限定积分,根据定理 5.3,它对自变量 x 的一阶导数等于将被积函数 $\sin e^t$ 中的变量记号 t 改写为积分上限 x 所得到的函数 $\sin e^x$,即有

$$\frac{d}{dx}\int_0^x \sin e^t dt = \sin e^x$$

于是应将"$\sin e^x$"直接填在空内.

注意:不要把变上限定积分$\int_0^x \sin e^t dt$ 对上限 x 的一阶导数误认为函数 $\sin e^x$ 对上限 x 的一阶导数,即

$$\frac{d}{dx}\int_0^x \sin e^t dt \neq \frac{d}{dx}\sin e^x = \cos e^x \cdot (e^x)' = e^x \cos e^x$$

例 3 填空题

一阶导数$\frac{d}{dx}\int_x^0 \sin e^t dt =$ ______.

解:所给定积分$\int_x^0 \sin e^t dt$ 是变下限定积分,不能直接根据定理 5.3 求它的一阶导数. 但是应用 §5.1 定积分基本运算法则 3,可以把它化为变上限定积分,然后根据定理 5.3 求它的一阶导数,因此所求一阶导数

$$\frac{d}{dx}\int_x^0 \sin e^t dt = \frac{d}{dx}\left(-\int_0^x \sin e^t dt\right) = -\sin e^x$$

于是应将"$-\sin e^x$"直接填在空内.

例 4 求函数 $y = \int_0^{\sqrt{x}} \sin e^t dt$ 的一阶导数.

解:由于变上限定积分$\int_0^{\sqrt{x}} \sin e^t dt$ 为积分上限$\sqrt{x}$ 的函数,而积分上限$\sqrt{x}$ 又为自变量 x 的

函数，于是变上限定积分$\int_0^{\sqrt{x}}\sin e^t\mathrm{d}t$为自变量$x$的复合函数，即变量$y$为自变量$x$的复合函数. 引进中间变量$u=\sqrt{x}$，将所给复合函数$y=\int_0^{\sqrt{x}}\sin e^t\mathrm{d}t$分解为

$$y=\int_0^u\sin e^t\mathrm{d}t \text{ 与 } u=\sqrt{x}$$

根据§2.4复合函数导数运算法则与定理5.3的推广，所以所求一阶导数

$$y'=y'_u\,u'=\frac{\mathrm{d}}{\mathrm{d}u}\int_0^u\sin e^t\mathrm{d}t\cdot(\sqrt{x})'=\sin e^u\cdot(\sqrt{x})'=\sin e^{\sqrt{x}}\cdot(\sqrt{x})'=\frac{\sin e^{\sqrt{x}}}{2\sqrt{x}}$$

例 5　求极限$\lim\limits_{x\to0}\dfrac{\int_0^x\arctan t\mathrm{d}t}{x^2}$.

解：应用§5.1定积分基本运算法则4，当$x\to0$时，变上限定积分

$$\int_0^x\arctan t\mathrm{d}t\to\int_0^0\arctan t\mathrm{d}t=0$$

因而所求极限为$\dfrac{0}{0}$型未定式极限，再应用§3.1洛必达法则求解，根据定理5.3，所以所求极限

$$\begin{aligned}&\lim_{x\to0}\frac{\int_0^x\arctan t\mathrm{d}t}{x^2}\quad\left(\frac{0}{0}\text{型}\right)\\=&\lim_{x\to0}\frac{\arctan x}{2x}\quad\left(\frac{0}{0}\text{型}\right)\\=&\lim_{x\to0}\frac{\frac{1}{1+x^2}}{2}=\frac{1}{2}\end{aligned}$$

例 6　已知变上限定积分$\int_a^x f(t)\mathrm{d}t=5x^3+40$，求一阶导数$f'(x)$与常数$a$.

解：关系式$\int_a^x f(t)\mathrm{d}t=5x^3+40$等号两端皆对自变量$x$求一阶导数，根据定理5.3，得到函数

$$f(x)=15x^2$$

所以所求一阶导数

$$f'(x)=30x$$

关系式$\int_a^x f(t)\mathrm{d}t=5x^3+40$在点$x=a$处当然成立，有

$$\int_a^a f(t)\mathrm{d}t=5a^3+40$$

应用§5.1定积分基本运算法则4，得到关系式

$$0=5a^3+40$$

所以常数

$$a=-2$$

§5.3　牛顿-莱不尼兹公式

§5.1 例 2 说明定积分与不定积分有着内在的联系，§5.2 定理 5.3 又建立了定积分与原函数两个不同概念之间的具体联系，自然会提出这样的问题：如何通过原函数求定积分？牛顿(Newton)-莱不尼兹(Leibniz)公式解决了这个问题.

牛顿-莱不尼兹公式　如果函数 $f(x)$ 在闭区间 $[a,b]$ 上连续，且函数 $F(x)$ 为 $f(x)$ 在闭区间 $[a,b]$ 上的一个原函数，则定积分

$$\int_a^b f(x)\mathrm{d}x = F(b) - F(a)$$

证：由于函数 $F(x)$ 为 $f(x)$ 在闭区间 $[a,b]$ 上的一个原函数，又根据 §5.2 定理 5.3，函数 $\Phi(x) = \int_a^x f(t)\mathrm{d}t$ 也为 $f(x)$ 在闭区间 $[a,b]$ 上的一个原函数，再根据 §4.1 定理 4.1，因而这两个原函数之间的关系为

$$\Phi(x) = F(x) + c_0 \quad (a \leqslant x \leqslant b)$$

即有

$$\int_a^x f(t)\mathrm{d}t = F(x) + c_0 \quad (a \leqslant x \leqslant b)$$

其中 c_0 为常数.

当 $x = a$ 时，有关系式

$$\int_a^a f(t)\mathrm{d}t = F(a) + c_0$$

应用 §5.1 定积分基本运算法则 4，有

$$0 = F(a) + c_0$$

从而确定常数

$$c_0 = -F(a)$$

当 $x = b$ 时，有关系式

$$\int_a^b f(t)\mathrm{d}t = F(b) + c_0 = F(b) - F(a)$$

再将积分变量记号 t 改写为 x，所以定积分

$$\int_a^b f(x)\mathrm{d}x = F(b) - F(a)$$

通常以记号 $F(x)\Big|_a^b$ 表示差 $F(b) - F(a)$，于是牛顿-莱不尼兹公式记作

$$\int_a^b f(x)\mathrm{d}x = F(x)\Big|_a^b$$

牛顿-莱不尼兹公式把求定积分归结为求原函数，深刻揭示定积分与不定积分的内在联系，体现微积分主要运算的一般规律，因此也称它为微积分基本定理.

根据牛顿-莱不尼兹公式，求定积分 $\int_a^b f(x)\mathrm{d}x$ 的步骤如下：

步骤 1 求出被积函数 $f(x)$ 的一个原函数 $F(x)$;

步骤 2 计算原函数 $F(x)$ 从积分下限 a 到积分上限 b 的改变量 $F(b)-F(a)$.

值得注意的是:被积函数 $f(x)$ 有无限个原函数,选取不同的原函数会不会影响所求定积分 $\int_a^b f(x)\mathrm{d}x$ 的值?若函数 $F(x)$ 为 $f(x)$ 的任意一个原函数,则函数 $F(x)+c_0$(c_0 为一个常数)也为 $f(x)$ 的原函数,于是定积分

$$\int_a^b f(x)\mathrm{d}x=(F(x)+c_0)\Big|_a^b=(F(b)+c_0)-(F(a)+c_0)=F(b)-F(a)$$

这说明定积分的值与原函数的选取无关,当然应该选取表达式最简单即表达式中常数项为零的原函数计算定积分.

在计算定积分时,应该明确:积分变量从积分下限变化到积分上限,在积分区间上取值.若能够直接应用 §4.2 不定积分基本公式或 §4.4 不定积分第一换元积分法则求出原函数,则直接应用牛顿-莱不尼兹公式求定积分.

应用牛顿-莱不尼兹公式,考虑常量函数 $y=0$ 在任意闭区间 $[a,b]$ 上的定积分,注意到常量函数 $y=0$ 的一个原函数为 $F(x)=0$,有

$$\int_a^b 0\mathrm{d}x=0\Big|_a^b=0-0=0$$

说明常量函数 $y=0$ 在任意闭区间上的定积分值一定等于零.

例 1 求定积分 $\int_{-1}^2(9x^2+4x)\mathrm{d}x$.

解: $\int_{-1}^2(9x^2+4x)\mathrm{d}x=(3x^3+2x^2)\Big|_{-1}^2=32-(-1)=33$

例 2 求定积分 $\int_0^{\frac{\pi}{2}}\left(\frac{1}{2}+\sin x\right)\mathrm{d}x$.

解: $\int_0^{\frac{\pi}{2}}\left(\frac{1}{2}+\sin x\right)\mathrm{d}x=\left(\frac{1}{2}x-\cos x\right)\Big|_0^{\frac{\pi}{2}}=\frac{\pi}{4}-(-1)=\frac{\pi}{4}+1$

例 3 求定积分 $\int_0^1(x-1)^9\mathrm{d}x$.

解: $\int_0^1(x-1)^9\mathrm{d}x=\int_0^1(x-1)^9\mathrm{d}(x-1)=\frac{1}{10}(x-1)^{10}\Big|_0^1=\frac{1}{10}\times(0-1)=-\frac{1}{10}$

例 4 求定积分 $\int_0^4\frac{1}{1+2x}\mathrm{d}x$.

解: $\int_0^4\frac{1}{1+2x}\mathrm{d}x=\frac{1}{2}\int_0^4\frac{1}{1+2x}\mathrm{d}(1+2x)=\frac{1}{2}\ln|1+2x|\Big|_0^4=\frac{1}{2}(\ln 9-\ln 1)=\ln 3$

例 5 求定积分 $\int_{-2}^0\frac{x}{(1+x^2)^2}\mathrm{d}x$.

解: $\int_{-2}^0\frac{x}{(1+x^2)^2}\mathrm{d}x$

$$=\frac{1}{2}\int_{-2}^0\frac{1}{(1+x^2)^2}\mathrm{d}(1+x^2)=-\frac{1}{2(1+x^2)}\Big|_{-2}^0=-\left(\frac{1}{2}-\frac{1}{10}\right)=-\frac{2}{5}$$

例 6 求定积分$\int_1^4 \frac{e^{\sqrt{x}}}{\sqrt{x}}dx$.

解:$\int_1^4 \frac{e^{\sqrt{x}}}{\sqrt{x}}dx = 2\int_1^4 e^{\sqrt{x}}d(\sqrt{x}) = 2e^{\sqrt{x}}\Big|_1^4 = 2(e^2 - e) = 2e^2 - 2e$

例 7 求定积分$\int_1^e \frac{\ln x}{x}dx$.

解:$\int_1^e \frac{\ln x}{x}dx = \int_1^e \ln x d(\ln x) = \frac{1}{2}\ln^2 x\Big|_1^e = \frac{1}{2}\times(1-0) = \frac{1}{2}$

例 8 求定积分$\int_0^3 \frac{e^x}{1+e^x}dx$.

解:$\int_0^3 \frac{e^x}{1+e^x}dx = \int_0^3 \frac{1}{1+e^x}d(1+e^x) = \ln(1+e^x)\Big|_0^3 = \ln(1+e^3) - \ln 2 = \ln\frac{1+e^3}{2}$

在例3至例8中,应用§4.4不定积分第一换元积分法则求出原函数,这时自变量x始终从积分下限变化到积分上限,不要误认为中间变量u从积分下限变化到积分上限.

例 9 填空题

若定积分$\int_0^1 (2x+k)dx = 0$,则常数$k =$ ______.

解:计算定积分

$$\int_0^1 (2x+k)dx = (x^2+kx)\Big|_0^1 = (1+k) - 0 = 1+k$$

再从已知条件得到关系式$1+k=0$,因此常数

$$k = -1$$

于是应将“-1”直接填在空内.

例 10 填空题

连续函数$f(x) = \frac{1}{\sqrt[3]{x}}$在闭区间$[1,8]$上的平均值$\bar{f} =$ ______.

解:根据§5.1的结论,连续函数$f(x) = \frac{1}{\sqrt[3]{x}}$在闭区间$[1,8]$上的平均值

$$\bar{f} = \frac{1}{8-1}\int_1^8 \frac{1}{\sqrt[3]{x}}dx = \frac{3}{14}\sqrt[3]{x^2}\Big|_1^8 = \frac{3}{14}\times(4-1) = \frac{9}{14}$$

于是应将“$\frac{9}{14}$”直接填在空内.

例 11 单项选择题

已知函数$f(x)$的一阶导数$f'(x)$在闭区间$[1,3]$上连续,则定积分$\int_2^6 f'\left(\frac{x}{2}\right)dx =$ ( ).

(a) $\frac{1}{2}(f(3) - f(1))$ (b) $f(3) - f(1)$

(c) $2(f(3) - f(1))$ (d) $4(f(3) - f(1))$

解:根据牛顿-莱不尼兹公式,并注意到被积函数 $f'\left(\frac{x}{2}\right)$ 是复合函数 $f\left(\frac{x}{2}\right)$ 对中间变量 $u=\frac{x}{2}$ 的一阶导数,它若再对中间变量 $u=\frac{x}{2}$ 求不定积分,则一个原函数为复合函数 $f\left(\frac{x}{2}\right)$,因此定积分

$$\int_2^6 f'\left(\frac{x}{2}\right)\mathrm{d}x = 2\int_2^6 f'\left(\frac{x}{2}\right)\mathrm{d}\left(\frac{x}{2}\right) = 2f\left(\frac{x}{2}\right)\Big|_2^6 = 2(f(3)-f(1))$$

这个正确答案恰好就是备选答案(c),所以选择(c).

例 12　已知某产品在前 t 年的总产量 $x(t)$ 在第 t 年的瞬时变化率为

$$x'(t) = 2t+5 \quad (t \geqslant 0)$$

求第二个 5 年的产量 X.

解:这个问题已在 §4.2 例 18 应用不定积分得到结果,下面再应用定积分求解,以便加深理解不定积分与定积分的内在联系. 注意到第二个 5 年的产量 X 为第 5 年末到第 10 年末这一段时间间隔内的产量,根据 §5.1 的结论,它等于瞬时变化率 $x'(t)$ 在时间闭区间[5,10]上的定积分,有

$$X = \int_5^{10} x'(t)\mathrm{d}t = \int_5^{10}(2t+5)\mathrm{d}t = (t^2+5t)\Big|_5^{10} = 150-50 = 100$$

这个结果与 §4.2 例 18 应用不定积分得到的结果是相同的.

例 13　单项选择题

已知函数 $f(x)$ 在闭区间$[a,b]$上连续,且函数 $F(x)$ 为 $f(x)$ 的一个原函数,则当(　　)时,定积分 $\int_a^b f(x)\mathrm{d}x$ 的值不一定等于零.

(a) $a=b$　　　　(b) $f(x)=0 \quad (a \leqslant x \leqslant b)$

(c) $f(a)=f(b)$　　　　(d) $F(a)=F(b)$

解:可以依次对备选答案进行判别. 首先考虑备选答案(a):当 $a=b$ 时,根据定积分基本运算法则 4,定积分 $\int_a^b f(x)\mathrm{d}x$ 的值一定等于零,从而备选答案(a)落选;

其次考虑备选答案(b):当 $f(x)=0(a \leqslant x \leqslant b)$ 时,由于常量函数 $y=0$ 在任意闭区间上的定积分的值一定等于零,于是定积分 $\int_a^b f(x)\mathrm{d}x$ 的值一定等于零,从而备选答案(b)落选;

再考虑备选答案(c):注意到仅满足 $f(a)=f(b)$ 这个条件,定积分 $\int_a^b f(x)\mathrm{d}x$ 的值可能等于零,也可能不等于零,如被积函数 $f(x)=\cos x$,若积分区间为闭区间$[0,2\pi]$,端点函数值 $f(0)=f(2\pi)=1$,这时定积分

$$\int_0^{2\pi} f(x)\mathrm{d}x = \int_0^{2\pi}\cos x\mathrm{d}x = \sin x\Big|_0^{2\pi} = 0-0 = 0$$

若积分区间为闭区间$\left[-\frac{\pi}{2},\frac{\pi}{2}\right]$,端点函数值$f\left(-\frac{\pi}{2}\right)=f\left(\frac{\pi}{2}\right)=0$,这时定积分

$$\int_{-\frac{\pi}{2}}^{\frac{\pi}{2}} f(x)\mathrm{d}x=\int_{-\frac{\pi}{2}}^{\frac{\pi}{2}}\cos x\mathrm{d}x=\sin x\Big|_{-\frac{\pi}{2}}^{\frac{\pi}{2}}=1-(-1)=2\neq 0$$

说明当$f(a)=f(b)$时,定积分$\int_a^b f(x)\mathrm{d}x$的值不一定等于零,从而备选答案(c)当选,所以选择(c).

至于备选答案(d):当$F(a)=F(b)$时,根据牛顿-莱不尼兹公式,显然所给定积分$\int_a^b f(x)\mathrm{d}x=F(b)-F(a)$,它的值一定等于零,从而备选答案(d)落选,进一步说明选择(c)是正确的.

考虑有界分段函数$f(x)$在闭区间$[a,b]$上的定积分,其分界点将积分区间$[a,b]$分成几个小闭区间,根据§5.1定积分基本运算法则5,其在闭区间$[a,b]$上的定积分等于在这几个小闭区间上的定积分之和.至多适当改变被积函数在分段积分区间端点处的函数值,就可以使得它在分段积分区间上连续,根据§5.1定积分的定义,这样做不影响定积分的值,再应用牛顿-莱不尼兹公式求得结果.

有界分段函数定积分的计算可以概括为:分段积分,然后相加.

例 14 求定积分$\int_{-1}^{2}|x|\mathrm{d}x$.

解:所求定积分的积分区间为闭区间$[-1,2]$,说明积分变量x从积分下限-1变化到积分上限2,当然经过被积函数$|x|$的分界点$x=0$,因而被积函数$|x|$的分界点$x=0$将积分区间$[-1,2]$分成两个小闭区间:$[-1,0]$与$[0,2]$.根据绝对值的概念,当积分变量x从点$x=-1$变化到点$x=0$时,被积函数$|x|=-x$;当积分变量x从点$x=0$变化到点$x=2$时,被积函数$|x|=x$.所以定积分

$$\begin{aligned}&\int_{-1}^{2}|x|\mathrm{d}x\\&=\int_{-1}^{0}|x|\mathrm{d}x+\int_{0}^{2}|x|\mathrm{d}x=-\int_{-1}^{0}x\mathrm{d}x+\int_{0}^{2}x\mathrm{d}x=-\frac{1}{2}x^2\Big|_{-1}^{0}+\frac{1}{2}x^2\Big|_{0}^{2}\\&=-\frac{1}{2}\times(0-1)+\frac{1}{2}\times(4-0)=\frac{5}{2}\end{aligned}$$

例 15 已知分段函数

$$f(x)=\begin{cases}\mathrm{e}^x, & 0\leqslant x\leqslant 1\\3x^2, & 1<x\leqslant 2\end{cases}$$

求定积分$\int_0^2 f(x)\mathrm{d}x$.

解:被积函数$f(x)$的分界点$x=1$将积分区间$[0,2]$分成两个小闭区间:$[0,1]$与$[1,2]$.当积分变量x从点$x=0$变化到点$x=1$时,被积函数$f(x)=\mathrm{e}^x$;当积分变量x从点$x=1$变化到点$x=2$时,被积函数$f(x)=3x^2$.所以定积分

$$\begin{aligned}&\int_0^2 f(x)\mathrm{d}x\\&=\int_0^1 f(x)\mathrm{d}x+\int_1^2 f(x)\mathrm{d}x=\int_0^1\mathrm{e}^x\mathrm{d}x+\int_1^2 3x^2\mathrm{d}x=\mathrm{e}^x\Big|_0^1+x^3\Big|_1^2=(\mathrm{e}-1)+(8-1)\\&=\mathrm{e}+6\end{aligned}$$

在应用牛顿-莱不尼兹公式求定积分时，必须注意被积函数在积分区间上连续这个条件. 若被积函数在积分区间上某点处间断且无界，当然不可积，则不能直接应用牛顿-莱不尼兹公式求解. 如由于函数 $f(x)=\dfrac{1}{x^2}$ 在闭区间 $[-1,1]$ 上点 $x=0$ 处间断且无界，因而积分

$$\int_{-1}^{1}\frac{1}{x^2}\mathrm{d}x\neq -\frac{1}{x}\Big|_{-1}^{1}=-2$$

§5.4　定积分换元积分法则

对应于不定积分第二换元积分法则，有定积分换元积分法则，它是计算定积分的一种重要方法.

定积分换元积分法则　已知函数 $f(x)$ 在闭区间 $[a,b]$ 上连续，对定积分 $\int_a^b f(x)\mathrm{d}x$ 作变量代换 $x=\varphi(t)$. 如果函数 $x=\varphi(t)$ 在闭区间 $[\alpha,\beta]$ 上单调可导，一阶导数 $\varphi'(t)$ 在闭区间 $[\alpha,\beta]$ 上连续，且函数值 $\varphi(\alpha)=a$，$\varphi(\beta)=b$，则定积分

$$\int_a^b f(x)\mathrm{d}x=\int_\alpha^\beta f(\varphi(t))\varphi'(t)\mathrm{d}t$$

证：由于函数 $f(x)$ 在闭区间 $[a,b]$ 上连续，从而函数 $f(x)$ 在闭区间 $[a,b]$ 上存在原函数，设函数 $F(x)$ 为 $f(x)$ 在闭区间 $[a,b]$ 上的一个原函数，根据 §5.3 牛顿-莱不尼兹公式，有定积分

$$\int_a^b f(x)\mathrm{d}x=F(b)-F(a)$$

由于函数 $F(x)$ 为 $f(x)$ 在闭区间 $[a,b]$ 上的一个原函数，从而有微分

$$\mathrm{d}F(x)=F'(x)\mathrm{d}x=f(x)\mathrm{d}x$$

根据 §2.7 定理 2.5 关于微分形式不变性的结论，当变量 x 不是自变量而是中间变量，即变量 x 为自变量 t 的函数 $x=\varphi(t)$ 时，同样有微分

$$\mathrm{d}F(x)=f(x)\mathrm{d}x$$

即有

$$\mathrm{d}F(\varphi(t))=f(\varphi(t))\mathrm{d}\varphi(t)=f(\varphi(t))\varphi'(t)\mathrm{d}t$$

因而得到一阶导数

$$(F(\varphi(t)))'=f(\varphi(t))\varphi'(t)$$

这说明函数 $F(\varphi(t))$ 为 $f(\varphi(t))\varphi'(t)$ 的一个原函数. 根据 §5.3 牛顿-莱不尼兹公式，有定积分

$$\int_\alpha^\beta f(\varphi(t))\varphi'(t)\mathrm{d}t=F(\varphi(\beta))-F(\varphi(\alpha))=F(b)-F(a)$$

所以得到定积分

$$\int_a^b f(x)\mathrm{d}x=\int_\alpha^\beta f(\varphi(t))\varphi'(t)\mathrm{d}t$$

这个法则说明:对定积分$\int_a^b f(x)\mathrm{d}x$在作变量代换$x=\varphi(t)$的同时,必须相应替换积分限.换限时要注意:换元后的积分下限对应于换元前的积分下限,换元后的积分上限对应于换元前的积分上限;在换元前的积分下限小于换元前的积分上限的情况下,换元后的积分下限不一定小于换元后的积分上限.这样将原积分变量为变量x的定积分化为新积分变量为变量t的定积分,当变量代换后的原函数解出后,不必将原函数表达式中的变量t用$\varphi^{-1}(x)$代回,只要变量t分别用换元后的积分上限、积分下限代入得到的原函数值相减,就得到所求定积分的值.

定积分换元积分法则可以概括为:既换元又换限.

若定积分被积函数含根式$\sqrt[n]{ax+b}$(a,b为常数,且$a\neq 0$;n为大于1的正整数),则可以令变量

$$t=\sqrt[n]{ax+b}$$

即作变量代换

$$x=\frac{1}{a}(t^n-b)$$

同时换限,根据§5.3牛顿-莱不尼兹公式求得结果.

例1 求定积分$\int_0^1 x\sqrt{1-x}\mathrm{d}x$.

解:令变量$t=\sqrt{1-x}$,即作变量代换$x=1-t^2$ $(t\geqslant 0)$,从而微分$\mathrm{d}x=-2t\mathrm{d}t$;当$x=0$时,$t=1$,当$x=1$时,$t=0$,所以定积分

$$\begin{aligned}&\int_0^1 x\sqrt{1-x}\mathrm{d}x\\&=\int_1^0(1-t^2)t(-2t\mathrm{d}t)=2\int_0^1(t^2-t^4)\mathrm{d}t=2\left(\frac{1}{3}t^3-\frac{1}{5}t^5\right)\Big|_0^1=2\times\left(\frac{2}{15}-0\right)=\frac{4}{15}\end{aligned}$$

例2 求定积分$\int_0^4\frac{1}{\sqrt{x}+1}\mathrm{d}x$.

解:令变量$t=\sqrt{x}$,即作变量代换$x=t^2(t\geqslant 0)$,从而微分$\mathrm{d}x=2t\mathrm{d}t$;当$x=0$时,$t=0$,当$x=4$时,$t=2$,所以定积分

$$\begin{aligned}&\int_0^4\frac{1}{\sqrt{x}+1}\mathrm{d}x\\&=\int_0^2\frac{1}{t+1}\cdot 2t\mathrm{d}t=2\int_0^2\frac{(t+1)-1}{t+1}\mathrm{d}t=2\int_0^2\left(1-\frac{1}{t+1}\right)\mathrm{d}t=2(t-\ln|t+1|)\Big|_0^2\\&=2[(2-\ln 3)-0]=4-2\ln 3\end{aligned}$$

例3 求定积分$\int_1^3\frac{\sqrt{x}}{x+1}\mathrm{d}x$.

解:令变量$t=\sqrt{x}$,即作变量代换$x=t^2(t\geqslant 0)$,从而微分$\mathrm{d}x=2t\mathrm{d}t$;当$x=1$时,$t=1$,当$x=3$时,$t=\sqrt{3}$,所以定积分

$$\int_1^3 \frac{\sqrt{x}}{x+1}\mathrm{d}x$$

$$= \int_1^{\sqrt{3}} \frac{t}{t^2+1}\cdot 2t\mathrm{d}t = 2\int_1^{\sqrt{3}} \frac{(t^2+1)-1}{t^2+1}\mathrm{d}t = 2\int_1^{\sqrt{3}}\left(1-\frac{1}{t^2+1}\right)\mathrm{d}t = 2(t-\arctan t)\Big|_1^{\sqrt{3}}$$

$$= 2\left[\left(\sqrt{3}-\frac{\pi}{3}\right)-\left(1-\frac{\pi}{4}\right)\right] = 2\sqrt{3}-2-\frac{\pi}{6}$$

例 4　求定积分$\int_0^8 \frac{1}{\sqrt[3]{x}+1}\mathrm{d}x$.

解:令变量 $t=\sqrt[3]{x}$,即作变量代换 $x=t^3$,从而微分 $\mathrm{d}x=3t^2\mathrm{d}t$;当 $x=0$ 时,$t=0$,当 $x=8$ 时,$t=2$,所以定积分

$$\int_0^8 \frac{1}{\sqrt[3]{x}+1}\mathrm{d}x$$

$$= \int_0^2 \frac{1}{t+1}\cdot 3t^2\mathrm{d}t = 3\int_0^2 \frac{(t^2-1)+1}{t+1}\mathrm{d}t = 3\int_0^2\left(t-1+\frac{1}{t+1}\right)\mathrm{d}t$$

$$= 3\left(\frac{1}{2}t^2-t+\ln|t+1|\right)\Big|_0^2 = 3(\ln 3-0) = 3\ln 3$$

例 5　单项选择题

已知函数 $f(x)$ 在闭区间$[a,b]$上连续,k 为非零常数,若作变量代换 $x=kt$,则定积分$\int_a^b f(x)\mathrm{d}x$ 化为(　　).

(a) $\frac{1}{k}\int_{\frac{a}{k}}^{\frac{b}{k}} f(kt)\mathrm{d}t$　　　　(b) $k\int_{\frac{a}{k}}^{\frac{b}{k}} f(kt)\mathrm{d}t$

(c) $\frac{1}{k}\int_{ka}^{kb} f(kt)\mathrm{d}t$　　　　(d) $k\int_{ka}^{kb} f(kt)\mathrm{d}t$

解:定积分换元积分法则的要点是既换元又换限,对定积分$\int_a^b f(x)\mathrm{d}x$ 作变量代换 $x=kt$,从而微分 $\mathrm{d}x=k\mathrm{d}t$;当 $x=a$ 时,$t=\frac{a}{k}$,当 $x=b$ 时,$t=\frac{b}{k}$,因此定积分

$$\int_a^b f(x)\mathrm{d}x = \int_{\frac{a}{k}}^{\frac{b}{k}} f(kt)k\mathrm{d}t = k\int_{\frac{a}{k}}^{\frac{b}{k}} f(kt)\mathrm{d}t$$

这个正确答案恰好就是备选答案(b),所以选择(b).

应用定积分换元积分法则及 §5.1 定理 5.1 关于定积分与积分变量记号无关的结论,讨论奇函数在关于原点的对称闭区间上的定积分.

定理 5.4　已知函数 $f(x)$ 在关于原点的对称闭区间$[-a,a]$$(a>0)$ 上连续,如果函数 $f(x)$ 为奇函数,则定积分

$$\int_{-a}^a f(x)\mathrm{d}x = 0$$

证:根据 §5.1 定积分基本运算法则 5,定积分

$$\int_{-a}^a f(x)\mathrm{d}x = \int_{-a}^0 f(x)\mathrm{d}x + \int_0^a f(x)\mathrm{d}x$$

对定积分$\int_{-a}^{0}f(x)\mathrm{d}x$作变量代换$x=-t$,从而微分$\mathrm{d}x=-\mathrm{d}t$;当$x=-a$时,$t=a$,当$x=0$时,$t=0$. 再根据 §5.1 定积分基本运算法则 3,定积分

$$\int_{-a}^{0}f(x)\mathrm{d}x=\int_{a}^{0}f(-t)(-\mathrm{d}t)=\int_{0}^{a}f(-t)\mathrm{d}t$$

又根据 §5.1 定理 5.1 关于定积分与积分变量记号无关的结论,将积分变量记号t改写为x,因而定积分

$$\int_{-a}^{0}f(x)\mathrm{d}x=\int_{0}^{a}f(-x)\mathrm{d}x$$

因此得到定积分

$$\int_{-a}^{a}f(x)\mathrm{d}x=\int_{0}^{a}f(-x)\mathrm{d}x+\int_{0}^{a}f(x)\mathrm{d}x=\int_{0}^{a}(f(-x)+f(x))\mathrm{d}x$$

由于函数$f(x)$为奇函数,从而有关系式$f(-x)=-f(x)$,所以定积分

$$\int_{-a}^{a}f(x)\mathrm{d}x=\int_{0}^{a}(-f(x)+f(x))\mathrm{d}x=\int_{0}^{a}0\mathrm{d}x=0$$

例 6 求定积分$\int_{-2}^{2}\frac{\mathrm{e}^x-1}{\mathrm{e}^x+1}\mathrm{d}x$.

解:注意到积分区间$[-2,2]$是关于原点的对称闭区间,应该考察被积函数$f(x)=\frac{\mathrm{e}^x-1}{\mathrm{e}^x+1}$的奇偶性. 由于关系式

$$f(-x)=\frac{\mathrm{e}^{-x}-1}{\mathrm{e}^{-x}+1}$$

(分子、分母同乘以 e^x)

$$=\frac{1-\mathrm{e}^x}{1+\mathrm{e}^x}=-f(x)$$

因而被积函数$f(x)=\frac{\mathrm{e}^x-1}{\mathrm{e}^x+1}$为奇函数,所以定积分

$$\int_{-2}^{2}\frac{\mathrm{e}^x-1}{\mathrm{e}^x+1}\mathrm{d}x=0$$

例 7 填空题

定积分$\int_{-\pi}^{\pi}(x^2+\sin^5x)\mathrm{d}x=$______.

解:注意到积分区间$[-\pi,\pi]$是关于原点的对称闭区间,应该首先考察所给被积函数$f(x)=x^2+\sin^5x$的奇偶性. 由于关系式

$$f(-x)=(-x)^2+\sin^5(-x)=x^2+(-\sin x)^5=x^2-\sin^5x$$

它既不等于$-f(x)$,也不等于$f(x)$,说明被积函数$f(x)=x^2+\sin^5x$为非奇非偶函数. 尽管被积函数$f(x)$为非奇非偶函数,但其表达式中第 2 项$\sin^5x$却为奇函数,它在关于原点的对称闭区间$[-\pi,\pi]$上的定积分等于零. 因此所求定积分

$$\int_{-\pi}^{\pi}(x^2+\sin^5 x)\mathrm{d}x$$
$$=\int_{-\pi}^{\pi}x^2\mathrm{d}x+\int_{-\pi}^{\pi}\sin^5 x\mathrm{d}x=\frac{1}{3}x^3\Big|_{-\pi}^{\pi}+0=\frac{1}{3}[\pi^3-(-\pi)^3]=\frac{2\pi^3}{3}$$

于是应将“$\frac{2\pi^3}{3}$”直接填在空内.

应用定积分换元积分法则及§5.1定理5.1关于定积分与积分变量记号无关的结论,还可以证明两个定积分的值相等.

例8　证明:定积分

$$\int_0^1 x^m(1-x)^n\mathrm{d}x=\int_0^1(1-x)^m x^n\mathrm{d}x$$

其中 m,n 为正整数.

证:对定积分$\int_0^1 x^m(1-x)^n\mathrm{d}x$作变量代换 $x=1-t$,从而微分 $\mathrm{d}x=-\mathrm{d}t$;当$x=0$时,$t=1$,当 $x=1$ 时,$t=0$,根据 §5.1 定积分基本运算法则3,所以定积分

$$\int_0^1 x^m(1-x)^n\mathrm{d}x$$
$$=\int_1^0(1-t)^m[1-(1-t)]^n(-\mathrm{d}t)=\int_0^1(1-t)^m t^n\mathrm{d}t$$

(将积分变量记号 t 改写为 x)

$$=\int_0^1(1-x)^m x^n\mathrm{d}x$$

§5.5　定积分分部积分法则

对应于不定积分分部积分法则,有定积分分部积分法则,它是计算定积分的另外一种重要方法.

定积分分部积分法则　如果函数 $u=u(x)$,$v=v(x)$ 在闭区间$[a,b]$上都可导,且一阶导数 $u'(x)$,$v'(x)$ 在闭区间$[a,b]$上都连续,则定积分

$$\int_a^b u\mathrm{d}v=uv\Big|_a^b-\int_a^b v\mathrm{d}u$$

证:根据 §2.2 导数基本运算法则2,有一阶导数

$$(uv)'=u'v+uv'$$

即有

$$uv'=(uv)'-u'v$$

等号两端在闭区间$[a,b]$上皆取定积分,得到定积分

$$\int_a^b uv'\mathrm{d}x=\int_a^b(uv)'\mathrm{d}x-\int_a^b u'v\mathrm{d}x$$

根据 §2.7 函数微分表达式,有关系式 $u'\mathrm{d}x=\mathrm{d}u$,$v'\mathrm{d}x=\mathrm{d}v$,又由于任何函数都为其一阶导数的一个原函数,因此函数 uv 为其一阶导数$(uv)'$的一个原函数,所以定积分

$$\int_a^b u\mathrm{d}v=uv\Big|_a^b-\int_a^b v\mathrm{d}u$$

这个法则说明:所求定积分等于两项之差,被减项为原被积表达式中微分记号 d 前后两

个函数的积在积分区间上的改变量,减项为原被积表达式中微分记号 d 前后两个函数调换位置所构成的定积分. 这样就将所求定积分$\int_a^b u\mathrm{d}v$归结为求作为减项的定积分$\int_a^b v\mathrm{d}u$,再直接应用 §5.3 牛顿-莱不尼兹公式求解.

凡是需要应用不定积分分部积分法则求原函数的定积分,都应该应用定积分分部积分法则求解. 定积分分部积分法则主要能够解决对数函数、反三角函数的定积分及一部分但不是全部函数乘积的定积分,分下列两种基本情况讨论这些定积分.

1. 第一种基本情况

被积函数为对数函数或反三角函数,这时直接应用定积分分部积分法则求解.

例 1 求定积分$\int_1^2 \ln x\mathrm{d}x$.

解:$\int_1^2 \ln x\mathrm{d}x$

$$= x\ln x\Big|_1^2 - \int_1^2 x\mathrm{d}(\ln x) = (2\ln 2 - 0) - \int_1^2 x\frac{1}{x}\mathrm{d}x = 2\ln 2 - \int_1^2 \mathrm{d}x = 2\ln 2 - x\Big|_1^2$$

$$= 2\ln 2 - (2-1) = 2\ln 2 - 1$$

例 2 求定积分$\int_0^1 \arctan x\mathrm{d}x$.

解:$\int_0^1 \arctan x\mathrm{d}x$

$$= x\arctan x\Big|_0^1 - \int_0^1 x\mathrm{d}(\arctan x) = \left(\frac{\pi}{4} - 0\right) - \int_0^1 x\frac{1}{1+x^2}\mathrm{d}x = \frac{\pi}{4} - \frac{1}{2}\int_0^1 \frac{1}{1+x^2}\mathrm{d}(1+x^2)$$

$$= \frac{\pi}{4} - \frac{1}{2}\ln(1+x^2)\Big|_0^1 = \frac{\pi}{4} - \frac{1}{2}(\ln 2 - 0) = \frac{\pi}{4} - \frac{\ln 2}{2}$$

2. 第二种基本情况

(1) 被积函数为乘积 $x^n e^x$(n 为正整数),这时必须首先应用 §4.3 非线性凑微分将乘积 $e^x\mathrm{d}x$ 凑微分,然后应用定积分分部积分法则求解;

(2) 被积函数为乘积 $x^n\sin x$ 或 $x^n\cos x$(n 为正整数),这时必须首先应用 §4.3 非线性凑微分将乘积 $\sin x\mathrm{d}x$ 或 $\cos x\mathrm{d}x$ 凑微分,然后应用定积分分部积分法则求解;

(3) 被积函数为乘积 $x^\alpha\ln x$($\alpha \neq -1$),这时必须首先应用 §4.3 非线性凑微分将乘积 $x^\alpha\mathrm{d}x$ 凑微分,然后应用定积分分部积分法则求解;

(4) 被积函数为乘积 $x^n\arctan x$(n 为正整数),这时必须首先应用 §4.3 非线性凑微分将乘积 $x^n\mathrm{d}x$ 凑微分,然后应用定积分分部积分法则求解.

例 3 求定积分$\int_0^1 xe^x\mathrm{d}x$.

解:$\int_0^1 xe^x\mathrm{d}x = \int_0^1 x\mathrm{d}(e^x) = xe^x\Big|_0^1 - \int_0^1 e^x\mathrm{d}x = (e-0) - e^x\Big|_0^1 = e - (e-1) = 1$

例 4 求定积分$\int_0^{\frac{\pi}{2}} x\cos x\mathrm{d}x$.

解:$\int_0^{\frac{\pi}{2}} x\cos x\mathrm{d}x$

$=\int_0^{\frac{\pi}{2}} x\mathrm{d}(\sin x)=x\sin x\Big|_0^{\frac{\pi}{2}}-\int_0^{\frac{\pi}{2}}\sin x\mathrm{d}x=\left(\frac{\pi}{2}-0\right)+\cos x\Big|_0^{\frac{\pi}{2}}=\frac{\pi}{2}+(0-1)=\frac{\pi}{2}-1$

例 5 求定积分$\int_1^{\mathrm{e}} x\ln x\mathrm{d}x$.

解:$\int_1^{\mathrm{e}} x\ln x\mathrm{d}x$

$=\frac{1}{2}\int_1^{\mathrm{e}}\ln x\mathrm{d}(x^2)=\frac{1}{2}\left[x^2\ln x\Big|_1^{\mathrm{e}}-\int_1^{\mathrm{e}}x^2\mathrm{d}(\ln x)\right]=\frac{1}{2}\left[(\mathrm{e}^2-0)-\int_1^{\mathrm{e}}x^2\frac{1}{x}\mathrm{d}x\right]$

$=\frac{1}{2}\left(\mathrm{e}^2-\int_1^{\mathrm{e}}x\mathrm{d}x\right)=\frac{1}{2}\left(\mathrm{e}^2-\frac{1}{2}x^2\Big|_1^{\mathrm{e}}\right)=\frac{1}{2}\left[\mathrm{e}^2-\frac{1}{2}(\mathrm{e}^2-1)\right]=\frac{1}{2}\left(\frac{\mathrm{e}^2}{2}+\frac{1}{2}\right)$

$=\frac{\mathrm{e}^2}{4}+\frac{1}{4}$

例 6 求定积分$\int_0^1 x\arctan x\mathrm{d}x$.

解:$\int_0^1 x\arctan x\mathrm{d}x$

$=\frac{1}{2}\int_0^1\arctan x\mathrm{d}(1+x^2)=\frac{1}{2}\left[(1+x^2)\arctan x\Big|_0^1-\int_0^1(1+x^2)\mathrm{d}(\arctan x)\right]$

$=\frac{1}{2}\left[\left(\frac{\pi}{2}-0\right)-\int_0^1(1+x^2)\frac{1}{1+x^2}\mathrm{d}x\right]=\frac{1}{2}\left(\frac{\pi}{2}-\int_0^1\mathrm{d}x\right)=\frac{1}{2}\left(\frac{\pi}{2}-x\Big|_0^1\right)$

$=\frac{1}{2}\left[\frac{\pi}{2}-(1-0)\right]=\frac{\pi}{4}-\frac{1}{2}$

有时联合应用 §5.4 定积分换元积分法则与定积分分部积分法则求解定积分.

例 7 求定积分$\int_0^{\pi^2}\sin\sqrt{x}\mathrm{d}x$.

解:令变量 $t=\sqrt{x}$,即作变量代换 $x=t^2(t\geqslant 0)$,从而微分 $\mathrm{d}x=2t\mathrm{d}t$;当$x=0$ 时,$t=0$,当 $x=\pi^2$ 时,$t=\pi$,所以定积分

$$\int_0^{\pi^2}\sin\sqrt{x}\mathrm{d}x$$

$$=\int_0^{\pi}\sin t\cdot 2t\mathrm{d}t=2\int_0^{\pi}t\sin t\mathrm{d}t=-2\int_0^{\pi}t\mathrm{d}(\cos t)=-2\left(t\cos t\Big|_0^{\pi}-\int_0^{\pi}\cos t\mathrm{d}t\right)$$

$$=-2\left[(-\pi-0)-\sin t\Big|_0^{\pi}\right]=2\pi+2\times(0-0)=2\pi$$

§5.6 广义积分

上面所讨论的定积分是以有穷积分区间与有界被积函数为前提的,这样的定积分称为常义积分.但是在实际问题中,有时需要考虑有界函数在无穷区间上的积分,这样的积分称为广义积分.广义积分有三种基本情况:第一种是有界函数 $f(x)$ 在无穷区间$(-\infty,b]$上的

积分$\int_{-\infty}^{b} f(x)\mathrm{d}x$;第二种是有界函数 $f(x)$ 在无穷区间$[a,+\infty)$ 上的积分$\int_{a}^{+\infty} f(x)\mathrm{d}x$;第三种是有界函数 $f(x)$ 在无穷区间$(-\infty,+\infty)$ 上的积分$\int_{-\infty}^{+\infty} f(x)\mathrm{d}x$. 自然提出这样的问题:广义积分代表什么?广义积分与常义积分$\int_{a}^{b} f(x)\mathrm{d}x$ 之间有什么联系?显然,有穷闭区间$[a,b]$当左端点 $a\to-\infty$ 时的极限区间就是无穷区间$(-\infty,b]$,有穷闭区间$[a,b]$ 当右端点 $b\to+\infty$ 时的极限区间就是无穷区间$[a,+\infty)$,于是有下面的定义.

定义 5.2 已知函数 $f(x)$ 在有穷闭区间$[a,b]$ 上连续,那么:

(1) 当$a\to-\infty$ 时,若常义积分$\int_{a}^{b} f(x)\mathrm{d}x$ 的极限存在,则称广义积分$\int_{-\infty}^{b} f(x)\mathrm{d}x$ 收敛,记作

$$\int_{-\infty}^{b} f(x)\mathrm{d}x = \lim_{a\to-\infty}\int_{a}^{b} f(x)\mathrm{d}x$$

(2) 当 $b\to+\infty$ 时,若常义积分$\int_{a}^{b} f(x)\mathrm{d}x$ 的极限存在,则称广义积分$\int_{a}^{+\infty} f(x)\mathrm{d}x$ 收敛,记作

$$\int_{a}^{+\infty} f(x)\mathrm{d}x = \lim_{b\to+\infty}\int_{a}^{b} f(x)\mathrm{d}x$$

(3) 若广义积分$\int_{-\infty}^{0} f(x)\mathrm{d}x$ 与$\int_{0}^{+\infty} f(x)\mathrm{d}x$ 都收敛,则称广义积分$\int_{-\infty}^{+\infty} f(x)\mathrm{d}x$ 收敛,记作

$$\int_{-\infty}^{+\infty} f(x)\mathrm{d}x = \int_{-\infty}^{0} f(x)\mathrm{d}x + \int_{0}^{+\infty} f(x)\mathrm{d}x$$

若上述常义积分的极限不存在,则称相应的广义积分发散,这时它无意义,不代表任何数.

如何计算广义积分?如果函数 $F(x)$ 为被积函数 $f(x)$ 的一个原函数,分下列三种基本情况讨论广义积分.

1. 第一种基本情况

$$\begin{aligned}
&\int_{-\infty}^{b} f(x)\mathrm{d}x \\
&= \lim_{a\to-\infty}\int_{a}^{b} f(x)\mathrm{d}x = \lim_{a\to-\infty} F(x)\Big|_{a}^{b} = \lim_{a\to-\infty}(F(b)-F(a)) = F(b) - \lim_{a\to-\infty} F(a) \\
&= F(b) - \lim_{x\to-\infty} F(x) = F(x)\Big|_{-\infty}^{b}
\end{aligned}$$

2. 第二种基本情况

$$\begin{aligned}
&\int_{a}^{+\infty} f(x)\mathrm{d}x \\
&= \lim_{b\to+\infty}\int_{a}^{b} f(x)\mathrm{d}x = \lim_{b\to+\infty} F(x)\Big|_{a}^{b} = \lim_{b\to+\infty}(F(b)-F(a)) = \lim_{b\to+\infty} F(b) - F(a) \\
&= \lim_{x\to+\infty} F(x) - F(a) = F(x)\Big|_{a}^{+\infty}
\end{aligned}$$

3. 第三种基本情况

$$\int_{-\infty}^{+\infty} f(x)\mathrm{d}x = \int_{-\infty}^{0} f(x)\mathrm{d}x + \int_{0}^{+\infty} f(x)\mathrm{d}x = F(x)\Big|_{-\infty}^{0} + F(x)\Big|_{0}^{+\infty} = F(x)\Big|_{-\infty}^{+\infty}$$

上述讨论说明：广义积分的计算可以省略极限记号，写成 §5.3 牛顿-莱不尼兹公式的形式，当然，在原函数表达式中积分变量 x 用无穷积分限代入，意味着求极限运算. 在计算广义积分过程中，当然要用到第一章中有关极限的概念、定理与求极限的方法，而且经常应用下列函数的极限：

1. 指数函数 $y = \mathrm{e}^x$

观察指数函数 $y = \mathrm{e}^x$ 的图形，如图 5－2，容易得到极限

$$\lim_{x\to-\infty} \mathrm{e}^x = 0$$

$$\lim_{x\to+\infty} \mathrm{e}^x = +\infty$$

可以推广为

$$\lim_{u(x)\to-\infty} \mathrm{e}^{u(x)} = 0$$

$$\lim_{u(x)\to+\infty} \mathrm{e}^{u(x)} = +\infty$$

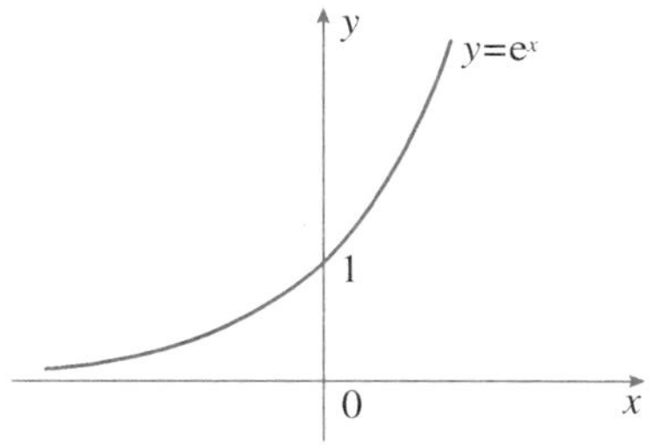

图 5－2

2. 对数函数 $y = \ln x$

观察对数函数 $y = \ln x$ 的图形，如图 5－3，容易得到极限

$$\lim_{x\to+\infty} \ln x = +\infty$$

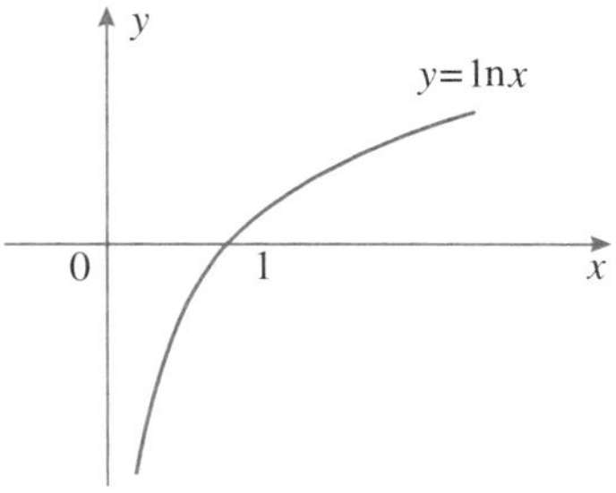

图 5－3

3. 反正切函数 $y = \arctan x$

观察反正切函数 $y = \arctan x$ 的图形,如图 5－4,容易得到极限

$$\lim_{x\to-\infty}\arctan x = -\frac{\pi}{2}$$

$$\lim_{x\to+\infty}\arctan x = \frac{\pi}{2}$$

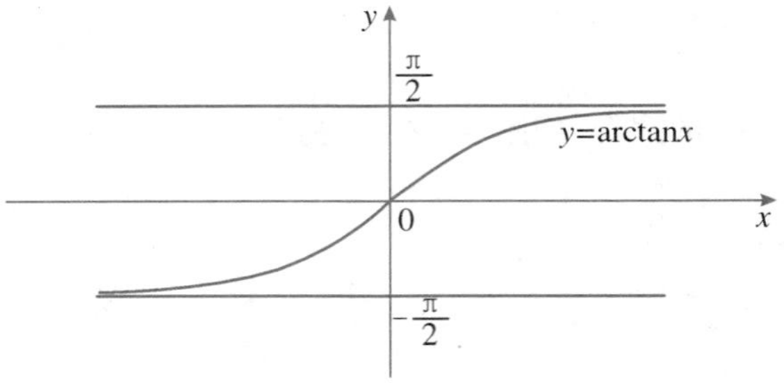

图 5－4

综合上面的讨论,求广义积分的步骤如下:

步骤 1　求出被积函数的一个原函数;

步骤 2　计算原函数从积分下限到积分上限的改变量,其中在原函数表达式中积分变量用无穷积分限代入,意味着求极限运算.

例 1　求广义积分 $\int_{2}^{+\infty}\frac{1}{x^3}\mathrm{d}x$.

解: $\int_{2}^{+\infty}\frac{1}{x^3}\mathrm{d}x = -\frac{1}{2x^2}\Big|_{2}^{+\infty} = -\left(0-\frac{1}{8}\right) = \frac{1}{8}$

例 2　求广义积分 $\int_{\frac{2}{\pi}}^{+\infty}\frac{\sin\frac{1}{x}}{x^2}\mathrm{d}x$.

解: $\int_{\frac{2}{\pi}}^{+\infty}\frac{\sin\frac{1}{x}}{x^2}\mathrm{d}x = -\int_{\frac{2}{\pi}}^{+\infty}\sin\frac{1}{x}\mathrm{d}\left(\frac{1}{x}\right) = \cos\frac{1}{x}\Big|_{\frac{2}{\pi}}^{+\infty} = 1-0 = 1$

例 3　求广义积分 $\int_{-\infty}^{0}\mathrm{e}^{3x}\mathrm{d}x$.

解: $\int_{-\infty}^{0}\mathrm{e}^{3x}\mathrm{d}x = \frac{1}{3}\int_{-\infty}^{0}\mathrm{e}^{3x}\mathrm{d}(3x) = \frac{1}{3}\mathrm{e}^{3x}\Big|_{-\infty}^{0} = \frac{1}{3}\times(1-0) = \frac{1}{3}$

例 4　求广义积分 $\int_{\mathrm{e}}^{+\infty}\frac{1}{x\ln^2 x}\mathrm{d}x$.

解: $\int_{\mathrm{e}}^{+\infty}\frac{1}{x\ln^2 x}\mathrm{d}x = \int_{\mathrm{e}}^{+\infty}\frac{1}{\ln^2 x}\mathrm{d}(\ln x) = -\frac{1}{\ln x}\Big|_{\mathrm{e}}^{+\infty} = -(0-1) = 1$

例 5　已知广义积分$\int_{-\infty}^{+\infty}\frac{k}{1+x^2}\mathrm{d}x=1$,求常数 k 的值.

解:计算广义积分

$$\int_{-\infty}^{+\infty}\frac{k}{1+x^2}\mathrm{d}x=k\arctan x\Big|_{-\infty}^{+\infty}=k\left[\frac{\pi}{2}-\left(-\frac{\pi}{2}\right)\right]=k\pi$$

再从已知条件得到关系式 $k\pi=1$,所以常数

$$k=\frac{1}{\pi}$$

广义积分发散的情况有两种:一种情况是当积分变量 x 趋于无穷限时,被积函数的原函数为无穷大量如广义积分$\int_{1}^{+\infty}\frac{1}{\sqrt{x}}\mathrm{d}x=2\sqrt{x}\Big|_{1}^{+\infty}$,另一种情况是被积函数的原函数振荡无极限如广义积分$\int_{0}^{+\infty}\cos x\mathrm{d}x=\sin x\Big|_{0}^{+\infty}$.

对于有界分段函数在无穷区间上的广义积分,也同样应用上述解法求解,同时应注意常量函数 $y=0$ 在任何区间上的积分值一定等于零.

例 6　填空题

已知分段函数

$$\varphi(x)=\begin{cases}cx^2, & 0\leqslant x\leqslant 1\\ 0, & 其他\end{cases}$$

若广义积分$\int_{-\infty}^{+\infty}\varphi(x)\mathrm{d}x=1$,则常数 $c=$ ______.

解:被积函数 $\varphi(x)$ 的分界点 $x=0$ 与 $x=1$ 将积分区间$(-\infty,+\infty)$分成三个小区间:$(-\infty,0]$,$[0,1]$ 及$[1,+\infty)$. 当积分变量 $x<0$ 或 $x>1$ 时,被积函数 $\varphi(x)=0$;当积分变量 x 从点 $x=0$ 变化到 $x=1$ 时,被积函数 $\varphi(x)=cx^2$. 计算广义积分

$$\begin{aligned}&\int_{-\infty}^{+\infty}\varphi(x)\mathrm{d}x\\&=\int_{-\infty}^{0}\varphi(x)\mathrm{d}x+\int_{0}^{1}\varphi(x)\mathrm{d}x+\int_{1}^{+\infty}\varphi(x)\mathrm{d}x=\int_{-\infty}^{0}0\mathrm{d}x+\int_{0}^{1}cx^2\mathrm{d}x+\int_{1}^{+\infty}0\mathrm{d}x\\&=0+\frac{c}{3}x^3\Big|_{0}^{1}+0=\frac{c}{3}(1-0)=\frac{c}{3}\end{aligned}$$

再从已知条件得到关系式$\frac{c}{3}=1$,因此常数

$$c=3$$

于是应将"3"直接填在空内.

§5.7　平面图形的面积

考虑一类特殊的曲线四边形或曲线三边形或曲线两边形,如图 5-5、图 5-6、图 5-7 及图 5-8,自下向上观察其图形,上下两条曲线边分别为曲线 $y=\varphi(x)$ 与 $y=\psi(x)$ $(\varphi(x)\geqslant\psi(x)\geqslant 0)$,左右平行(重合)于 y 轴的直线边分别为直线 $x=a$ 与 $x=b$ 或上下两

条曲线边交点的横坐标分别为 $x=a$ 与 $x=b(a<b)$.

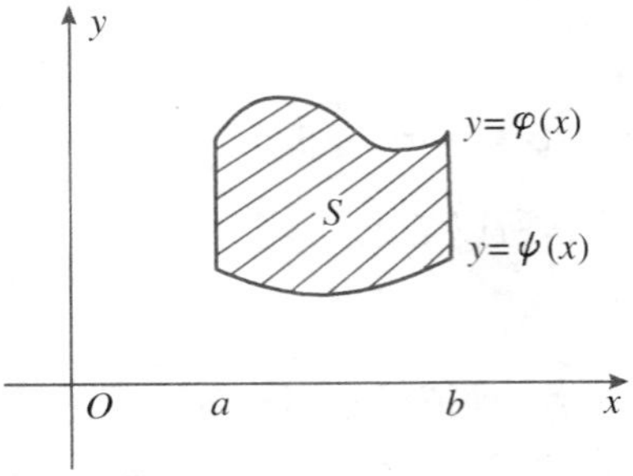

图 5-5

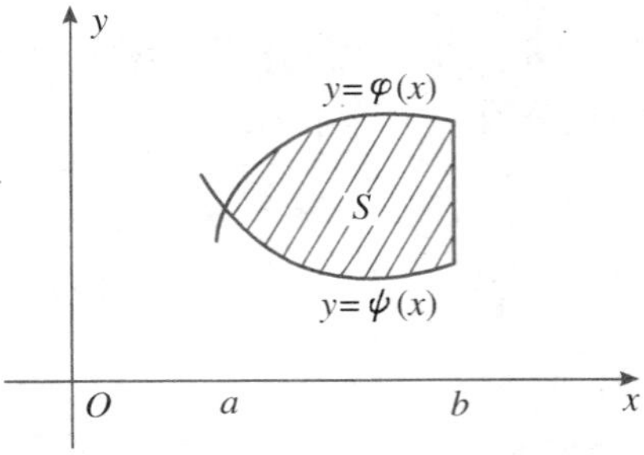

图 5-6

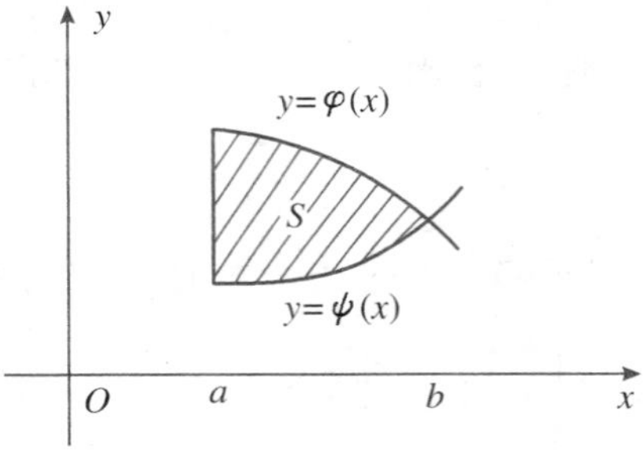

图 5-7

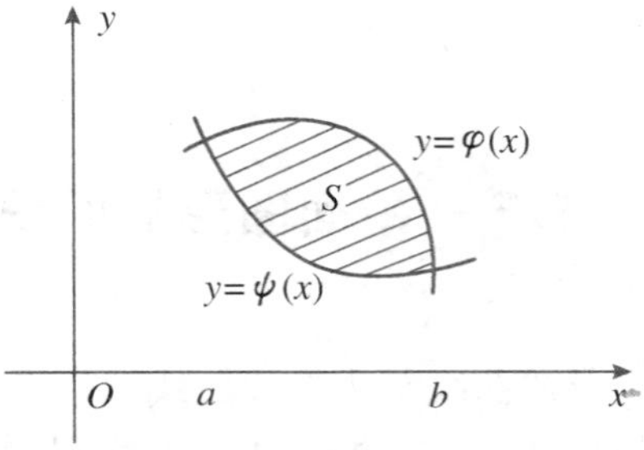

图 5-8

特殊的曲线四边形是指四条边中有一对对边为平行于 y 轴的直线边，特殊的曲线三边形是指三条边中有一条边为平行于 y 轴的直线边，特殊的曲线两边形是指两条边中有一条边在上面，而另一条边在下面. 根据 §5.1 定积分的几何意义，这类特殊的曲线四边形或曲线三边形或曲线两边形的面积

$$S=\int_a^b \varphi(x)\mathrm{d}x-\int_a^b \psi(x)\mathrm{d}x=\int_a^b(\varphi(x)-\psi(x))\mathrm{d}x$$

若上下两条曲线边 $y=\varphi(x)$，$y=\psi(x)$ 不都在 x 轴上方，可以证明上述计算面积的公式仍然成立.

特别地，若下面曲线边 $y=\psi(x)$ 为 x 轴，即 $\psi(x)=0$，则这类特殊的曲线四边形或曲线三边形或曲线两边形的面积化为曲线 $y=\varphi(x)(\varphi(x)\geqslant 0, a\leqslant x\leqslant b)$ 下的曲边梯形面积

$$S=\int_a^b(\varphi(x)-0)\mathrm{d}x=\int_a^b \varphi(x)\mathrm{d}x$$

若上面曲线边 $y=\varphi(x)$ 为 x 轴，即 $\varphi(x)=0$，则这类特殊的曲线四边形或曲线三边形或曲线两边形的面积为

$$S=\int_a^b(0-\psi(x))\mathrm{d}x=-\int_a^b \psi(x)\mathrm{d}x$$

综合上面的讨论，计算上述特殊的曲线四边形或曲线三边形或曲线两边形面积 S 的步骤如下：

步骤 1　必须画出围成平面图形的各条边，其中常见的上下两条曲线边为直线、抛物线或基本初等函数曲线，对于上述特殊的曲线三边形或曲线两边形，需求出上下两条曲线边交点的横坐标；

步骤 2　确定并计算代表所求面积的定积分：上面曲线边减下面曲线边对应被积函数，左面与右面平行(重合)于 y 轴的直线边或上下两条曲线边交点的横坐标分别对应积分下限、积分上限. 即面积

$$S=\int_a^b(\varphi(x)-\psi(x))\mathrm{d}x$$

对于任意连续曲线围成的平面图形，可以用经过曲线交点的平行于 y 轴的直线将它分成若干个上述特殊平面图形，其面积之和即为此平面图形的面积.

例 1　求由曲线 $y=\mathrm{e}^x$ 与直线 $y=x-1$，$x=0$，$x=1$ 围成平面图形的面积 S.

解：画出曲线 $y=\mathrm{e}^x$ 与直线 $y=x-1$，$x=0$，$x=1$，得到它们围成的平面图形，如图 5-9.

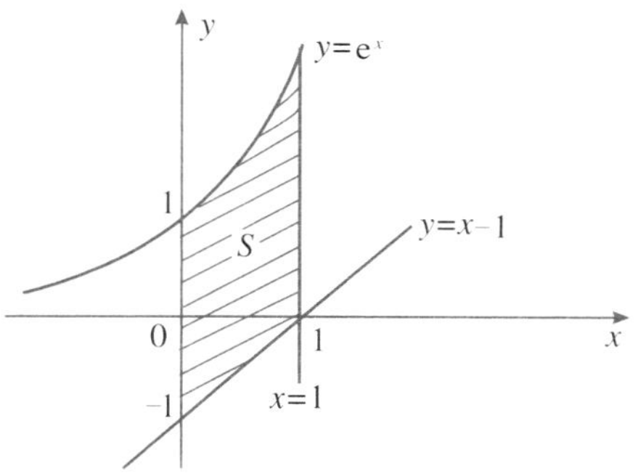

图 5-9

注意到这个平面图形是特殊的曲线四边形,其中上下两条曲线边分别为曲线$y=e^x$与直线$y=x-1$,左面直线边为y轴即直线$x=0$,右面平行于y轴的直线边为直线$x=1$. 所以所求平面图形的面积

$$S=\int_0^1[e^x-(x-1)]dx=\int_0^1(e^x-x+1)dx=\left(e^x-\frac{1}{2}x^2+x\right)\Big|_0^1$$

$$=\left(e+\frac{1}{2}\right)-1=e-\frac{1}{2}$$

例 2 求由曲线$y=\frac{1}{x}$与直线$y=x$,$x=2$围成平面图形的面积S.

解:画出曲线$y=\frac{1}{x}$与直线$y=x$,$x=2$,得到它们围成的平面图形,如图 5-10.

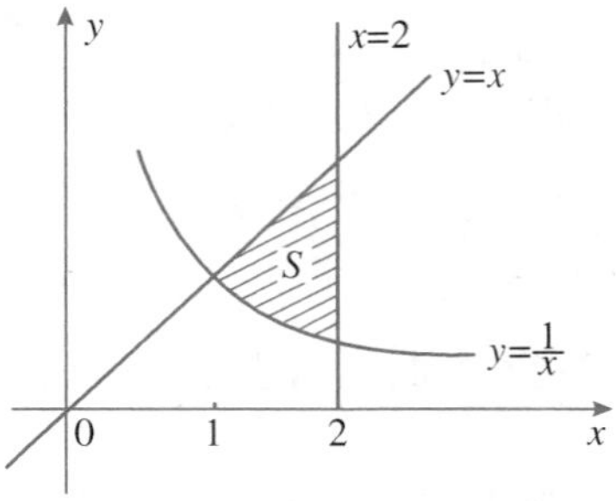

图 5-10

注意到这个平面图形是特殊的曲线三边形,其中上下两条曲线边分别为直线$y=x$与曲线$y=\frac{1}{x}$,左面上下两条曲线边交点的横坐标为$x=1$,而右面平行于y轴的直线边则为直线$x=2$. 所以所求平面图形的面积

$$S=\int_1^2\left(x-\frac{1}{x}\right)dx=\left(\frac{1}{2}x^2-\ln|x|\right)\Big|_1^2=(2-\ln2)-\frac{1}{2}=\frac{3}{2}-\ln2$$

例 3 求由抛物线$y=x^2$与直线$x+y=2$围成平面图形的面积S.

解:画出抛物线$y=x^2$与直线$x+y=2$,得到它们围成的平面图形,如图 5-11.

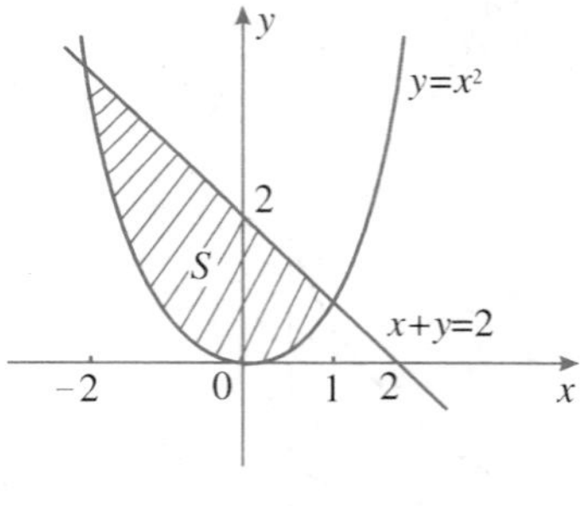

图 5-11

注意到这个平面图形是特殊的曲线两边形,其中上下两条曲线边分别为直线$x+y=2$即$y=2-x$与抛物线$y=x^2$,左面与右面它们交点的横坐标分别为$x=-2$与$x=1$. 所以所求平面图形的面积

$$S=\int_{-2}^{1}[(2-x)-x^2]\mathrm{d}x=\int_{-2}^{1}(2-x-x^2)\mathrm{d}x=\left(2x-\frac{1}{2}x^2-\frac{1}{3}x^3\right)\Big|_{-2}^{1}$$

$$=\frac{7}{6}-\left(-\frac{10}{3}\right)=\frac{9}{2}$$

根据 §5.1 定积分的几何意义，也可以反过来求得一种特殊定积分的值.

例 4 单项选择题

根据定积分的几何意义，定积分 $\int_{-1}^{1}\sqrt{1-x^2}\mathrm{d}x=$（　　）.

(a) 0　　(b) 1

(c) $\frac{\pi}{2}$　　(d) π

解： 注意到所给定积分代表上半圆 $y=\sqrt{1-x^2}$ 与 x 轴围成平面图形的面积 S，如图 5-12.

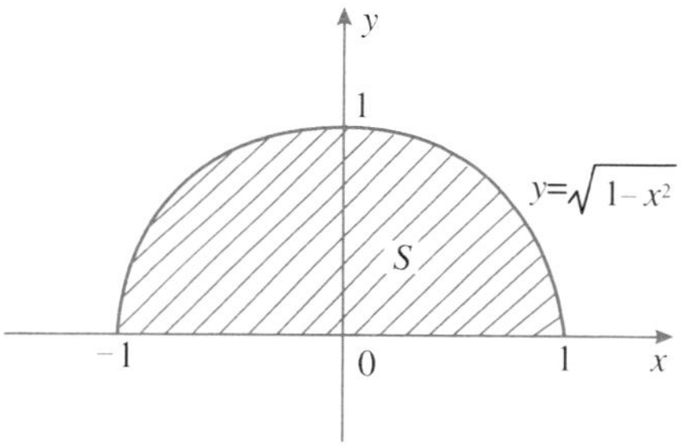

图 5-12

显然，这块面积是半径为 1 的圆面积的一半，因此所求定积分

$$\int_{-1}^{1}\sqrt{1-x^2}\mathrm{d}x=S=\frac{1}{2}\pi\times 1^2=\frac{\pi}{2}$$

这个正确答案恰好就是备选答案(c)，所以选择(c).

习题五

5.01　求下列函数的一阶导数：

(1) $F(x)=\int_{0}^{x}\sqrt{1+t^2}\mathrm{d}t$　　(2) $F(x)=\int_{x}^{0}\sqrt{1+t^2}\mathrm{d}t$

(3) $F(x)=\int_{1}^{2x}t^3\mathrm{e}^t\mathrm{d}t$　　(4) $F(x)=\int_{1}^{\sqrt{x}}t^3\mathrm{e}^t\mathrm{d}t$

5.02　求下列极限：

(1) $\lim\limits_{x\to 0}\dfrac{\int_{0}^{x}\mathrm{e}^{t^2}\mathrm{d}t}{x}$　　(2) $\lim\limits_{x\to 0}\dfrac{\int_{0}^{x}\ln(1+2t)\mathrm{d}t}{1-\cos x}$

5.03　已知变上限定积分 $\int_{a}^{x}f(t)\mathrm{d}t=x^3+x$，求函数值 $f(a)$.

5.04　求下列定积分：

(1) $\int_0^2 x^3 \mathrm{d}x$　　(2) $\int_4^9 \frac{1}{\sqrt{x}}\mathrm{d}x$

(3) $\int_0^2 \mathrm{e}^x \mathrm{d}x$　　(4) $\int_0^{\frac{\pi}{4}} \cos x \mathrm{d}x$

5.05　求下列定积分：

(1) $\int_0^4 \frac{1}{3x+2}\mathrm{d}x$　　(2) $\int_0^2 \frac{1}{4+x^2}\mathrm{d}x$

(3) $\int_0^{\sqrt{3}} x\sqrt{1+x^2}\mathrm{d}x$　　(4) $\int_0^1 x^2 \mathrm{e}^{x^3}\mathrm{d}x$

(5) $\int_1^2 \frac{\mathrm{e}^{\frac{1}{x}}}{x^2}\mathrm{d}x$　　(6) $\int_0^{\frac{\pi}{6}} \cos^3 x \mathrm{d}x$

5.06　求定积分 $\int_{-2}^1 x|x|\mathrm{d}x$.

5.07　已知分段函数

$$f(x)=\begin{cases}1+x, & x<0\\1-x, & x\geqslant 0\end{cases}$$

求定积分 $\int_{-1}^1 f(x)\mathrm{d}x$.

5.08　求下列定积分：

(1) $\int_{\frac{1}{2}}^1 \frac{1}{\sqrt{2x-1}+1}\mathrm{d}x$　　(2) $\int_1^9 \frac{1}{x+\sqrt{x}}\mathrm{d}x$

(3) $\int_1^4 \frac{\sqrt{x-1}}{x}\mathrm{d}x$　　(4) $\int_1^8 \frac{2}{x+\sqrt[3]{x}}\mathrm{d}x$

5.09　已知函数 $f(x)$ 为连续函数，证明：定积分

$$\int_1^2 f(3-x)\mathrm{d}x=\int_1^2 f(x)\mathrm{d}x$$

5.10　求下列定积分：

(1) $\int_1^{\mathrm{e}} \ln x \mathrm{d}x$　　(2) $\int_0^{\sqrt{3}} \arctan x \mathrm{d}x$

5.11　求下列定积分：

(1) $\int_0^2 x\mathrm{e}^x \mathrm{d}x$　　(2) $\int_0^{\frac{\pi}{2}} x\sin x \mathrm{d}x$

(3) $\int_0^{\frac{\pi}{6}} x\cos x \mathrm{d}x$　　(4) $\int_1^2 x\ln x \mathrm{d}x$

5.12　求下列广义积分：

(1) $\int_0^{+\infty} \mathrm{e}^{-2x}\mathrm{d}x$　　(2) $\int_{-\infty}^1 \frac{1}{1+x^2}\mathrm{d}x$

5.13　求由曲线 $y=\sin x$ 与直线 $y=2, x=0, x=\frac{\pi}{2}$ 围成平面图形的面积 S.

5.14　求由曲线 $y=\ln x$ 与直线 $y=0, x=3$ 围成平面图形的面积 S.

5.15　求由抛物线 $y=x^2$ 与 $y=\sqrt{x}$ 围成平面图形的面积 S.

5.16 已知函数曲线 $y=e^x$,求:

(1) 此函数曲线上点(1,e) 处的切线方程;

(2) 由此曲线、其上点(1,e) 处的切线与 y 轴围成平面图形的面积 S.

5.17 填空题

(1) 函数 $F(x)=\int_0^x (t-1)(t-2)^2 \mathrm{d}t$ 的单调增加区间为______.

(2) 若定积分$\int_0^a \frac{x}{1+x^2}\mathrm{d}x = 1(a>0)$,则常数 $a=$ ______.

(3) 已知函数 $f(n)=\int_0^{\frac{\pi}{2}} \sin^n x \mathrm{d}x$($n$ 为正整数),则差$f(1)-f(3)=$ ______.

(4) 已知分段函数

$$f(x)=\begin{cases} 2x, & x<0 \\ x^2, & x\geqslant 0 \end{cases}$$

则定积分$\int_{-2}^1 f(x)\mathrm{d}x=$ ______.

(5) 定积分$\int_{-\pi}^{\pi} x^2\sin x\mathrm{d}x=$ ______.

(6) 若函数 xe^x 为 $f(x)$ 的一个原函数,则定积分$\int_0^1 xf'(x)\mathrm{d}x=$ ______.

(7) 广义积分$\int_{-\infty}^0 xe^{-x^2}\mathrm{d}x=$ ______.

(8) 根据定积分的几何意义,定积分$\int_0^2 \sqrt{4-x^2}\mathrm{d}x=$ ______.

5.18 单项选择题

(1) 定积分$\int_a^b f(x)\mathrm{d}x$ 的值与(　　)无关.

(a) 积分下限 a　　(b) 积分上限 b

(c) 对应关系“f”　　(d) 积分变量记号 x

(2) 函数曲线 $y=\int_0^x e^{-t^3}\mathrm{d}t$ 在定义域内(　　).

(a) 有极值有拐点　　(b) 有极值无拐点

(c) 无极值有拐点　　(d) 无极值无拐点

(3) 下列积分中(　　)满足牛顿-莱不尼兹公式的条件.

(a)$\int_{-1}^1 \frac{1}{x^2}\mathrm{d}x$　　(b)$\int_1^{27} \frac{1}{\sqrt[3]{x}}\mathrm{d}x$

(c)$\int_0^1 \frac{1}{x}\mathrm{d}x$　　(d)$\int_{\frac{1}{e}}^{e} \frac{1}{x\ln x}\mathrm{d}x$

(4) 若定积分$\int_1^k (3x^2-2x)\mathrm{d}x = 2k^2(k\neq 0)$,则常数 $k=$(　　).

(a) -3　　(b)3

(c) -2　　(d)2

(5) 设函数 $f(x)$ 在闭区间$[0,2]$上连续,若令变量 $t=2x$,则定积分$\int_0^1 f(2x)\mathrm{d}x$ 化为(　　).

(a) $\frac{1}{2}\int_0^1 f(t)\mathrm{d}t$　　(b)$2\int_0^1 f(t)\mathrm{d}t$

(c) $\frac{1}{2}\int_0^2 f(t)\mathrm{d}t$　　(d)$2\int_0^2 f(t)\mathrm{d}t$

(6) 已知函数 $f(x)$ 的二阶导数 $f''(x)$ 在闭区间$[1,2]$上连续,若函数值$f(1)=1$,$f(2)=2$,一阶导数值 $f'(1)=3$,$f'(2)=4$,则定积分$\int_1^2 xf''(x)\mathrm{d}x=$(　　).

(a)1　　(b)2

(c)3　　(d)4

(7) 广义积分$\int_1^{+\infty}\frac{1}{x\sqrt{x}}\mathrm{d}x=$(　　).

(a)-2　　(b)2

(c)-1　　(d)1

(8) 已知函数 $f(x)$ 在闭区间$[a,b]$$(a>0)$上连续,在开区间$(a,b)$内存在一点 x_0,使得函数值 $f(x_0)=0$,且当 $a\leqslant x<x_0$ 时,函数 $f(x)>0$;当 $x_0<x\leqslant b$ 时,函数 $f(x)<0$.若函数 $F(x)$ 为 $f(x)$ 的一个原函数,则由曲线 $y=f(x)$ 与直线 $y=0$,$x=a$,$x=b$ 围成平面图形的面积 $S=$(　　).

(a)$F(b)-F(a)$　　(b)$F(a)-F(b)$

(c)$2F(x_0)-F(b)-F(a)$　　(d)$F(b)+F(a)-2F(x_0)$

第六章

二元微积分

§6.1　二元函数的一阶偏导数

在实际问题中，往往还需要研究两个自变量的函数.

定义 6.1　已知变量 x,y 及 z，当变量 x,y 相互毫无联系地在某个二元有序实数数组的非空集合 D 内任取一组数值时，若变量 z 符合对应规则 f 的取值恒为唯一确定的实数值与之对应，则称对应规则 f 表示变量 z 为 x,y 的二元函数，记作

$$z = f(x,y)$$

其中变量 x,y 称为自变量，自变量 x,y 的取值范围 D 称为二元函数定义域；二元函数 z 也称为因变量，二元函数 z 的取值范围称为二元函数值域，记作 G；对应规则 f 也称为对应关系或函数关系.

若二元函数 $f(x,y)$ 的定义域为 D，又二元有序实数数组的集合 $E \subset D$，则称二元函数 $f(x,y)$ 在定义域 D 或集合 E 上有定义.

二元函数表达式主要有两种：一种是 $z = f(x,y)$，称为二元显函数；另一种是由方程式 $F(x,y,z) = 0$ 确定变量 z 为 x,y 的二元函数，称为二元隐函数.

自变量 x,y 的一组值代表 xy 平面上的一个点 (x,y)，因此二元函数 $f(x,y)$ 的定义域 D 就是 xy 平面上点的集合，称为平面点集. 在平面点集中，整个 xy 平面或 xy 平面上由几条曲线围成的一部分称为平面区域，围成平面区域的曲线称为区域边界. 不含边界的区域称为开区域，含全部边界的区域称为闭区域，含部分边界的区域称为半开区域. 不延伸到无限远处的区域称为有界区域，延伸到无限远处的区域称为无界区域.

对于并未说明实际背景的二元函数表达式，若没有指明自变量的取值范围，这时则从二元函数表达式本身确定二元函数定义域. 二元函数与一元函数的情形类似，可能限制自变量

取值的基本情况只有四种:第一种是分式表达式,要求分母取值不为零;第二种是偶次根式表达式,要求被开方式取值非负;第三种是底恒正且不为1的对数表达式,要求真数取值大于零;第四种是反正弦表达式或反余弦表达式,要求正弦或余弦取值大于等于-1且小于等于1.

求二元函数定义域的方法是:观察所给二元函数表达式是否含上述四种基本情况.如果二元函数表达式含上述四种基本情况中的一种或多种,则解相应的不等式或不等式组,得到二元函数定义域;如果二元函数表达式不含上述四种基本情况中的任何一种,则说明对自变量取值没有任何限制,所以二元函数定义域为整个xy平面.

已知二元函数$z=f(x,y)$,当自变量x,y在定义域D内取一组具体数值(x_0,y_0)时,它对应的二元函数z值称为二元函数$z=f(x,y)$在点(x_0,y_0)处的函数值,记作$z\Big|_{(x_0,y_0)}$或$f(x_0,y_0)$.在二元函数$z=f(x,y)$的表达式中,自变量x,y分别用数x_0,y_0代入所得到的数值就是二元函数值$z\Big|_{(x_0,y_0)}$即$f(x_0,y_0)$.如二元函数$f(x,y)=\dfrac{y}{x+y^2}$在点$(2,3)$处的函数值$f(2,3)=\dfrac{3}{2+3^2}=\dfrac{3}{11}$.

下面讨论二元函数的图形.由平面直角坐标系的原点O向上引出z轴,它与xy平面垂直,构成空间直角坐标系.空间与平面的情形类似,空间中任意一点M可以与三元有序实数数组(x,y,z)建立一一对应关系,称这个三元有序实数数组为点M的坐标,记作$M(x,y,z)$.

在空间直角坐标系中,考虑二元显函数$z=f(x,y)$或由方程式$F(x,y,z)=0$确定的二元隐函数,其定义域为xy平面上的区域D.在区域D上任取一点$P(x,y)$,恒有唯一确定的二元函数值z与之对应,这样就得到空间中的一个点$M(x,y,z)$.当点P在定义域D上变动时,相应的点M就在空间中变动.一般情况下,点M的轨迹是一曲面S,这说明二元函数的图形是一块空间曲面,如图6-1.

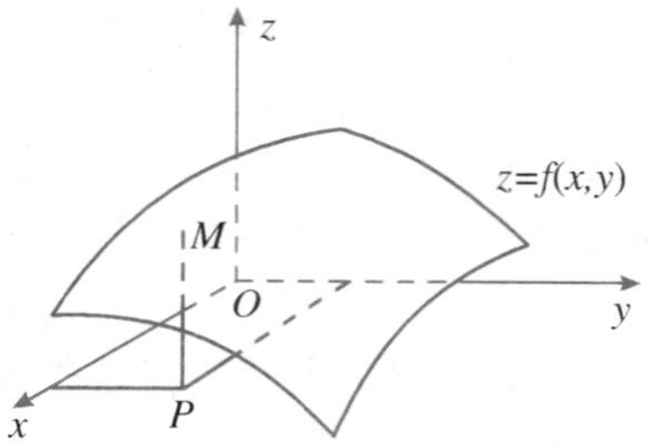

图6-1

继续讨论二元函数的极限与连续性.

点(x,y)无限接近于有限点(x_0,y_0)记作$(x,y)\to(x_0,y_0)$.在$(x,y)\to(x_0,y_0)$的过程中,点(x,y)始终不到达点(x_0,y_0),即恒有$(x,y)\neq(x_0,y_0)$,$(x,y)\to(x_0,y_0)$包括无限个方向.

定义6.2 已知二元函数$f(x,y)$在点(x_0,y_0)附近有定义,当$(x,y)\to(x_0,y_0)$时,若二元函数$f(x,y)$无限接近于常数A,则称当$(x,y)\to(x_0,y_0)$时二元函数$f(x,y)$的极限为A,记作

$$\lim_{(x,y)\to(x_0,y_0)} f(x,y)=A$$

二元函数的极限在形式上与一元函数的极限类似，但它们有着很大的区别. 对于一元函数 $y=f(x)$，自变量 $x\to x_0$ 只有两个方向；但对于二元函数 $z=f(x,y)$，自变量 $(x,y)\to(x_0,y_0)$ 却有无穷个方向，只有点 (x,y) 沿着这无穷个方向无限接近于有限点 (x_0,y_0) 时，二元函数 $f(x,y)$ 的极限都存在且相等，二元函数 $f(x,y)$ 的极限才存在. 从两个方向到无穷个方向，不仅是数量上的增加，而且有了质的变化，这就是二元微积分的许多结论与一元微积分不同的根源.

定义 6.3　已知二元函数 $f(x,y)$ 在点 (x_0,y_0) 处及其附近有定义，若有关系式 $\lim\limits_{(x,y)\to(x_0,y_0)} f(x,y)=f(x_0,y_0)$，则称二元函数 $f(x,y)$ 在点 (x_0,y_0) 处连续.

若二元函数 $f(x,y)$ 在区域 E（可以是开区域，也可以是闭区域或半开区域）上每一点处都连续，则称二元函数 $f(x,y)$ 在区域 E 上连续，并称二元函数 $f(x,y)$ 为区域 E 上的二元连续函数. 二元连续函数的图形是一块不断开的连续曲面，本章所讨论的二元函数都是定义区域上的二元连续函数.

对于二元函数，若同时考虑两个自变量都在变化，则它的变化比较复杂，不便于讨论，于是分别讨论只有一个自变量变化而引起的二元函数变化情况.

定义 6.4　已知二元函数 $z=f(x,y)$，若自变量 x 变化而自变量 y 不变化，这时所给二元函数化为自变量为 x 的一元函数，其对自变量 x 的一阶导数称为二元函数 $z=f(x,y)$ 对自变量 x 的一阶偏导数，记作

$$f'_x(x,y) \text{ 或 } z'_x \text{ 或 } \frac{\partial}{\partial x}f(x,y) \text{ 或 } \frac{\partial z}{\partial x}$$

若自变量 y 变化而自变量 x 不变化，这时所给二元函数化为自变量为 y 的一元函数，其对自变量 y 的一阶导数称为二元函数 $z=f(x,y)$ 对自变量 y 的一阶偏导数，记作

$$f'_y(x,y) \text{ 或 } z'_y \text{ 或 } \frac{\partial}{\partial y}f(x,y) \text{ 或 } \frac{\partial z}{\partial y}$$

由此可知：求二元函数 $z=f(x,y)$ 对自变量 x 的一阶偏导数时，把自变量 y 暂时看作常量，对自变量 x 求导数；求二元函数 $z=f(x,y)$ 对自变量 y 的一阶偏导数时，把自变量 x 暂时看作常量，对自变量 y 求导数. 显然，只需运用一元函数导数基本运算法则、导数基本公式及复合函数导数运算法则，就可以得到结果.

例 1　求二元函数 $z=xy$ 的一阶偏导数.

解：求二元函数 z 对自变量 x 的一阶偏导数时，把自变量 y 暂时看作常量，于是

$$z'_x=(xy)'_x=y(x)'_x=y$$

求二元函数 z 对自变量 y 的一阶偏导数时，把自变量 x 暂时看作常量，于是

$$z'_y=(xy)'_y=x(y)'_y=x$$

例 2　求二元函数 $z=x^3+3x^2y-y^3$ 的一阶偏导数.

解：$z'_x=3x^2+6xy$

$z'_y=3x^2-3y^2$

例 3　求二元函数 $z=\sqrt{x^2+y^2}$ 的一阶偏导数.

解：将二元复合函数 $z=\sqrt{x^2+y^2}$ 分解为

$$z=\sqrt{u} \text{ 与 } u=x^2+y^2$$

根据一元复合函数导数运算法则,于是

$$z'_x=\frac{1}{2\sqrt{x^2+y^2}}(x^2+y^2)'_x=\frac{x}{\sqrt{x^2+y^2}}$$

$$z'_y=\frac{1}{2\sqrt{x^2+y^2}}(x^2+y^2)'_y=\frac{y}{\sqrt{x^2+y^2}}$$

例 4 求二元函数 $z=\mathrm{e}^{3x+2y}$ 的一阶偏导数.

解: $z'_x=\mathrm{e}^{3x+2y}(3x+2y)'_x=3\mathrm{e}^{3x+2y}$

$z'_y=\mathrm{e}^{3x+2y}(3x+2y)'_y=2\mathrm{e}^{3x+2y}$

例 5 求二元函数 $z=\arcsin xy$ 的一阶偏导数.

解: $$z'_x=\frac{1}{\sqrt{1-(xy)^2}}(xy)'_x=\frac{y}{\sqrt{1-x^2y^2}}$$

$$z'_y=\frac{1}{\sqrt{1-(xy)^2}}(xy)'_y=\frac{x}{\sqrt{1-x^2y^2}}$$

例 6 求二元函数 $z=\arctan\dfrac{y}{x}$ 的一阶偏导数.

解: $$z'_x=\frac{1}{1+\left(\dfrac{y}{x}\right)^2}\left(\frac{y}{x}\right)'_x=\frac{1}{1+\dfrac{y^2}{x^2}}\left(-\frac{y}{x^2}\right)=-\frac{y}{x^2+y^2}$$

$$z'_y=\frac{1}{1+\left(\dfrac{y}{x}\right)^2}\left(\frac{y}{x}\right)'_y=\frac{1}{1+\dfrac{y^2}{x^2}}\frac{1}{x}=\frac{1}{1+\dfrac{y^2}{x^2}}\frac{x}{x^2}=\frac{x}{x^2+y^2}$$

例 7 求二元函数 $z=\mathrm{e}^{\sin x}\cos y$ 的一阶偏导数.

解: $z'_x=\mathrm{e}^{\sin x}(\sin x)'_x\cos y=\mathrm{e}^{\sin x}\cos x\cos y$

$z'_y=-\mathrm{e}^{\sin x}\sin y$

例 8 求二元函数 $z=y\ln(x^2+y^2)$ 的一阶偏导数.

解: $$z'_x=y\frac{1}{x^2+y^2}(x^2+y^2)'_x=\frac{2xy}{x^2+y^2}$$

$$z'_y=\ln(x^2+y^2)+y\frac{1}{x^2+y^2}(x^2+y^2)'_y=\ln(x^2+y^2)+\frac{2y^2}{x^2+y^2}$$

例 9 单项选择题

(1) 已知二元函数 $z=\dfrac{1}{xy}$,则一阶偏导数$\dfrac{\partial z}{\partial y}=$(　　).

(a) $-\dfrac{1}{xy^2}$　　(b) $\dfrac{1}{xy^2}$

(c) $-\dfrac{1}{x^2y}$　　(d) $\dfrac{1}{x^2y}$

解: 求二元函数 z 对自变量 y 的一阶偏导数时,把自变量 x 暂时看作常量,从而把因式$\dfrac{1}{x}$暂时看作常系数,因而一阶偏导数

$$\frac{\partial z}{\partial y}=\frac{1}{x}\left(\frac{1}{y}\right)'_y=\frac{1}{x}\left(-\frac{1}{y^2}\right)=-\frac{1}{xy^2}$$

这个正确答案恰好就是备选答案(a),所以选择(a).

例 10　求二元函数 $z = x^y$ 的一阶偏导数.

解:求二元函数 z 对自变量 x 的一阶偏导数时,把自变量 y 暂时看作常量,因而二元函数 $z = x^y$ 化为自变量为 x 的一元函数,它属于幂函数,于是

$$z'_x = yx^{y-1}$$

求二元函数 z 对自变量 y 的一阶偏导数时,把自变量 x 暂时看作常量,因而二元函数 $z = x^y$ 化为自变量为 y 的一元函数,它属于指数函数,于是

$$z'_y = x^y \ln x$$

若求二元函数 $z = f(x,y)$ 在定义域上点 (x_0, y_0) 处的一阶偏导数值 $f'_x(x_0, y_0)$,$f'_y(x_0, y_0)$,则首先求出一阶偏导数 $f'_x(x,y)$,$f'_y(x,y)$,然后在一阶偏导数 $f'_x(x,y)$,$f'_y(x,y)$ 的表达式中,自变量 x,y 分别用数 x_0,y_0 代入所得到的数值就是所求一阶偏导数值 $f'_x(x_0, y_0)$,$f'_y(x_0, y_0)$.

例 11　已知二元函数 $f(x,y) = \dfrac{x}{x+y}$,求一阶偏导数值 $f'_x(1,2)$.

解:计算一阶偏导数

$$f'_x(x,y) = \frac{(x+y)-x}{(x+y)^2} = \frac{y}{(x+y)^2}$$

在一阶偏导数 $f'_x(x,y)$ 的表达式中,自变量 x 用数 1 代入、自变量 y 用数 2 代入,得到所求一阶偏导数值

$$f'_x(1,2) = \frac{2}{9}$$

根据 §2.1 定理 2.2,对于一元函数,如果在某点处可导,则在该点处连续. 但对于二元函数,经过深入的讨论可以得到结论:尽管在某点处的两个一阶偏导数值都存在,却不能保证在该点处连续.

最后考虑二元隐函数的一阶偏导数. 已知方程式 $F(x,y,z) = 0$ 确定变量 z 为 x,y 的二元函数 $z = z(x,y)$,如何求二元函数 z 对自变量 x,y 的一阶偏导数 z'_x,z'_y?二元函数与一元函数的情形类似,具体作法是:方程式 $F(x,y,z) = 0$ 等号两端皆对自变量 x 或 y 求一阶偏导数,然后将含一阶偏导数 z'_x 或 z'_y 的项都移到等号的左端,而将不含一阶偏导数 z'_x 或 z'_y 的项都移到等号的右端,经过代数恒等变形,就得到一阶偏导数 z'_x 或 z'_y 的表达式,这个表达式中允许出现二元函数 z 的记号. 在二元隐函数一阶偏导数运算过程中,要注意应用一元复合函数导数运算法则.

例 12　方程式 $e^z = xyz$ 确定变量 z 为 x,y 的二元函数,求一阶偏导数 z'_x.

解:方程式 $e^z = xyz$ 等号两端皆对自变量 x 求一阶偏导数,有

$$e^z z'_x = y(z + xz'_x)$$

即有

$$e^z z'_x - xyz'_x = yz$$

得到

$$(e^z - xy)z'_x = yz$$

注意到关系式 $e^z = xyz$，所以一阶偏导数

$$z'_x = \frac{yz}{e^z - xy} = \frac{yz}{xyz - xy} = \frac{z}{xz - x}$$

例 13 填空题

方程式 $x\sin z = y - z$ 确定变量 z 为 x,y 的二元函数，则一阶偏导数 $\frac{\partial z}{\partial y} =$ ______.

解：方程式 $x\sin z = y - z$ 等号两端皆对自变量 y 求一阶偏导数，有

$$x\cos z \cdot \frac{\partial z}{\partial y} = 1 - \frac{\partial z}{\partial y}$$

即有

$$x\cos z \cdot \frac{\partial z}{\partial y} + \frac{\partial z}{\partial y} = 1$$

得到

$$(x\cos z + 1)\frac{\partial z}{\partial y} = 1$$

因而一阶偏导数

$$\frac{\partial z}{\partial y} = \frac{1}{x\cos z + 1}$$

于是应将“$\frac{1}{x\cos z + 1}$”直接填在空内.

若求二元隐函数 $z = z(x,y)$ 在其空间曲面上点 (x_0, y_0, z_0) 处的一阶偏导数值 $z'_x\Big|_{(x_0,y_0,z_0)}, z'_y\Big|_{(x_0,y_0,z_0)}$，应首先求出一阶偏导数 z'_x, z'_y，在一阶偏导数 z'_x, z'_y 的表达式中，自变量 x 用数 x_0 代入、自变量 y 用数 y_0 代入、因变量 z 用数 z_0 代入所得到的数值就是所求一阶偏导数值 $z'_x\Big|_{(x_0,y_0,z_0)}, z'_y\Big|_{(x_0,y_0,z_0)}$.

例 14 方程式 $x^3 + y^2 + z^2 = xy + 4z$ 确定变量 z 为 x,y 的二元函数，求一阶偏导数值 $z'_x\Big|_{(1,2,3)}$.

解：方程式 $x^3 + y^2 + z^2 = xy + 4z$ 等号两端皆对自变量 x 求一阶偏导数，有

$$3x^2 + 2zz'_x = y + 4z'_x$$

即有

$$2zz'_x - 4z'_x = y - 3x^2$$

得到

$$(2z - 4)z'_x = y - 3x^2$$

因而一阶偏导数

$$z'_x = \frac{y - 3x^2}{2z - 4}$$

在一阶偏导数 z'_x 的表达式中，自变量 x 用数 1 代入、自变量 y 用数 2 代入、因变量 z 用数 3 代入，得到所求一阶偏导数值

$$z'_x\Big|_{(1,2,3)} = -\frac{1}{2}$$

§6.2　二元函数的二阶偏导数

二元函数的一阶偏导数仍为自变量的二元函数，还可以考虑它们对自变量求一阶偏导数.

定义6.5　二元函数 $z=f(x,y)$ 的一阶偏导数 $f'_x(x,y)$，$f'_y(x,y)$ 再分别对自变量 x，y 求一阶偏导数，所得到的偏导数称为二元函数 $z=f(x,y)$ 的二阶偏导数，共有四个，分别记作

(1) $f''_{xx}(x,y)=(f'_x(x,y))'_x$ 或 z''_{xx} 或 $\dfrac{\partial^2}{\partial x^2}f(x,y)$ 或 $\dfrac{\partial^2 z}{\partial x^2}$

(2) $f''_{xy}(x,y)=(f'_x(x,y))'_y$ 或 z''_{xy} 或 $\dfrac{\partial^2}{\partial x\partial y}f(x,y)$ 或 $\dfrac{\partial^2 z}{\partial x\partial y}$

(3) $f''_{yx}(x,y)=(f'_y(x,y))'_x$ 或 z''_{yx} 或 $\dfrac{\partial^2}{\partial y\partial x}f(x,y)$ 或 $\dfrac{\partial^2 z}{\partial y\partial x}$

(4) $f''_{yy}(x,y)=(f'_y(x,y))'_y$ 或 z''_{yy} 或 $\dfrac{\partial^2}{\partial y^2}f(x,y)$ 或 $\dfrac{\partial^2 z}{\partial y^2}$

已知二元函数，若求其二阶偏导数，必须先求出一阶偏导数，一阶偏导数表达式再对自变量求一阶偏导数，就得到二阶偏导数.

例1　求二元函数 $z=x^3y^2-5xy^4$ 的二阶偏导数.

解：计算一阶偏导数

$$z'_x=3x^2y^2-5y^4$$
$$z'_y=2x^3y-20xy^3$$

所以二阶偏导数

$$z''_{xx}=(3x^2y^2-5y^4)'_x=6xy^2$$
$$z''_{xy}=(3x^2y^2-5y^4)'_y=6x^2y-20y^3$$
$$z''_{yx}=(2x^3y-20xy^3)'_x=6x^2y-20y^3$$
$$z''_{yy}=(2x^3y-20xy^3)'_y=2x^3-60xy^2$$

例2　求二元函数 $z=\dfrac{x}{y}$ 的二阶偏导数.

解：计算一阶偏导数

$$z'_x=\frac{1}{y}$$
$$z'_y=-\frac{x}{y^2}$$

所以二阶偏导数

$$z''_{xx}=\left(\frac{1}{y}\right)'_x=0$$
$$z''_{xy}=\left(\frac{1}{y}\right)'_y=-\frac{1}{y^2}$$
$$z''_{yx}=\left(-\frac{x}{y^2}\right)'_x=-\frac{1}{y^2}$$

$$z''_{yy}=\left(-\frac{x}{y^2}\right)'_y=\frac{2x}{y^3}$$

在例 1 与例 2 中都有关系式：$z''_{xy}=z''_{yx}$，这反映出在某种条件下计算二阶偏导数的一种规律. 经过深入的讨论可以得到结论：如果二阶偏导数 z''_{xy} 与 z''_{yx} 都连续，则有关系式

$$z''_{xy}=z''_{yx}$$

本章所讨论的二元函数都满足这个结论的条件，因此只需计算三个二阶偏导数.

例 3 求二元函数 $z=e^{x-y}$ 的二阶偏导数.

解：计算一阶偏导数

$$z'_x=e^{x-y}(x-y)'_x=e^{x-y}$$

$$z'_y=e^{x-y}(x-y)'_y=-e^{x-y}$$

所以二阶偏导数

$$z''_{xx}=e^{x-y}(x-y)'_x=e^{x-y}$$

$$z''_{xy}=z''_{yx}=e^{x-y}(x-y)'_y=-e^{x-y}$$

$$z''_{yy}=-e^{x-y}(x-y)'_y=e^{x-y}$$

例 4 求二元函数 $z=y\sin e^x$ 的二阶偏导数.

解：计算一阶偏导数

$$z'_x=y\cos e^x\cdot(e^x)'_x=ye^x\cos e^x$$

$$z'_y=\sin e^x$$

所以二阶偏导数

$$z''_{xx}=y[e^x\cos e^x+e^x(-\sin e^x)(e^x)'_x]=ye^x(\cos e^x-e^x\sin e^x)$$

$$z''_{xy}=z''_{yx}=e^x\cos e^x$$

$$z''_{yy}=0$$

二元函数在定义域内点 (x_0,y_0) 处的二阶偏导数值为二阶偏导数的表达式中自变量 x，y 分别用数 x_0，y_0 代入所得到的数值.

例 5 单项选择题

已知二元函数 $z=\ln(2e^x-e^y)$，则二阶偏导数值 $\left.\frac{\partial^2 z}{\partial x^2}\right|_{(0,0)}=(\quad)$.

(a) -2　　(b) 2

(c) -1　　(d) 1

解：计算一阶偏导数

$$\frac{\partial z}{\partial x}=\frac{1}{2e^x-e^y}(2e^x-e^y)'_x=\frac{2e^x}{2e^x-e^y}$$

再计算二阶偏导数

$$\frac{\partial^2 z}{\partial x^2}=\frac{2[e^x(2e^x-e^y)-e^x\cdot 2e^x]}{(2e^x-e^y)^2}=-\frac{2e^xe^y}{(2e^x-e^y)^2}$$

于是得到二阶偏导数值

$$\left.\frac{\partial^2 z}{\partial x^2}\right|_{(0,0)}=-2$$

这个正确答案恰好就是备选答案(a)，所以选择(a).

§6.3　二元函数的全微分

在实际问题中,有时还需要研究二元函数改变量的近似值.

例 1　矩形面积改变量的近似值

已知矩形边长分别为 $x=x_0$ 与 $y=y_0$,对应于边长 x 的改变量 $\Delta x>0$ 与边长 y 的改变量 $\Delta y>0$,面积 z 取得改变量

$$\Delta z=(x_0+\Delta x)(y_0+\Delta y)-x_0y_0=y_0\Delta x+x_0\Delta y+\Delta x\Delta y$$

如图 6-2.

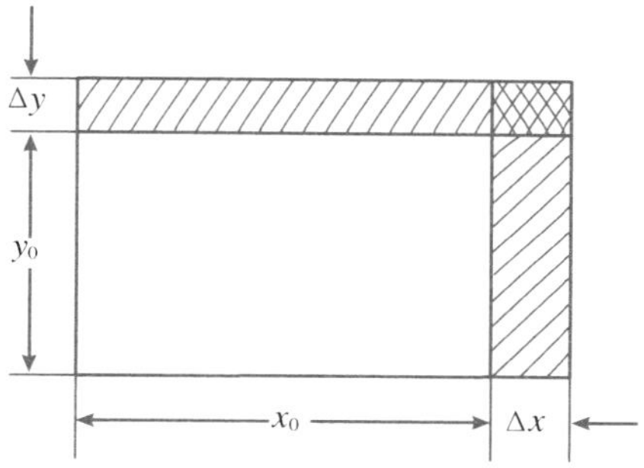

图 6-2

当变量 $\rho=\sqrt{(\Delta x)^2+(\Delta y)^2}$ 很小时,边长改变量的绝对值 $|\Delta x|$ 与 $|\Delta y|$ 也都很小,因而面积改变量 Δz 与边长改变量 $\Delta x,\Delta y$ 的正比例函数的和 $y_0\Delta x+x_0\Delta y$ 之差

$$\Delta z-(y_0\Delta x+x_0\Delta y)=\Delta x\Delta y$$

的绝对值就更小.

由于变量 $\rho=\sqrt{(\Delta x)^2+(\Delta y)^2}>0$,当然可以认为它是直角边长度为 $|\Delta x|$ 与 $|\Delta y|$ 的直角三角形的斜边长度,从而有关系式

$$\left|\frac{\Delta x}{\rho}\right|=\frac{|\Delta x|}{\sqrt{(\Delta x)^2+(\Delta y)^2}}<1$$

说明比值 $\frac{\Delta x}{\rho}$ 为有界变量. 当 $\rho\to0$ 时,有 $\Delta x\to0$ 且 $\Delta y\to0$,根据 §1.4 无穷小量性质 2,极限

$$\lim_{\rho\to0}\frac{\Delta x\Delta y}{\rho}=\lim_{\rho\to0}\frac{\Delta x}{\rho}\Delta y=0$$

从而无穷小量 $\Delta x\Delta y$ 是比 ρ 较高阶无穷小量.

这说明:当 $\rho\to0$ 时,存在边长改变量 $\Delta x,\Delta y$ 的正比例函数的和 $y_0\Delta x+x_0\Delta y$,使得差

$$\Delta z-(y_0\Delta x+x_0\Delta y)=\Delta x\Delta y$$

为无穷小量，且是比 ρ 较高阶无穷小量. 于是可以把正比例函数的和 $y_0\Delta x + x_0\Delta y$ 作为面积改变量 Δz 的近似值，即

$$\Delta z \approx y_0\Delta x + x_0\Delta y \quad (\rho \text{ 很小})$$

其中自变量改变量 Δx 的系数 y_0 与自变量改变量 Δy 的系数 x_0 恰好分别是二元函数 $z = xy$ 在点 (x_0, y_0) 处对自变量 x、对自变量 y 的一阶偏导数值 $z'_x\Big|_{(x_0,y_0)}$ 与 $z'_y\Big|_{(x_0,y_0)}$.

从图 6-3 容易看出：可以用划斜线的两块矩形面积的和 $y_0\Delta x + x_0\Delta y$ 近似代替矩形面积改变量 Δz，误差为划交叉斜线的小矩形面积 $\Delta x\Delta y$.

定义 6.6 已知二元函数 $z = f(x,y)$ 在点 (x_0, y_0) 处及其附近有定义，且两个一阶偏导数值 $f'_x(x_0,y_0)$，$f'_y(x_0,y_0)$ 皆存在，自变量 x, y 在点 (x_0,y_0) 处分别有了改变量 Δx，Δy($\Delta x, \Delta y$ 不同时为零)，相应二元函数改变量为 Δz. 当变量 $\rho = \sqrt{(\Delta x)^2 + (\Delta y)^2} \to 0$ 时，若差 $\Delta z - (f'_x(x_0,y_0)\Delta x + f'_y(x_0,y_0)\Delta y)$ 为无穷小量，且是比 ρ 较高阶无穷小量，则称二元函数 $z = f(x,y)$ 在点 (x_0,y_0) 处可微，并称自变量改变量 $\Delta x, \Delta y$ 的正比例函数的和 $f'_x(x_0,y_0)\Delta x + f'_y(x_0,y_0)\Delta y$ 为二元函数 $z = f(x,y)$ 在点 (x_0,y_0) 处的全微分值，记作

$$\mathrm{d}z\Big|_{(x_0,y_0)} = f'_x(x_0,y_0)\Delta x + f'_y(x_0,y_0)\Delta y$$

若二元函数 $z = f(x,y)$ 在点 (x_0,y_0) 处可微，当变量 $\rho = \sqrt{(\Delta x)^2 + (\Delta y)^2}$ 很小时，则二元函数 $z = f(x,y)$ 在点 (x_0,y_0) 处的改变量 Δz 近似等于在点 (x_0,y_0) 处的全微分值 $\mathrm{d}z\Big|_{(x_0,y_0)}$，即

$$\Delta z \approx \mathrm{d}z\Big|_{(x_0,y_0)} \quad (\rho \text{ 很小})$$

根据全微分值的定义，在例 1 中，矩形面积 $z = xy$ 在边长 $x = x_0, y = y_0$ 时的全微分值

$$\mathrm{d}z\Big|_{(x_0,y_0)} = y_0\Delta x + x_0\Delta y$$

在 §2.7 曾得到结论：对于一元函数，在某点处可微等价于在该点处可导. 但对于二元函数，经过深入的讨论可以得到结论：仅已知在某点处的两个一阶偏导数值都存在，却不足以保证在该点处可微. 自然提出问题：在什么条件下，二元函数一定可微.

定理 6.1 如果二元函数 $z = f(x,y)$ 的两个一阶偏导数 $f'_x(x,y)$，$f'_y(x,y)$ 皆在点 (x_0,y_0) 处连续，则二元函数 $z = f(x,y)$ 在点 (x_0,y_0) 处可微.

若二元函数 $z = f(x,y)$ 在区域 E(可以是开区域，也可以是闭区域或半开区域) 上每一点 (x,y) 处都可微，则称二元函数 $z = f(x,y)$ 在区域 E 上可微，并称二元函数 $z = f(x,y)$ 为区域 E 上的二元可微函数. 二元可微函数 $z = f(x,y)$ 在区域 E 上任意点 (x,y) 处的全微分值称为二元可微函数 $z = f(x,y)$ 的全微分，记作

$$\mathrm{d}z = f'_x(x,y)\Delta x + f'_y(x,y)\Delta y$$

根据 §2.7 给出的结论：自变量微分等于自变量改变量，因此对于自变量 x, y，有 $\mathrm{d}x = \Delta x$，$\mathrm{d}y = \Delta y$，于是得到二元可微函数 $z = f(x,y)$ 的全微分表达式为

$$\mathrm{d}z = f'_x(x,y)\mathrm{d}x + f'_y(x,y)\mathrm{d}y$$

求二元可微函数的全微分并不需要新的方法，应该先求出二元可微函数的两个一阶偏导数，再将这两个一阶偏导数分别乘以相应自变量的微分，然后相加，就得到二元可微函数的全微分. 本章所讨论的二元函数都是定义域上的二元可微函数.

例 2　求二元函数 $z=\ln(x^3+y^3)$ 的全微分.

解:计算一阶偏导数

$$z'_x=\frac{1}{x^3+y^3}(x^3+y^3)'_x=\frac{3x^2}{x^3+y^3}$$

$$z'_y=\frac{1}{x^3+y^3}(x^3+y^3)'_y=\frac{3y^2}{x^3+y^3}$$

所以全微分

$$\mathrm{d}z=\frac{3x^2}{x^3+y^3}\mathrm{d}x+\frac{3y^2}{x^3+y^3}\mathrm{d}y=\frac{3x^2\mathrm{d}x+3y^2\mathrm{d}y}{x^3+y^3}$$

例 3　求二元函数 $z=\sin xy^2$ 的全微分.

解:计算一阶偏导数

$$z'_x=\cos xy^2\cdot(xy^2)'_x=y^2\cos xy^2$$

$$z'_y=\cos xy^2\cdot(xy^2)'_y=2xy\cos xy^2$$

所以全微分

$$\mathrm{d}z=y^2\cos xy^2\mathrm{d}x+2xy\cos xy^2\mathrm{d}y=y\cos xy^2\cdot(y\mathrm{d}x+2x\mathrm{d}y)$$

例 4　方程式 $z^2-2y\mathrm{e}^z=x^2$ 确定变量 z 为 x,y 的二元函数,求全微分 $\mathrm{d}z$.

解:方程式 $z^2-2y\mathrm{e}^z=x^2$ 等号两端皆对自变量 x 求一阶偏导数,有

$$2zz'_x-2y\mathrm{e}^z z'_x=2x$$

即有

$$(z-y\mathrm{e}^z)z'_x=x$$

得到一阶偏导数

$$z'_x=\frac{x}{z-y\mathrm{e}^z}$$

方程式 $z^2-2y\mathrm{e}^z=x^2$ 等号两端皆对自变量 y 求一阶偏导数,有

$$2zz'_y-2(\mathrm{e}^z+y\mathrm{e}^z z'_y)=0$$

即有

$$(z-y\mathrm{e}^z)z'_y=\mathrm{e}^z$$

得到一阶偏导数

$$z'_y=\frac{\mathrm{e}^z}{z-y\mathrm{e}^z}$$

所以全微分

$$\mathrm{d}z=\frac{x}{z-y\mathrm{e}^z}\mathrm{d}x+\frac{\mathrm{e}^z}{z-y\mathrm{e}^z}\mathrm{d}y=\frac{x\mathrm{d}x+\mathrm{e}^z\mathrm{d}y}{z-y\mathrm{e}^z}$$

二元可微函数在定义域内点(x_0,y_0)处的全微分值为全微分的表达式中自变量 x,y 分别用数 x_0,y_0 代入所得到的数值.

例 5　填空题

二元函数 $z=x\mathrm{e}^y$ 在点(2,0)处、当自变量改变量 $\Delta x=0.03$ 且 $\Delta y=0.01$ 时的全微分值为______.

解:计算一阶偏导数

$$z'_x = e^y$$

$$z'_y = xe^y$$

因而全微分

$$dz = e^y \Delta x + xe^y \Delta y = e^y(\Delta x + x\Delta y)$$

在全微分 dz 的表达式中,自变量 x,y 分别用数 2,0 代入、自变量改变量 $\Delta x,\Delta y$ 分别用数 0.03,0.01 代入,得到所求全微分值

$$dz\Big|_{\substack{(2,0)\\ \Delta x=0.03,\Delta y=0.01}} = 0.05$$

于是应将"0.05"直接填在空内.

§6.4 二元函数的极值

定义 6.7 已知二元函数 $f(x,y)$ 在点 (x_0,y_0) 处及其附近有定义,对于点 (x_0,y_0) 附近很小范围内任意点 $(x,y) \neq (x_0,y_0)$,若恒有 $f(x_0,y_0) > f(x,y)$,则称二元函数值 $f(x_0,y_0)$ 为二元函数 $f(x,y)$ 的极大值,点 (x_0,y_0) 为二元函数 $f(x,y)$ 的极大值点;若恒有 $f(x_0,y_0) < f(x,y)$,则称二元函数值 $f(x_0,y_0)$ 为二元函数 $f(x,y)$ 的极小值,点 (x_0,y_0) 为二元函数 $f(x,y)$ 的极小值点.

极大值与极小值统称为极值,极大值点与极小值点统称为极值点.

在上面给出了二元函数极值的定义,下面讨论如何求二元函数的极值.

定义 6.8 若二元函数 $f(x,y)$ 在点 (x_0,y_0) 处的一阶偏导数值 $f'_x(x_0,y_0) = 0$,且 $f'_y(x_0,y_0) = 0$,则称点 (x_0,y_0) 为二元函数 $f(x,y)$ 的驻点.

经过深入的讨论可以得到结论:对于二元可微函数,极值点一定是驻点,但驻点不一定是极值点,那么,驻点在什么情况下一定是极值点,又在什么情况下一定不是极值点?

定理 6.2 已知点 (x_0,y_0) 为二元可微函数 $f(x,y)$ 的驻点,且二阶偏导数 $f''_{xx}(x,y)$,$f''_{xy}(x,y)$,$f''_{yy}(x,y)$ 皆在驻点 (x_0,y_0) 处及其附近连续,引进记号 $A = f''_{xx}(x_0,y_0)$,$B = f''_{xy}(x_0,y_0)$,$C = f''_{yy}(x_0,y_0)$,那么:

(1) 如果关系式 $B^2 - AC < 0$ 且有 $A < 0$,则驻点 (x_0,y_0) 为二元可微函数 $f(x,y)$ 的极大值点;

(2) 如果关系式 $B^2 - AC < 0$ 且有 $A > 0$,则驻点 (x_0,y_0) 为二元可微函数 $f(x,y)$ 的极小值点;

(3) 如果关系式 $B^2 - AC > 0$,则驻点 (x_0,y_0) 不是二元可微函数 $f(x,y)$ 的极值点.

综合上面的讨论,求二元可微函数 $f(x,y)$ 的极值的步骤如下:

步骤 1 确定二元函数 $f(x,y)$ 的定义域 D;

步骤 2 计算一阶偏导数 $f'_x(x,y)$,$f'_y(x,y)$;

步骤 3 令一阶偏导数 $f'_x(x,y) = 0$,且 $f'_y(x,y) = 0$,若此方程组无解,则二元函数 $f(x,y)$ 无驻点,当然无极值.否则求出二元函数 $f(x,y)$ 的全部驻点,并转入步骤 4;

步骤 4　计算二阶偏导数 $f''_{xx}(x,y)$，$f''_{xy}(x,y)$，$f''_{yy}(x,y)$，得到在驻点处的二阶偏导数值 A，B，C，根据定理 6.2 判断驻点是否为极值点，计算极值点处的二元函数值即为极值.

例 1　填空题

二元函数 $f(x,y)=3x+2y-xy-6$ 的驻点为点______.

解：二元函数定义域为整个 xy 平面，计算一阶偏导数

$$f'_x(x,y)=3-y$$

$$f'_y(x,y)=2-x$$

令一阶偏导数

$$\begin{cases}f'_x(x,y)=0\\f'_y(x,y)=0\end{cases}$$

即有方程组

$$\begin{cases}3-y=0\\2-x=0\end{cases}$$

解此方程组，得到根为

$$\begin{cases}x=2\\y=3\end{cases}$$

因而二元函数 $f(x,y)=3x+2y-xy-6$ 的驻点为点(2,3)，于是应将"(2,3)"直接填在空内.

例 2　求二元函数 $f(x,y)=4(x-y)-x^2-y^2$ 的极值.

解：二元函数定义域 D 为整个 xy 平面，计算一阶偏导数

$$f'_x(x,y)=4-2x$$

$$f'_y(x,y)=-4-2y$$

令一阶偏导数

$$\begin{cases}f'_x(x,y)=0\\f'_y(x,y)=0\end{cases}$$

得到驻点(2，−2). 再计算二阶偏导数

$$f''_{xx}(x,y)=-2$$

$$f''_{xy}(x,y)=0$$

$$f''_{yy}(x,y)=-2$$

它们都是常数. 当然，在驻点(2，−2)处也不例外，有二阶偏导数值

$$A=f''_{xx}(2,-2)=-2$$

$$B=f''_{xy}(2,-2)=0$$

$$C=f''_{yy}(2,-2)=-2$$

由于关系式

$$B^2-AC=0^2-(-2)\times(-2)=-4<0$$

且有

$$A=-2<0$$

根据定理 6.2,所以驻点 $(2,-2)$ 为极大值点,极大值为 $f(2,-2)=8$.

例 3 求二元函数 $f(x,y)=\mathrm{e}^x(x+y^2+2y)$ 的极值.

解:二元函数定义域 D 为整个 xy 平面,计算一阶偏导数

$$f'_x(x,y)=\mathrm{e}^x(x+y^2+2y)+\mathrm{e}^x=\mathrm{e}^x(x+y^2+2y+1)$$

$$f'_y(x,y)=\mathrm{e}^x(2y+2)$$

令一阶偏导数

$$\begin{cases}f'_x(x,y)=0\\f'_y(x,y)=0\end{cases}$$

得到驻点 $(0,-1)$. 再计算二阶偏导数

$$f''_{xx}(x,y)=\mathrm{e}^x(x+y^2+2y+1)+\mathrm{e}^x=\mathrm{e}^x(x+y^2+2y+2)$$

$$f''_{xy}(x,y)=\mathrm{e}^x(2y+2)$$

$$f''_{yy}(x,y)=2\mathrm{e}^x$$

从而在驻点 $(0,-1)$ 处的二阶偏导数值

$$A=f''_{xx}(0,-1)=1$$

$$B=f''_{xy}(0,-1)=0$$

$$C=f''_{yy}(0,-1)=2$$

由于关系式

$$B^2-AC=0^2-1\times2=-2<0$$

且有

$$A=1>0$$

根据定理 6.2,所以驻点 $(0,-1)$ 为极小值点,极小值为 $f(0,-1)=-1$.

例 4 求二元函数 $f(x,y)=(y-1)^2-(x+1)^2+1$ 的极值.

解:二元函数定义域 D 为整个 xy 平面,计算一阶偏导数

$$f'_x(x,y)=-2(x+1)(x+1)'_x=-2(x+1)$$

$$f'_y(x,y)=2(y-1)(y-1)'_y=2(y-1)$$

令一阶偏导数

$$\begin{cases}f'_x(x,y)=0\\f'_y(x,y)=0\end{cases}$$

得到驻点 $(-1,1)$. 再计算二阶偏导数

$$f''_{xx}(x,y)=-2$$

$$f''_{xy}(x,y)=0$$

$$f''_{yy}(x,y)=2$$

它们都是常数. 当然,在驻点 $(-1,1)$ 处也不例外,有二阶偏导数值

$$A = f''_{xx}(-1,1) = -2$$
$$B = f''_{xy}(-1,1) = 0$$
$$C = f''_{yy}(-1,1) = 2$$

由于关系式

$$B^2 - AC = 0^2 - (-2) \times 2 = 4 > 0$$

根据定理 6.2,所以驻点$(-1,1)$不是极值点. 又由于驻点$(-1,1)$为唯一驻点，因而所给二元可微函数 $f(x,y)$ 无极值点,当然无极值.

§6.5　二次积分

考虑 xy 平面上最简单的有界闭区域

$$D = \{(x,y) \mid a \leqslant x \leqslant b, c \leqslant y \leqslant d\}(a,b,c,d \text{ 皆为常数})$$

它是一类特殊的矩形闭区域,其中上下两条平行(重合)于 x 轴的直线边分别为直线 $y = d$ 与 $y = c$,左右两条平行(重合)于 y 轴的直线边分别为直线 $x = a$ 与$x = b$, 如图 6－3.

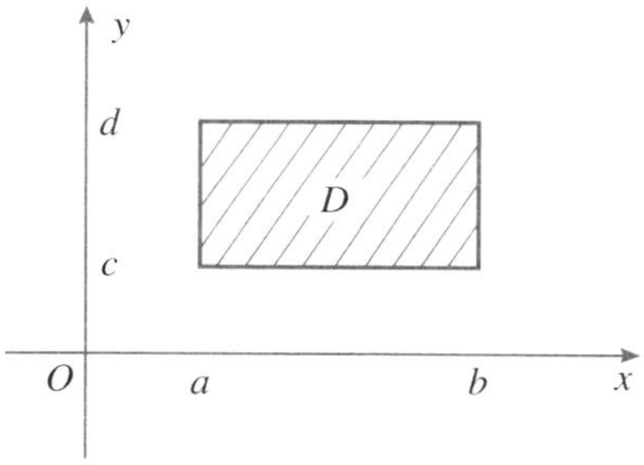

图 6－3

作为上述特殊的矩形闭区域的推广,继续考虑 xy 平面上一类特殊的有界闭区域

$$D = \{(x,y) \mid a \leqslant x \leqslant b, \psi(x) \leqslant y \leqslant \varphi(x)\}$$

它是一类特殊的曲线四边形闭区域或曲线三边形闭区域或曲线两边形闭区域,如图 6－4、图 6－5、图 6－6 及图 6－7,自下向上观察其图形,上下两条曲线边分别为曲线 $y = \varphi(x)$ 与 $y = \psi(x)$,左右平行(重合)于y轴的直线边分别为直线$x = a$与$x = b$或上下两条曲线边交点的横坐标分别为 $x = a$ 与 $x = b$.

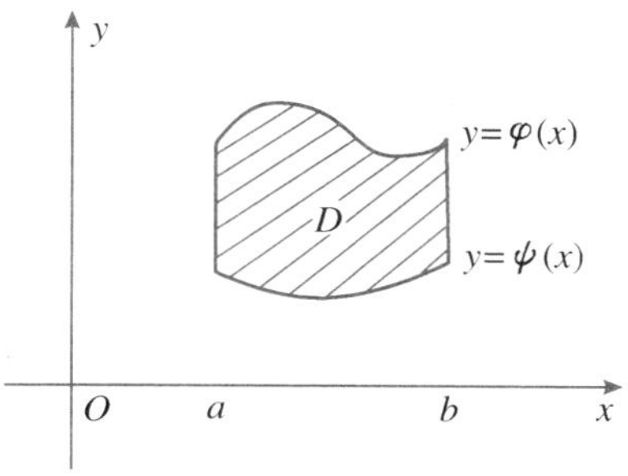

图 6－4

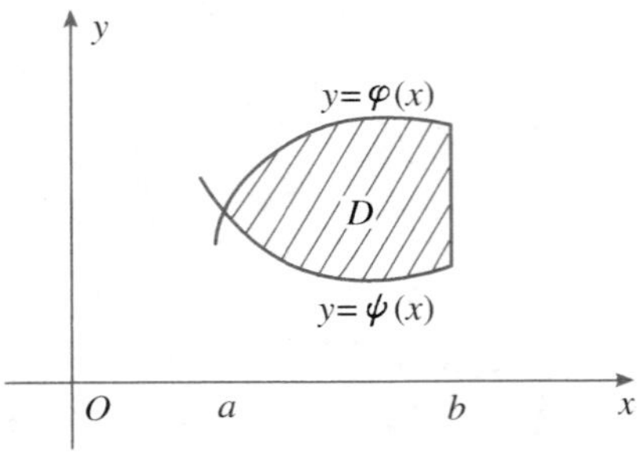

图 6－5

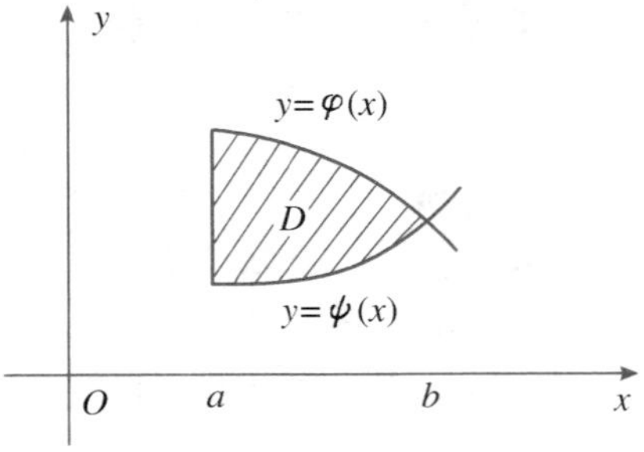

图 6－6

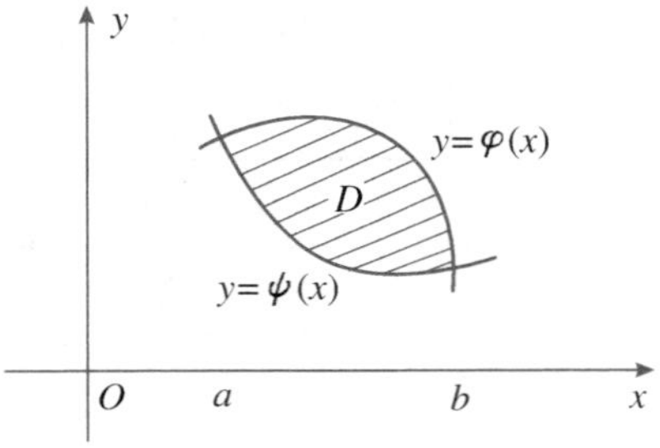

图 6－7

设二元函数 $f(x,y)$ 在有界闭区域

$$D=\{(x,y)\mid a\leqslant x\leqslant b,\psi(x)\leqslant y\leqslant\varphi(x)\}$$

上连续,若只有自变量 y 变化,而自变量 x 不变化,即自变量 x 取值恒等于闭区间$[a,b]$上的任意值,这时二元函数 $f(x,y)$ 就化为自变量为 y 的一元函数,它在闭区间$[\psi(x),\varphi(x)]$上连续,当然可积,即定积分$\int_{\psi(x)}^{\varphi(x)}f(x,y)\mathrm{d}y$是存在的.一般情况下,这个定积分值依赖于自变量 x 在闭区间$[a,b]$上的取值,对于闭区间$[a,b]$上每一点 x,恒有一个定积分值与之对应,因此这个定积分为自变量 x 的一元函数,记作

$$S(x)=\int_{\psi(x)}^{\varphi(x)}f(x,y)\mathrm{d}y\qquad(a\leqslant x\leqslant b)$$

可以证明这个一元函数 $S(x)$ 在闭区间$[a,b]$上连续,因而可以求一元函数 $S(x)$ 在闭区间$[a,b]$上的定积分.

定义 6.9　若二元函数 $f(x,y)$ 在有界闭区域 $D=\{(x,y)\mid a\leqslant x\leqslant b,\psi(x)\leqslant y\leqslant\varphi(x)\}$ 上连续，则称一元函数 $S(x)=\int_{\psi(x)}^{\varphi(x)}f(x,y)\mathrm{d}y$ 在闭区间 $[a,b]$ 上的定积分为二元函数 $f(x,y)$ 在有界闭区域 D 上先对自变量 y 积分、后对自变量 x 积分的二次积分，记作

$$\int_a^b\mathrm{d}x\int_{\psi(x)}^{\varphi(x)}f(x,y)\mathrm{d}y=\int_a^b\left(\int_{\psi(x)}^{\varphi(x)}f(x,y)\mathrm{d}y\right)\mathrm{d}x$$

其中变量 x,y 称为积分变量，二元函数 $f(x,y)$ 称为被积函数，有界闭区域 D 称为积分区域.

自下向上观察积分区域 D 的图形，积分区域 D 的下面与上面曲线边分别对应被积函数先对自变量 y 积分的积分下限、积分上限，左面与右面平行(重合)于 y 轴的直线边或上下两条曲线边交点的横坐标分别对应后对自变量 x 积分的积分下限、积分上限.

显然，求二元函数 $f(x,y)$ 先对自变量 y 的积分时，把自变量 x 暂时看作常量，对自变量 y 求积分，应用牛顿-莱不尼兹公式得到结果. 经过两次计算定积分，就可以得到二次积分的值.

例 1　单项选择题

二次积分 $\int_1^3\mathrm{d}x\int_1^2 2xy\mathrm{d}y=(\quad)$.

(a)4　　　　(b)6

(c)8　　　　(d)12

解：由于求二元函数 $f(x,y)=2xy$ 先对自变量 y 的积分时，把自变量 x 暂时看作常量，因而它的一个原函数为 xy^2. 这是容易理解的，由于一阶偏导数 $(xy^2)'_y=2xy$，从而在对自变量 y 积分时，二元函数 $f(x,y)=2xy$ 的一个原函数当然为 xy^2. 因此二次积分

$$\int_1^3\mathrm{d}x\int_1^2 2xy\mathrm{d}y=\int_1^3 xy^2\Big|_{y=1}^{y=2}\mathrm{d}x=\int_1^3 3x\mathrm{d}x=\frac{3}{2}x^2\Big|_1^3=\frac{3}{2}\times(9-1)=12$$

这个正确答案恰好就是备选答案(d)，所以选择(d).

例 2　求二次积分 $\int_0^1\mathrm{d}x\int_0^1\mathrm{e}^{x+y}\mathrm{d}y$.

解：注意到二元函数

$$f(x,y)=\mathrm{e}^{x+y}=\mathrm{e}^x\mathrm{e}^y$$

由于求它先对自变量 y 的积分时，把自变量 x 暂时看作常量，从而也把函数 e^x 暂时看作常量，可将因式 e^x 移至对自变量 y 积分的积分记号前面. 所以二次积分

$$\begin{aligned}&\int_0^1\mathrm{d}x\int_0^1\mathrm{e}^{x+y}\mathrm{d}y\\&=\int_0^1\mathrm{d}x\int_0^1\mathrm{e}^x\mathrm{e}^y\mathrm{d}y=\int_0^1\mathrm{e}^x\mathrm{d}x\int_0^1\mathrm{e}^y\mathrm{d}y=\int_0^1\mathrm{e}^x\mathrm{e}^y\Big|_{y=0}^{y=1}\mathrm{d}x=\int_0^1(\mathrm{e}-1)\mathrm{e}^x\mathrm{d}x=(\mathrm{e}-1)\mathrm{e}^x\Big|_0^1\\&=(\mathrm{e}-1)(\mathrm{e}-1)=(\mathrm{e}-1)^2\end{aligned}$$

例 3　求二次积分 $\int_0^1\mathrm{d}x\int_0^2(x+4y^3)\mathrm{d}y$.

解：由于求二元函数 $f(x,y)=x+4y^3$ 先对自变量 y 的积分时，把自变量 x 暂时看作常量，因而它的一个原函数为 $xy+y^4$. 这是容易理解的，由于一阶偏导数 $(xy+y^4)'_y=x+4y^3$，从而在对自变量 y 积分时，二元函数 $f(x,y)=x+4y^3$ 的一个原函数当然为 $xy+y^4$. 所以二次积分

$$\begin{aligned}&\int_0^1\mathrm{d}x\int_0^2(x+4y^3)\mathrm{d}y\\&=\int_0^1(xy+y^4)\Big|_{y=0}^{y=2}\mathrm{d}x=\int_0^1(2x+16)\mathrm{d}x=(x^2+16x)\Big|_0^1=17-0=17\end{aligned}$$

例 4　求二次积分$\int_0^{\pi}\mathrm{d}x\int_0^1 x\cos xy\,\mathrm{d}y$.

解: 由于求二元函数 $f(x,y)=x\cos xy$ 先对自变量 y 的积分时,把自变量 x 暂时看作常量,因而它的一个原函数为 $\sin xy$. 这是容易理解的,由于一阶偏导数$(\sin xy)_y'=\cos xy\cdot(xy)_y'=x\cos xy$,从而在对自变量 y 积分时,二元函数$f(x,y)=x\cos xy$ 的一个原函数当然为 $\sin xy$. 所以二次积分

$$\int_0^{\pi}\mathrm{d}x\int_0^1 x\cos xy\,\mathrm{d}y=\int_0^{\pi}\sin xy\Big|_{y=0}^{y=1}\mathrm{d}x=\int_0^{\pi}\sin x\,\mathrm{d}x=-\cos x\Big|_0^{\pi}=-(-1-1)=2$$

例 5　求二次积分$\int_2^4\mathrm{d}x\int_x^{2x}\frac{1}{(x+y)^2}\mathrm{d}y$.

解: 由于求二元函数 $f(x,y)=\frac{1}{(x+y)^2}$ 先对自变量 y 的积分时,把自变量 x 暂时看作常量,因而它的一个原函数为 $-\frac{1}{x+y}$. 这是容易理解的,由于一阶偏导数 $\left(-\frac{1}{x+y}\right)_y'=\frac{(x+y)_y'}{(x+y)^2}=\frac{1}{(x+y)^2}$,从而在对自变量 y 积分时,二元函数 $f(x,y)=\frac{1}{(x+y)^2}$ 的一个原函数当然为$-\frac{1}{x+y}$. 所以二次积分

$$\int_2^4\mathrm{d}x\int_x^{2x}\frac{1}{(x+y)^2}\mathrm{d}y$$
$$=\int_2^4\left(-\frac{1}{x+y}\right)\Big|_{y=x}^{y=2x}\mathrm{d}x=\int_2^4\frac{1}{6x}\mathrm{d}x=\frac{1}{6}\ln|x|\Big|_2^4=\frac{1}{6}(\ln4-\ln2)=\frac{\ln2}{6}$$

§6.6　二重积分的概念与基本运算法则

在实际问题中,往往还需要研究二元函数的一类特殊的极限.

例 1　曲顶柱体的体积

已知曲面$z=f(x,y)(f(x,y)\geqslant 0)$,$xy$ 平面上的有界闭区域D 以及通过闭区域D 的边界且平行于 z 轴的柱面,它们围成的图形称为曲顶柱体,考虑其体积,如图 6-8.

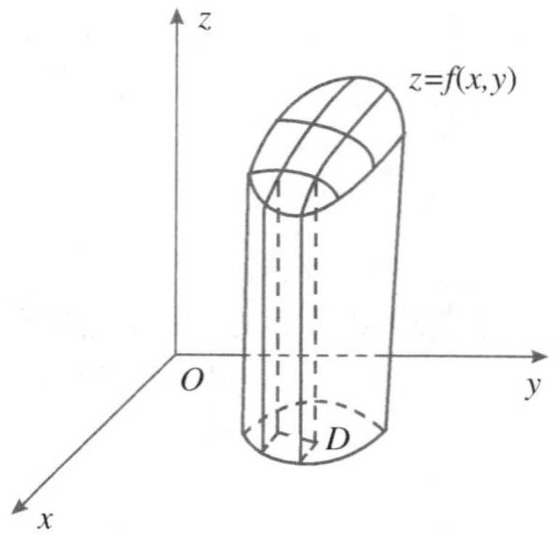

图 6-8

用 xy 平面上的曲线将有界闭区域 D 任意分成 n 个小闭区域

$$D_1, D_2, \cdots, D_n$$

这些小闭区域的面积分别为

$$\Delta\sigma_1, \Delta\sigma_2, \cdots, \Delta\sigma_n$$

在各小闭区域边界处作平行于 z 轴的柱面，将曲顶柱体分成 n 个小曲顶柱体. 显然，所求曲顶柱体的体积 V 等于这 n 个小曲顶柱体体积之和.

在每个小闭区域上任取一点，这些点分别为

$$(\xi_1, \eta_1), (\xi_2, \eta_2), \cdots, (\xi_n, \eta_n)$$

曲面 $z = f(x,y)$ 上对应点的高度分别为

$$f(\xi_1, \eta_1), f(\xi_2, \eta_2), \cdots, f(\xi_n, \eta_n)$$

以小闭区域面积 $\Delta\sigma_i$ 为底、曲面 $z = f(x,y)$ 上对应点高度 $f(\xi_i, \eta_i)$ 为高的小平顶柱体体积近似代替相应小曲顶柱体体积($i = 1,2,\cdots,n$)，于是所求曲顶柱体体积

$$V \approx f(\xi_1, \eta_1)\Delta\sigma_1 + f(\xi_2, \eta_2)\Delta\sigma_2 + \cdots + f(\xi_n, \eta_n)\Delta\sigma_n = \sum_{i=1}^{n} f(\xi_i, \eta_i)\Delta\sigma_i$$

用记号 $\Delta\sigma$ 表示 n 个小闭区域面积中的最大者，即

$$\Delta\sigma = \max\{\Delta\sigma_1, \Delta\sigma_2, \cdots, \Delta\sigma_n\}$$

对于有界闭区域 D 的所有分法，点(ξ_i, η_i)($i = 1,2,\cdots,n$)的所有取法，当 $\Delta\sigma \to 0$ 时，若 n 个小平顶柱体体积之和即总和 $\sum\limits_{i=1}^{n} f(\xi_i, \eta_i)\Delta\sigma_i$ 的极限都存在且相同，则称此极限为所求曲顶柱体的体积

$$V = \lim_{\Delta\sigma \to 0} \sum_{i=1}^{n} f(\xi_i, \eta_i)\Delta\sigma_i$$

在上面具体问题中，从抽象的数量关系来看，归结为：计算特殊结构的总和的极限.

定义 6.10　已知二元函数 $f(x,y)$ 在有界闭区域 D 上有定义，将有界闭区域 D 任意分成 n 个小闭区域，其面积分别为 $\Delta\sigma_i$($i = 1,2,\cdots,n$)，在每个小闭区域上任取一点(ξ_i, η_i)($i = 1,2,\cdots,n$)，作总和 $\sum\limits_{i=1}^{n} f(\xi_i, \eta_i)\Delta\sigma_i$. 对于有界闭区域 D 的所有分法，点(ξ_i, η_i)($i = 1,2,\cdots,n$)的所有取法，当

$$\Delta\sigma = \max\{\Delta\sigma_1, \Delta\sigma_2, \cdots, \Delta\sigma_n\} \to 0$$

时，若总和 $\sum\limits_{i=1}^{n} f(\xi_i, \eta_i)\Delta\sigma_i$ 的极限都存在且相同，则称二元函数 $f(x,y)$ 在有界闭区域 D 上可积，并称此极限为二元函数 $f(x,y)$ 在有界闭区域 D 上的二重积分，记作

$$\iint_D f(x,y)\mathrm{d}\sigma = \lim_{\Delta\sigma \to 0} \sum_{i=1}^{n} f(\xi_i, \eta_i)\Delta\sigma_i$$

其中变量 x, y 称为积分变量，二元函数 $f(x,y)$ 称为被积函数，$\mathrm{d}\sigma$ 称为面积元素，有界闭区域 D 称为积分区域，记号“$\iint$”称为二重积分记号.

由于面积元素 $\mathrm{d}\sigma = \mathrm{d}x\mathrm{d}y$，所以二重积分还可以记作

$$\iint_D f(x,y)\mathrm{d}x\mathrm{d}y = \iint_D f(x,y)\mathrm{d}\sigma$$

根据二重积分的定义,在例 1 中,曲面 $z=f(x,y)(f(x,y)\geqslant 0,(x,y)\in D)$ 下的曲顶柱体体积

$$V=\iint\limits_{D}f(x,y)\mathrm{d}\sigma$$

这给出了二重积分的几何意义.说明在二元函数 $f(x,y)\geqslant 0$ 的情况下,二重积分 $\iint\limits_{D}f(x,y)\mathrm{d}\sigma$ 代表曲面 $z=f(x,y)((x,y)\in D)$ 下的曲顶柱体体积 V.

什么二元函数可积?经过深入的讨论可以得到结论:如果二元函数 $f(x,y)$ 在有界闭区域 D 上连续,则二元函数 $f(x,y)$ 在有界闭区域 D 上可积.本章所讨论的二元函数都在定义区域上连续,于是在其定义区域包含的任何有界闭区域上可积.

下面给出二重积分基本运算法则:

法则 1 如果二元函数 $u=u(x,y)$,$v=v(x,y)$ 在有界闭区域 D 上都可积,则二重积分

$$\iint\limits_{D}(u\pm v)\mathrm{d}\sigma=\iint\limits_{D}u\,\mathrm{d}\sigma\pm\iint\limits_{D}v\,\mathrm{d}\sigma$$

法则 2 如果二元函数 $v=v(x,y)$ 在有界闭区域 D 上可积,k 为常数,则二重积分

$$\iint\limits_{D}kv\,\mathrm{d}\sigma=k\iint\limits_{D}v\,\mathrm{d}\sigma$$

法则 3 如果二元函数 $u=u(x,y)$ 在有界闭区域 D 上可积,有界闭区域 D 被一条曲线分为两个有界闭区域 D_1,D_2,则二重积分

$$\iint\limits_{D}u\,\mathrm{d}\sigma=\iint\limits_{D_1}u\mathrm{d}\sigma+\iint\limits_{D_2}u\mathrm{d}\sigma$$

最后讨论特殊的二重积分 $\iint\limits_{D}\mathrm{d}x\mathrm{d}y$,其中积分区域 D 的面积为 S.注意到被积函数 $f(x,y)=1$,这时曲面 $z=f(x,y)$ 为平行于 xy 平面的平面 $z=1$,根据二重积分的几何意义,从而所给二重积分 $\iint\limits_{D}\mathrm{d}x\mathrm{d}y$ 代表底面积为 S、高为 1 的平顶柱体体积,它当然等于底面积与高的积,即等于积分区域的面积值 S,所以二重积分

$$\iint\limits_{D}\mathrm{d}x\mathrm{d}y=S$$

例 2 单项选择题

若积分区域 D 是由不等式组 $1\leqslant x^2+y^2\leqslant 4$ 确定的闭区域,则二重积分 $\iint\limits_{D}\mathrm{d}x\mathrm{d}y=$ ( ).

(a)π (b)2π

(c)3π (d)4π

解:画出积分区域 D 的图形,如图 6-9.

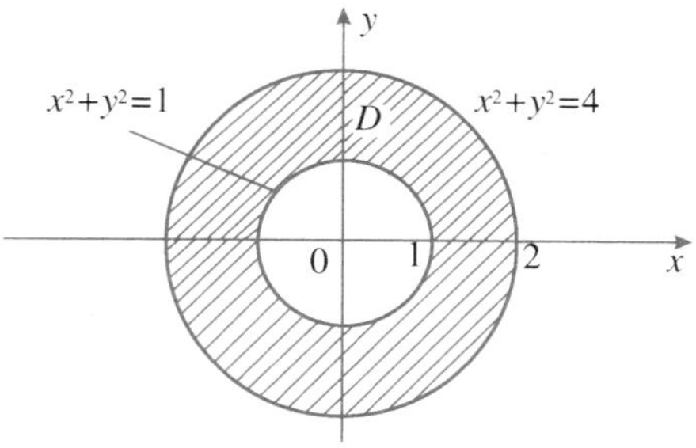

图 6-9

注意到积分区域 D 是圆环闭区域，其面积 $S=4\pi-\pi=3\pi$，于是二重积分

$$\iint_D \mathrm{d}x\mathrm{d}y = S = 3\pi$$

这个正确答案恰好就是备选答案(c)，所以选择(c).

二重积分的定义给出了求二重积分的具体方法，归结为计算总和的极限，即

$$\iint_D f(x,y)\mathrm{d}\sigma = \lim_{\Delta\sigma\to 0}\sum_{i=1}^{n} f(\xi_i,\eta_i)\Delta\sigma_i$$

但是直接计算这种极限是非常复杂的，因此必须寻找其他途径求二重积分.

§6.7　二重积分的计算

考虑二元函数 $f(x,y)\geqslant 0$，它在有界闭区域

$$D=\{(x,y)\mid a\leqslant x\leqslant b,\psi(x)\leqslant y\leqslant \varphi(x)\}$$

上连续，因而二重积分

$$\iint_D f(x,y)\mathrm{d}\sigma = \lim_{\Delta\sigma\to 0}\sum_{i=1}^{n} f(\xi_i,\eta_i)\Delta\sigma_i$$

是存在的. 根据 §6.7 二重积分的几何意义，它代表曲面 $z=f(x,y)((x,y)\in D)$ 下的曲顶柱体体积 V，即

$$V=\iint_D f(x,y)\mathrm{d}\sigma$$

二重积分存在意味着：对于有界闭区域 D，无论采用何种分法，表示曲顶柱体体积 V 的总和极限都存在且相同，因此对于有界闭区域 D，可以选择一种特殊分法.

用 $n-1$ 个分点

$$a=x_0<x_1<x_2<\cdots<x_{n-1}<x_n=b$$

将 x 轴上的闭区间 $[a,b]$ 任意分成 n 个首尾相连的小闭区间

$$[x_0,x_1],[x_1,x_2],\cdots,[x_{n-1},x_n]$$

这些小闭区间的长度分别为

$$\Delta x_1=x_1-x_0,\Delta x_2=x_2-x_1,\cdots,\Delta x_n=x_n-x_{n-1}$$

在各分点处作平行于 y 轴的直线，将有界闭区域 D 分成 n 个小长条闭区域. 在这些平行于 y 轴的直线处作平行于 z 轴的平面，将曲顶柱体切成 n 个特殊形状的小曲顶柱体，即 n 个非等截面小薄片. 显然，所求曲顶柱体的体积 V 等于这 n 个非等截面小薄片体积之和，如图 6－10.

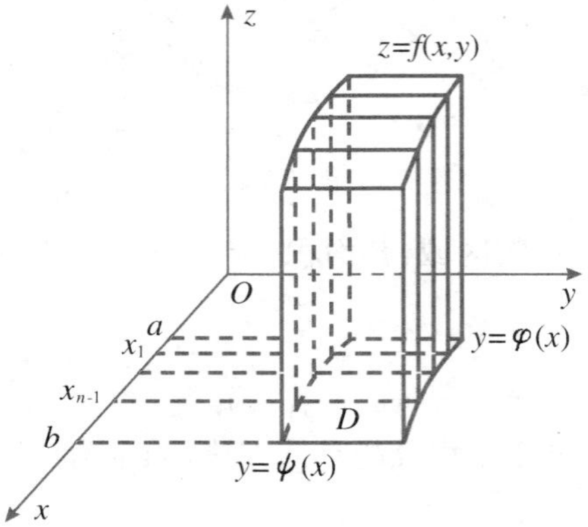

图 6－10

在 x 轴每个小闭区间上任取一点，这些点分别为

$$\xi_1,\xi_2,\cdots,\xi_n$$

非等截面小薄片中对应截面的面积分别为

$$S(\xi_1),S(\xi_2),\cdots,S(\xi_n)$$

容易看出：截面积 $S(\xi_i)$ 为曲线 $z=f(\xi_i,y)(f(\xi_i,y)\geqslant 0,\psi(\xi_i)\leqslant y\leqslant\varphi(\xi_i))$ 下的曲边梯形面积，于是截面积

$$S(\xi_i)=\int_{\psi(\xi_i)}^{\varphi(\xi_i)}f(\xi_i,y)\mathrm{d}y\quad(i=1,2,\cdots,n)$$

以 x 轴上小闭区间长度 Δx_i 为厚度、曲线 $z=f(\xi_i,y)$ 下的曲边梯形面积 $S(\xi_i)$ 为截面积的等截面小薄片体积近似代替相应非等截面小薄片体积($i=1,2,\cdots,n$)，于是所求曲顶柱体体积

$$V\approx S(\xi_1)\Delta x_1+S(\xi_2)\Delta x_2+\cdots+S(\xi_n)\Delta x_n=\sum_{i=1}^{n}S(\xi_i)\Delta x_i$$

用记号 Δx 表示 x 轴上 n 个小闭区间长度中的最大者，当

$$\Delta x=\max\{\Delta x_1,\Delta x_2,\cdots,\Delta x_n\}\to 0$$

时，n 个等截面小薄片体积之和即总和 $\sum\limits_{i=1}^{n}S(\xi_i)\Delta x_i$ 的极限就是所求曲顶柱体的体积，即

$$V=\lim_{\Delta x\to 0}\sum_{i=1}^{n}S(\xi_i)\Delta x_i=\int_a^b S(x)\mathrm{d}x=\int_a^b\left(\int_{\psi(x)}^{\varphi(x)}f(x,y)\mathrm{d}y\right)\mathrm{d}x=\int_a^b\mathrm{d}x\int_{\psi(x)}^{\varphi(x)}f(x,y)\mathrm{d}y$$

所以二重积分

$$\iint_D f(x,y)\mathrm{d}x\mathrm{d}y=\int_a^b\mathrm{d}x\int_{\psi(x)}^{\varphi(x)}f(x,y)\mathrm{d}y$$

说明计算二重积分的途径是化为先对自变量 y 积分、后对自变量 x 积分的二次积分. 若曲面 $z=f(x,y)$ 不都在 xy 平面的上方，可以证明上述计算二重积分的公式仍然成立.

一般情况下，对于任意连续曲线围成的积分区域，可以用经过曲线交点的平行于 y 轴的直线将它分成若干个上述形状的有界闭区域，被积函数在这些上述形状的有界闭区域上的二重积分之和即为所求二重积分.

根据积分区域 D 的形状，分下列两种基本情况讨论二重积分 $\iint\limits_D f(x,y)\mathrm{d}x\mathrm{d}y$ 的计算：

1. 第一种基本情况

积分区域 D 是特殊的矩形闭区域：$a\leqslant x\leqslant b, c\leqslant y\leqslant d$ (a,b,c,d 皆为常数)，这时不必画出积分区域 D 的图形，而直接将二重积分化为先对自变量 y 积分、后对自变量 x 积分的二次积分，即二重积分

$$\iint\limits_D f(x,y)\mathrm{d}x\mathrm{d}y=\int_a^b\mathrm{d}x\int_c^d f(x,y)\mathrm{d}y$$

例 1　求二重积分 $\iint\limits_D \frac{x}{y}\mathrm{d}x\mathrm{d}y$，其中积分区域 D：$0\leqslant x\leqslant 4, 1\leqslant y\leqslant \mathrm{e}$.

解：注意到积分区域 D 是特殊的矩形闭区域，因此直接将二重积分化为先对自变量 y 积分、后对自变量 x 积分的二次积分. 由于求二元函数 $f(x,y)=\frac{x}{y}$ 先对自变量 y 的积分时，把自变量 x 暂时看作常量，可将因式 x 移至对自变量 y 积分的积分记号前面. 所以二重积分

$$\begin{aligned}&\iint\limits_D \frac{x}{y}\mathrm{d}x\mathrm{d}y\\&=\int_0^4\mathrm{d}x\int_1^{\mathrm{e}}\frac{x}{y}\mathrm{d}y=\int_0^4 x\mathrm{d}x\int_1^{\mathrm{e}}\frac{1}{y}\mathrm{d}y=\int_0^4 x\ln|y|\Big|_{y=1}^{y=\mathrm{e}}\mathrm{d}x=\int_0^4 x\mathrm{d}x=\frac{1}{2}x^2\Big|_0^4\\&=\frac{1}{2}\times(16-0)=8\end{aligned}$$

例 2　求二重积分 $\iint\limits_D x\mathrm{e}^{xy}\mathrm{d}x\mathrm{d}y$，其中积分区域 D 是由直线 $y=1, y=0$ 与 $x=0, x=1$ 围成的闭区域.

解：注意到积分区域 D 是特殊的矩形闭区域，因此直接将二重积分化为先对自变量 y 积分、后对自变量 x 积分的二次积分. 由于求二元函数 $f(x,y)=x\mathrm{e}^{xy}$ 先对自变量 y 的积分时，把自变量 x 暂时看作常量，因而它的一个原函数为 e^{xy}. 这是容易理解的，由于一阶偏导数 $(\mathrm{e}^{xy})'_y=\mathrm{e}^{xy}(xy)'_y=x\mathrm{e}^{xy}$，从而在对自变量 y 积分时，二元函数 $f(x,y)=x\mathrm{e}^{xy}$ 的一个原函数当然为 e^{xy}. 所以二重积分

$$\begin{aligned}&\iint\limits_D x\mathrm{e}^{xy}\mathrm{d}x\mathrm{d}y\\&=\int_0^1\mathrm{d}x\int_0^1 x\mathrm{e}^{xy}\mathrm{d}y=\int_0^1\mathrm{e}^{xy}\Big|_{y=0}^{y=1}\mathrm{d}x=\int_0^1(\mathrm{e}^x-1)\mathrm{d}x=(\mathrm{e}^x-x)\Big|_0^1=(\mathrm{e}-1)-1\\&=\mathrm{e}-2\end{aligned}$$

2. 第二种基本情况

积分区域 D 是特殊的曲线四边形闭区域或曲线三边形闭区域或曲线两边形闭区域，如图 6－11、图 6－12、图 6－13 及图 6－14.

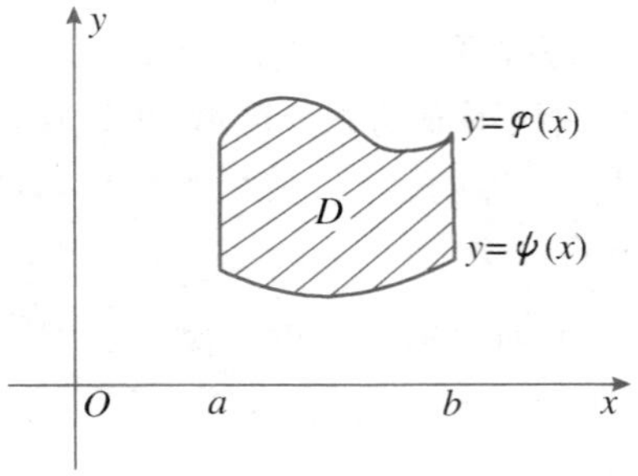

图 6-11

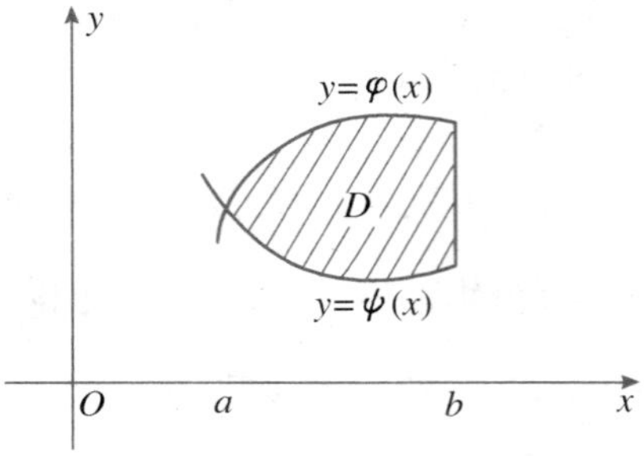

图 6-12

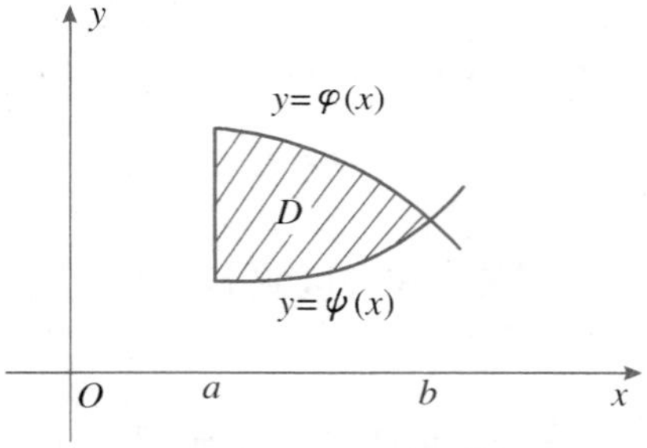

图 6-13

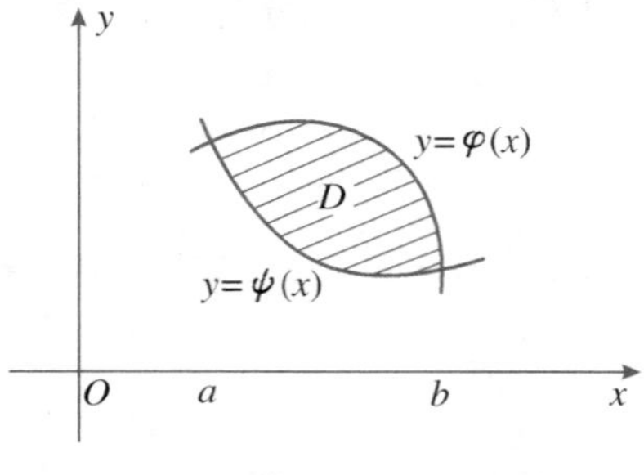

图 6-14

这时计算二重积分的步骤如下：

步骤1　必须画出围成积分区域 D 的各条边，其中常见的上下两条曲线边为直线、抛物线或基本初等函数曲线，对于上述特殊的曲线三边形闭区域或曲线两边形闭区域，需求出上下两条曲线边交点的横坐标；

步骤2　确定并计算代表所求二重积分的先对自变量 y 积分、后对自变量 x 积分的二次积分：自下向上观察积分区域 D 的图形，下面与上面曲线边分别对应被积函数先对自变量 y 积分的积分下限、积分上限，左面与右面平行（重合）于 y 轴的直线边或上下两条曲线边交点的横坐标分别对应后对自变量 x 积分的积分下限、积分上限. 即二重积分

$$\iint\limits_D f(x,y)\mathrm{d}x\mathrm{d}y = \int_a^b \mathrm{d}x\int_{\psi(x)}^{\varphi(x)} f(x,y)\mathrm{d}y$$

例3　求二重积分 $\iint\limits_D y\mathrm{d}x\mathrm{d}y$，其中积分区域 D 是由四条直线 $y=x$，$y=x+2$，$x=1$ 及 $x=3$ 围成的闭区域.

解：画出积分区域 D 的图形，如图 6－15.

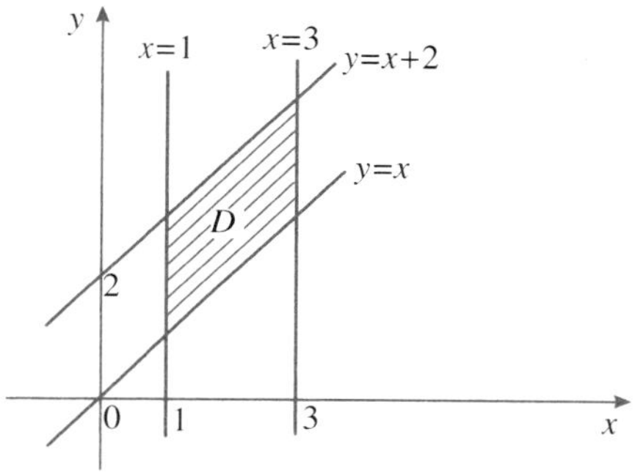

图 6－15

注意到积分区域 D 是特殊的曲线四边形闭区域，其中上下两条曲线边分别为直线 $y=x+2$ 与 $y=x$，左右两条平行于 y 轴的直线边分别为直线 $x=1$ 与 $x=3$. 所以二重积分

$$\iint\limits_D y\mathrm{d}x\mathrm{d}y$$

$$=\int_1^3\mathrm{d}x\int_x^{x+2} y\mathrm{d}y = \int_1^3 \frac{1}{2}y^2\Big|_{y=x}^{y=x+2}\mathrm{d}x = \int_1^3 \frac{1}{2}(4x+4)\mathrm{d}x = \int_1^3(2x+2)\mathrm{d}x = (x^2+2x)\Big|_1^3$$

$$=15-3=12$$

例4　求二重积分 $\iint\limits_D \frac{1}{x}\mathrm{d}x\mathrm{d}y$，其中积分区域 D 是由曲线 $y=\ln x$ 与直线 $x=\mathrm{e}$，x 轴围成的闭区域.

解：画出积分区域 D 的图形，如图 6－16.

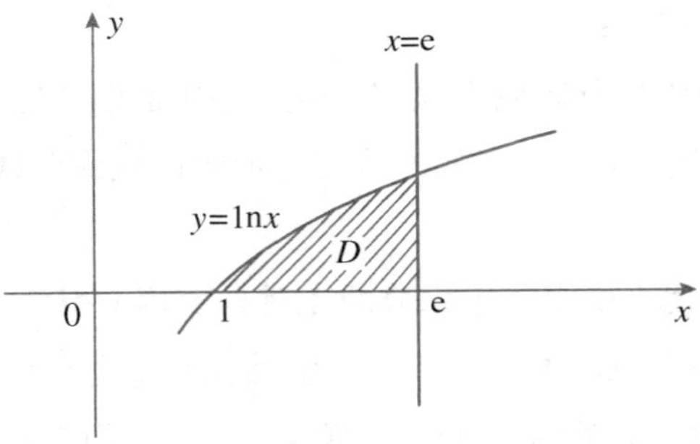

图 6－16

注意到积分区域 D 是特殊的曲线三边形闭区域，其中上下两条曲线边分别为曲线 $y=\ln x$ 与 x 轴即直线 $y=0$，左面上下两条曲线边交点的横坐标为 $x=1$，而右面平行于 y 轴 的直线边则为直线 $x=\mathrm{e}$. 所以二重积分

$$\begin{aligned}&\iint_D \frac{1}{x}\mathrm{d}x\mathrm{d}y\\&=\int_1^{\mathrm{e}}\mathrm{d}x\int_0^{\ln x}\frac{1}{x}\mathrm{d}y=\int_1^{\mathrm{e}}\frac{1}{x}\mathrm{d}x\int_0^{\ln x}\mathrm{d}y=\int_1^{\mathrm{e}}\frac{1}{x}y\Big|_{y=0}^{y=\ln x}\mathrm{d}x=\int_1^{\mathrm{e}}\frac{1}{x}\ln x\mathrm{d}x=\int_1^{\mathrm{e}}\ln x\mathrm{d}(\ln x)\\&=\frac{1}{2}\ln^2 x\Big|_1^{\mathrm{e}}=\frac{1}{2}\times(1-0)=\frac{1}{2}\end{aligned}$$

例 5 求二重积分 $\iint_D x^3 y\mathrm{d}x\mathrm{d}y$，其中积分区域 D 是由圆 $x^2+y^2=2$ 与直线 $y=x$，y 轴围成的在第一象限的闭区域.

解: 画出积分区域 D 的图形，如图 6－17.

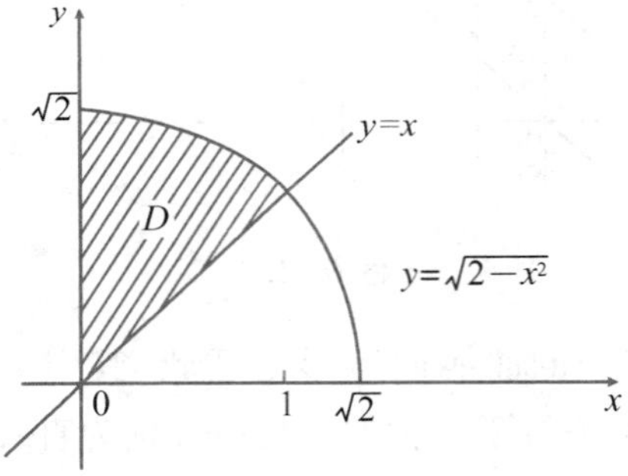

图 6－17

注意到积分区域 D 是特殊的曲线三边形闭区域，其中上下两条曲线边分别为上半圆 $x^2+y^2=2$ 即 $y=\sqrt{2-x^2}$ 与直线 $y=x$，左面直线边为 y 轴即直线 $x=0$，而右面上下两条曲线边交点的横坐标则为 $x=1$. 所以二重积分

$$\begin{aligned}&\iint_D x^3 y\mathrm{d}x\mathrm{d}y\\&=\int_0^1\mathrm{d}x\int_x^{\sqrt{2-x^2}}x^3 y\mathrm{d}y=\int_0^1 x^3\mathrm{d}x\int_x^{\sqrt{2-x^2}}y\mathrm{d}y=\int_0^1 x^3\cdot\frac{1}{2}y^2\Big|_{y=x}^{y=\sqrt{2-x^2}}\mathrm{d}x\\&=\int_0^1 x^3\cdot\frac{1}{2}(2-2x^2)\mathrm{d}x=\int_0^1(x^3-x^5)\mathrm{d}x=\left(\frac{1}{4}x^4-\frac{1}{6}x^6\right)\Big|_0^1=\frac{1}{12}-0=\frac{1}{12}\end{aligned}$$

例 6　求二重积分$\iint\limits_D (x-2y)\mathrm{d}x\mathrm{d}y$，其中积分区域 D 是由抛物线 $y=x^2$ 与直线 $y=x$ 围成的闭区域.

解：画出积分区域 D 的图形，如图 6－18.

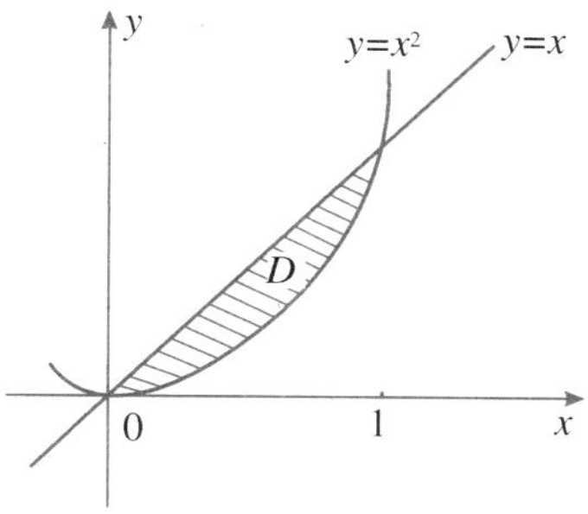

图 6－18

注意到积分区域 D 是特殊的曲线两边形闭区域，其中上下两条曲线边分别为直线 $y=x$ 与抛物线 $y=x^2$，左面与右面它们交点的横坐标分别为 $x=0$ 与 $x=1$. 所以二重积分

$$\iint\limits_D (x-2y)\mathrm{d}x\mathrm{d}y$$

$$=\int_0^1 \mathrm{d}x\int_{x^2}^{x}(x-2y)\mathrm{d}y=\int_0^1 (xy-y^2)\Big|_{y=x^2}^{y=x}\mathrm{d}x=\int_0^1 (x^4-x^3)\mathrm{d}x=\left(\frac{1}{5}x^5-\frac{1}{4}x^4\right)\Big|_0^1$$

$$=-\frac{1}{20}-0=-\frac{1}{20}$$

例 7　若积分区域 D 是由直线 $x+y=1$，$x-y=1$ 与 y 轴围成的闭区域，则二重积分 $\iint\limits_D f(x,y)\mathrm{d}x\mathrm{d}y=$（　　）.

(a) $\int_0^1 \mathrm{d}x\int_{x-1}^{1-x} f(x,y)\mathrm{d}y$　　(b) $\int_0^1 \mathrm{d}x\int_{1-x}^{x-1} f(x,y)\mathrm{d}y$

(c) $\int_0^1 \mathrm{d}x\int_{x-1}^{x+1} f(x,y)\mathrm{d}y$　　(d) $\int_0^1 \mathrm{d}x\int_{x+1}^{x-1} f(x,y)\mathrm{d}y$

解：画出积分区域 D 的图形，如图 6－19.

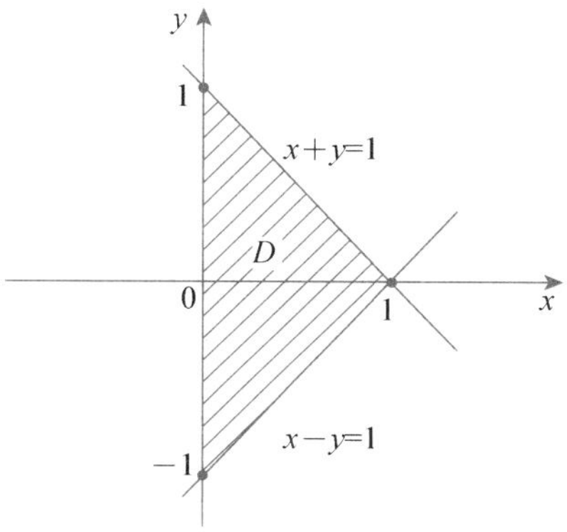

图 6－19

注意到积分区域 D 是特殊的曲线三边形闭区域，其中上下两条曲线边分别为直线 $x+y=1$ 即 $y=1-x$ 与 $x-y=1$ 即 $y=x-1$，左面直线边为 y 轴即直线 $x=0$，而右面上下两条曲线边交点的横坐标则为 $x=1$，于是二重积分

$$\iint_D f(x,y)\mathrm{d}x\mathrm{d}y=\int_0^1\mathrm{d}x\int_{x-1}^{1-x}f(x,y)\mathrm{d}y$$

这个正确答案恰好就是备选答案(a)，所以选择(a).

习题六

6.01　求下列二元函数的一阶偏导数：

(1) $z=x^4-5xy^3$　　(2) $z=xy^2\mathrm{e}^y$

(3) $z=\ln(\mathrm{e}^x+\mathrm{e}^y)$　　(4) $z=\sin\dfrac{y}{x}$

(5) $z=\sqrt{x^4+y^4}$　　(6) $z=y^x$

6.02　已知二元函数 $f(x,y)=x\arctan y$，求一阶偏导数值 $f'_y(1,3)$.

6.03　方程式 $z=x^2+y^2+z^2$ 确定变量 z 为 x,y 的二元函数，求一阶偏导数 z'_x.

6.04　方程式 $xz=y-\mathrm{e}^z$ 确定变量 z 为 x，y 的二元函数，求一阶偏导数值 $z'_y\Big|_{(\mathrm{e},2\mathrm{e},1)}$.

6.05　求下列二元函数的二阶偏导数：

(1) $z=xy^4-x^2y$　　(2) $z=\mathrm{e}^{xy}$

6.06　已知二元函数 $z=y^3\ln x$，求二阶偏导数值 $\dfrac{\partial^2 z}{\partial x\partial y}\Big|_{(2,1)}$.

6.07　求下列二元函数的全微分：

(1) $z=\dfrac{x^2}{y}$　　(2) $z=\ln(3x-2y)$

6.08　方程式 $z^3-3xyz=1$ 确定变量 z 为 x,y 的二元函数，求全微分 $\mathrm{d}z$.

6.09　求二元函数 $f(x,y)=x+y-\mathrm{e}^x-\mathrm{e}^y+4$ 的极值.

6.10　求二元函数 $f(x,y)=x^2-xy+y^2-3x$ 的极值.

6.11　求二元函数 $f(x,y)=3y^2-x^2-6x-12y$ 的极值.

6.12　求二重积分 $\iint_D \mathrm{e}^{x+y}\mathrm{d}x\mathrm{d}y$，其中积分区域 D 是由直线 $y=1$，$y=0$ 与 $x=0$，$x=1$ 围成的闭区域.

6.13　求二重积分 $\iint_D \dfrac{1}{(x+y)^2}\mathrm{d}x\mathrm{d}y$，其中积分区域 D 是由四条直线 $y=x$，$y=2x$，$x=2$ 及 $x=4$ 围成的闭区域.

6.14　求二重积分 $\iint_D \dfrac{x^2}{y^2}\mathrm{d}x\mathrm{d}y$，其中积分区域 D 是由曲线 $y=\dfrac{1}{x}$ 与直线 $y=x$，$x=2$ 围成的闭区域.

6.15　求二重积分$\iint\limits_{D} x^2 y\mathrm{d}x\mathrm{d}y$,其中积分区域$D$是由圆$x^2+y^2=1$与$x$轴、$y$轴围成的在第一象限的闭区域.

6.16　求二重积分$\iint\limits_{D}(2y-x^2)\mathrm{d}x\mathrm{d}y$,其中积分区域$D$是由抛物线$y=x^2$与直线$y=1$围成的闭区域.

6.17　填空题

(1) 已知二元函数$f(x,y)=\dfrac{1}{x^2+y^2}$,则一阶偏导数值$f'_y(2,1)=$______.

(2) 方程式$xy+yz+zx=1$确定变量z为x,y的二元函数,则一阶偏导数$z_x'=$______.

(3) 已知二元函数$z=\dfrac{y^2+1}{x+1}$,则二阶偏导数值$\dfrac{\partial^2 z}{\partial y^2}\Big|_{(0,0)}=$______.

(4) 二元函数$z=\dfrac{1}{2}\ln(1+x^2+y^2)$在点(3,2)处、当自变量改变量$\Delta x=0.2$且$\Delta y=0.4$时的全微分值为______.

(5) 二元函数$f(x,y)=x^2+xy-2y^2$的驻点为点______.

(6) 设积分区域$D=\{(x,y)\mid -a\leqslant x\leqslant a,-a\leqslant y\leqslant a\}(a>0)$,若二重积分$\iint\limits_{D}\mathrm{d}x\mathrm{d}y=1$,则常数$a=$______.

(7) 若积分区域D是由直线$y=2,y=0$与$x=0,x=1$围成的闭区域,则二重积分$\iint\limits_{D}(x+4y^3)\mathrm{d}x\mathrm{d}y=$______.

(8) 若积分区域D是由四条直线$x+y=1,x+y=2,x=0$及$x=1$围成的闭区域,则二重积分$\iint\limits_{D}f(x,y)\mathrm{d}x\mathrm{d}y$化为二次积分______.

6.18　单项选择题

(1) 方程式$x^2+y^2+z^2=14$确定变量z为x,y的二元函数,则一阶偏导数值$\dfrac{\partial z}{\partial x}\Big|_{(2,3,1)}=$(　　).

(a) -2　　(b) 2

(c) $-\dfrac{1}{2}$　　(d) $\dfrac{1}{2}$

(2) 已知二元函数$z=\sin xy$,则二阶偏导数$z''_{xx}=$(　　).

(a) $-x^2\sin xy$　　(b) $x^2\sin xy$

(c) $-y^2\sin xy$　　(d) $y^2\sin xy$

(3) 二元函数$z=\dfrac{x+y}{x-y}$的全微分$\mathrm{d}z=$(　　).

(a) $\dfrac{2(x\mathrm{d}x-y\mathrm{d}y)}{(x-y)^2}$　　(b) $\dfrac{2(y\mathrm{d}y-x\mathrm{d}x)}{(x-y)^2}$

(c) $\dfrac{2(y\mathrm{d}x-x\mathrm{d}y)}{(x-y)^2}$　　(d) $\dfrac{2(x\mathrm{d}y-y\mathrm{d}x)}{(x-y)^2}$

(4) 二元函数 $f(x,y)=x^2-2xy-y^3+4y^2$ 有(　　)个驻点.

(a)1　　　　(b)2

(c)3　　　　(d)4

(5) 二元函数 $z=x^2+xy$ (　　).

(a) 无驻点　　　　(b) 有驻点但无极值

(c) 有极大值　　　　(d) 有极小值

(6) 若积分区域 D 是由直线 $x+y=1$ 与 x 轴、y 轴围成的闭区域，则二重积分 $\iint\limits_D \mathrm{d}x\mathrm{d}y=$ (　　).

(a) $\frac{1}{4}$　　　　(b) $\frac{1}{2}$

(c)1　　　　(d)2

(7) 若积分区域 D 是由直线 $y=1,y=0$ 与 $x=0,x=\pi$ 围成的闭区域，则二重积分 $\iint\limits_D x\cos xy\,\mathrm{d}x\mathrm{d}y=$ (　　).

(a) -2　　　　(b)2

(c) -1　　　　(d)1

(8) 若积分区域 D 是由直线 $y=x,y=1$ 与 y 轴围成的闭区域，则二重积分 $\iint\limits_D f(x,y)\mathrm{d}x\mathrm{d}y=$ (　　).

(a) $\int_0^1 \mathrm{d}x\int_0^x f(x,y)\mathrm{d}y$　　　　(b) $\int_0^1 \mathrm{d}x\int_x^0 f(x,y)\mathrm{d}y$

(c) $\int_0^1 \mathrm{d}x\int_1^x f(x,y)\mathrm{d}y$　　　　(d) $\int_0^1 \mathrm{d}x\int_x^1 f(x,y)\mathrm{d}y$

第七章

无穷级数与一阶微分方程

§7.1 无穷级数的概念与基本运算法则

在 §1.3 讨论了数列极限，现在从另外一个角度讨论数列.

定义 7.1 已知数列

$$y_1, y_2, y_3, y_4, \cdots, y_n, \cdots$$

它的全部项相加称为无穷级数，简称为级数，记作

$$\sum_{n=1}^{\infty} y_n = y_1 + y_2 + y_3 + y_4 + \cdots$$

其中 y_n 是数列的一般项，也称为级数 $\sum\limits_{n=1}^{\infty} y_n$ 的一般项.

自然提出问题：有限个数相加得到的是一个确定的和数，而无限个数相加得到的是什么？怎样才算得到一个确定的和数？这需要以极限的观点给出规定.

考虑级数 $\sum\limits_{n=1}^{\infty} y_n$ 前 n 项部分和

$$S_n = y_1 + y_2 + \cdots + y_{n-1} + y_n$$

当项数 n 取值为确定的正整数时，相应的部分和是一个确定的和数. 所有部分和构成一个数列

$$S_1, S_2, \cdots, S_{n-1}, S_n, \cdots$$

显然，当项数 n 无限增大时，部分和数列的极限情况就代表了级数的情况.

定义 7.2 已知级数$\sum\limits_{n=1}^{\infty} y_n$,其前 n 项部分和为S_n. 若极限$\lim\limits_{n\to\infty} S_n = S$(有限值),则称级数$\sum\limits_{n=1}^{\infty} y_n$ 收敛,并称它的和等于 S,记作$\sum\limits_{n=1}^{\infty} y_n = S$;若极限$\lim\limits_{n\to\infty} S_n$ 不存在,则称级数$\sum\limits_{n=1}^{\infty} y_n$ 发散,它不等于任何数,即没有和.

根据这个定义,讨论级数的敛散性就归结为讨论部分和数列的极限是否存在.

收敛级数的一般项具有什么性质?下面的定理回答了这个问题.

定理 7.1 如果级数$\sum\limits_{n=1}^{\infty} y_n$ 收敛,则一般项 y_n 的极限

$$\lim_{n\to\infty} y_n = 0$$

证:由于级数$\sum\limits_{n=1}^{\infty} y_n$ 收敛,不妨设它的和等于有限值S,从而有极限$\lim\limits_{n\to\infty} S_n = S$与$\lim\limits_{n\to\infty} S_{n-1} = S$,又由于前 n 项部分和

$$S_n = y_1 + y_2 + \cdots + y_{n-1} + y_n$$

前 $n-1$ 项部分和

$$S_{n-1} = y_1 + y_2 + \cdots + y_{n-1}$$

因此一般项 y_n 可以表示为

$$y_n = S_n - S_{n-1}$$

所以一般项 y_n 的极限

$$\lim_{n\to\infty} y_n = \lim_{n\to\infty}(S_n - S_{n-1}) = S - S = 0$$

推论 如果一般项 y_n 的极限$\lim\limits_{n\to\infty} y_n$ 不存在,或虽然存在但不为零,则级数$\sum\limits_{n=1}^{\infty} y_n$ 发散.

当然,如果一般项 y_n 的极限$\lim\limits_{n\to\infty} y_n = 0$,则级数$\sum\limits_{n=1}^{\infty} y_n$ 可能收敛,也可能发散,须进一步判别.

例 1 判别级数

$$\sum_{n=1}^{\infty} \frac{1}{n(n+1)} = \frac{1}{1\times 2} + \frac{1}{2\times 3} + \frac{1}{3\times 4} + \frac{1}{4\times 5} + \cdots$$

的敛散性.

解:由于级数一般项 $y_n = \dfrac{1}{n(n+1)}$ 的极限

$$\lim_{n\to\infty} \frac{1}{n(n+1)} = 0$$

因而级数$\sum\limits_{n=1}^{\infty} \dfrac{1}{n(n+1)}$ 可能收敛,也可能发散,须进一步判别.

注意到级数前 n 项部分和

$$\begin{aligned} S_n &= \frac{1}{1\times 2} + \frac{1}{2\times 3} + \frac{1}{3\times 4} + \cdots + \frac{1}{(n-1)n} + \frac{1}{n(n+1)} \\ &= \frac{2-1}{1\times 2} + \frac{3-2}{2\times 3} + \frac{4-3}{3\times 4} + \cdots + \frac{n-(n-1)}{(n-1)n} + \frac{(n+1)-n}{n(n+1)} \end{aligned}$$

$$= \left(1-\frac{1}{2}\right)+\left(\frac{1}{2}-\frac{1}{3}\right)+\left(\frac{1}{3}-\frac{1}{4}\right)+\cdots+\left(\frac{1}{n-1}-\frac{1}{n}\right)+\left(\frac{1}{n}-\frac{1}{n+1}\right)$$

$$= 1-\frac{1}{n+1}$$

因此部分和数列的极限

$$\lim_{n\to\infty}S_n = \lim_{n\to\infty}\left(1-\frac{1}{n+1}\right)=1$$

所以级数 $\sum_{n=1}^{\infty}\frac{1}{n(n+1)}$ 收敛,它的和等于 1,即级数

$$\sum_{n=1}^{\infty}\frac{1}{n(n+1)}=1$$

例 2　判别级数 $\sum_{n=1}^{\infty}\left(\frac{1}{\sqrt{n}}-\frac{1}{\sqrt{n+1}}\right)$ 的敛散性,若收敛,则求出和.

解: 由于级数一般项 $y_n=\frac{1}{\sqrt{n}}-\frac{1}{\sqrt{n+1}}$ 的极限

$$\lim_{n\to\infty}\left(\frac{1}{\sqrt{n}}-\frac{1}{\sqrt{n+1}}\right)=0$$

因而级数 $\sum_{n=1}^{\infty}\left(\frac{1}{\sqrt{n}}-\frac{1}{\sqrt{n+1}}\right)$ 可能收敛,也可能发散,须进一步判别.

注意到级数前 n 项部分和

$$S_n = \left(1-\frac{1}{\sqrt{2}}\right)+\left(\frac{1}{\sqrt{2}}-\frac{1}{\sqrt{3}}\right)+\left(\frac{1}{\sqrt{3}}-\frac{1}{\sqrt{4}}\right)+\cdots+\left(\frac{1}{\sqrt{n-1}}-\frac{1}{\sqrt{n}}\right)+\left(\frac{1}{\sqrt{n}}-\frac{1}{\sqrt{n+1}}\right)$$

$$= 1-\frac{1}{\sqrt{n+1}}$$

因此部分和数列的极限

$$\lim_{n\to\infty}S_n = \lim_{n\to\infty}\left(1-\frac{1}{\sqrt{n+1}}\right)=1$$

所以级数 $\sum_{n=1}^{\infty}\left(\frac{1}{\sqrt{n}}-\frac{1}{\sqrt{n+1}}\right)$ 收敛,它的和等于 1,即级数

$$\sum_{n=1}^{\infty}\left(\frac{1}{\sqrt{n}}-\frac{1}{\sqrt{n+1}}\right)=1$$

例 3　判别级数

$$\sum_{n=1}^{\infty}\ln\frac{n}{n+1}=\ln\frac{1}{2}+\ln\frac{2}{3}+\ln\frac{3}{4}+\ln\frac{4}{5}+\cdots$$

的敛散性.

解: 由于级数一般项 $y_n=\ln\frac{n}{n+1}$ 的极限

$$\lim_{n\to\infty}\ln\frac{n}{n+1}=\ln 1=0$$

因而级数 $\sum_{n=1}^{\infty}\ln\frac{n}{n+1}$ 可能收敛,也可能发散,须进一步判别.

注意到级数前 n 项部分和

$$S_n = \ln\frac{1}{2} + \ln\frac{2}{3} + \ln\frac{3}{4} + \cdots + \ln\frac{n-1}{n} + \ln\frac{n}{n+1}$$
$$= (\ln 1 - \ln 2) + (\ln 2 - \ln 3) + (\ln 3 - \ln 4) + \cdots + [\ln(n-1) - \ln n] + [\ln n - \ln(n+1)]$$
$$= -\ln(n+1)$$

因此部分和数列的极限

$$\lim_{n\to\infty} S_n = \lim_{n\to\infty}[-\ln(n+1)] = -\infty$$

所以级数 $\sum_{n=1}^{\infty} \ln\frac{n}{n+1}$ 发散.

例 4 判别级数

$$\sum_{n=1}^{\infty} \sqrt[n]{0.01} = 0.01 + \sqrt{0.01} + \sqrt[3]{0.01} + \sqrt[4]{0.01} + \cdots$$

的敛散性.

解:由于级数一般项 $y_n = \sqrt[n]{0.01}$ 的极限

$$\lim_{n\to\infty} \sqrt[n]{0.01} = \lim_{n\to\infty}(0.01)^{\frac{1}{n}} = (0.01)^0 = 1 \neq 0$$

根据定理 7.1 的推论,所以级数 $\sum_{n=1}^{\infty} \sqrt[n]{0.01}$ 发散.

下面讨论一类非常重要的几何级数

$$\sum_{n=1}^{\infty} aq^{n-1} = a + aq + aq^2 + aq^3 + \cdots (a \neq 0)$$

的敛散性. 几何级数的特征是一般项为变量 n 的指数函数,即任意相邻两项的后项与前项之比值皆相等,等于常数 q,这个比值 q 称为公比,说明几何级数就是公比为 q 的等比数列全部项相加. 根据公比 q 的取值范围,分下列三种情况讨论:

1. $|q| < 1$

应用 §1.3 例 1 结论的推广,得到级数一般项 $y_n = aq^{n-1}$ 的极限

$$\lim_{n\to\infty} aq^{n-1} = 0$$

于是进一步考察部分和数列的极限. 注意到等比数列的前 n 项和

$$S_n = a + aq + aq^2 + \cdots + aq^{n-1} = \frac{a(1-q^n)}{1-q}$$

并应用 §1.3 例 1 结论的推广,因此部分和数列的极限

$$\lim_{n\to\infty} S_n = \lim_{n\to\infty}\frac{a(1-q^n)}{1-q} = \frac{a}{1-q}$$

所以这时几何级数 $\sum_{n=1}^{\infty} aq^{n-1}$ 收敛,它的和为 $\frac{a}{1-q}$.

2. $|q| > 1$

由于级数一般项 $y_n = aq^{n-1}$ 的极限

$$\lim_{n\to\infty} aq^{n-1} = \infty$$

所以这时几何级数 $\sum_{n=1}^{\infty} aq^{n-1}$ 发散.

3. $|q|=1$

当 $q=-1$ 时，由于级数一般项 $y_n=aq^{n-1}$ 的极限

$$\lim_{n\to\infty} aq^{n-1}=\lim_{n\to\infty}(-1)^{n-1}a \text{ 不存在}$$

所以这时几何级数 $\sum_{n=1}^{\infty} aq^{n-1}$ 发散；

当 $q=1$ 时，由于级数一般项 $y_n=aq^{n-1}$ 的极限

$$\lim_{n\to\infty} aq^{n-1}=\lim_{n\to\infty} a=a\neq 0$$

所以这时几何级数 $\sum_{n=1}^{\infty} aq^{n-1}$ 也发散.

综合上面的讨论，得到几何级数

$$\sum_{n=1}^{\infty} aq^{n-1}(a\neq 0)\begin{cases}\text{收敛且和为}\dfrac{a}{1-q}, & |q|<1\\ \text{发散}, & |q|\geqslant 1\end{cases}$$

最后给出级数基本运算法则：

法则 1　如果级数 $\sum_{n=1}^{\infty} u_n$ 与 $\sum_{n=1}^{\infty} v_n$ 都收敛，则级数 $\sum_{n=1}^{\infty}(u_n\pm v_n)$ 也收敛，且级数

$$\sum_{n=1}^{\infty}(u_n\pm v_n)=\sum_{n=1}^{\infty} u_n\pm\sum_{n=1}^{\infty} v_n$$

法则 2　如果级数 $\sum_{n=1}^{\infty} v_n$ 收敛，k 为常数，则级数 $\sum_{n=1}^{\infty} kv_n$ 也收敛，且级数

$$\sum_{n=1}^{\infty} kv_n=k\sum_{n=1}^{\infty} v_n$$

如果级数 $\sum_{n=1}^{\infty} v_n$ 发散，k 为非零常数，则级数 $\sum_{n=1}^{\infty} kv_n$ 也发散.

法则 3　级数的前面加上或去掉有限项，得到新级数，那么：

如果原级数收敛，则新级数也收敛，且其和等于原级数的和加上或减去有限项的和；

如果原级数发散，则新级数也发散.

例 5　填空题

级数 $\sum_{n=1}^{\infty}\left(\frac{1}{2^n}+\frac{1}{3^n}\right)$ 的和为______.

解：所给级数的一般项为 $y_n=\frac{1}{2^n}+\frac{1}{3^n}$. 注意到级数 $\sum_{n=1}^{\infty}\frac{1}{2^n}$ 为首项 $a=\frac{1}{2}$，公比 $q=\frac{1}{2}$ 的几何级数，级数 $\sum_{n=1}^{\infty}\frac{1}{3^n}$ 为首项 $a=\frac{1}{3}$，公比 $q=\frac{1}{3}$ 的几何级数，它们当然都收敛，根据级数基本运算法则 1，所以级数 $\sum_{n=1}^{\infty}\left(\frac{1}{2^n}+\frac{1}{3^n}\right)$ 也收敛，且级数

$$\sum_{n=1}^{\infty}\left(\frac{1}{2^n}+\frac{1}{3^n}\right)=\sum_{n=1}^{\infty}\frac{1}{2^n}+\sum_{n=1}^{\infty}\frac{1}{3^n}=\frac{\frac{1}{2}}{1-\frac{1}{2}}+\frac{\frac{1}{3}}{1-\frac{1}{3}}=1+\frac{1}{2}=\frac{3}{2}$$

于是应将"$\frac{3}{2}$"直接填在空内.

例 6 填空题

若 $|p|>1$,则级数 $\sum\limits_{n=1}^{\infty}\dfrac{1}{p^{n-1}}$ 的和为______.

解:所给级数 $\sum\limits_{n=1}^{\infty}\dfrac{1}{p^{n-1}}=\sum\limits_{n=1}^{\infty}\left(\dfrac{1}{p}\right)^{n-1}$ 为首项 $a=1$,公比 $q=\dfrac{1}{p}$ 的几何级数,注意到 $|q|=\dfrac{1}{|p|}<1$,因此此几何级数收敛,且和为

$$S=\frac{a}{1-q}=\frac{1}{1-\frac{1}{p}}=\frac{p}{p-1}$$

于是应将"$\dfrac{p}{p-1}$"直接填在空内.

§7.2 正项级数

定义 7.3 若 $y_n>0(n=1,2,\cdots)$,则称级数

$$\sum_{n=1}^{\infty}y_n=y_1+y_2+y_3+y_4+\cdots$$

为正项级数.

正项级数是基本而重要的一类级数,其特征是各项取值皆为正. 正项级数有许多性质,如无论加括号或去括号都不改变其敛散性. 如何判别正项级数的敛散性?有达朗贝尔(D'Alembert)判别法则.

达朗贝尔判别法则 已知正项级数 $\sum\limits_{n=1}^{\infty}y_n(y_n>0;n=1,2,\cdots)$,且极限 $\lim\limits_{n\to\infty}\dfrac{y_{n+1}}{y_n}=l$,那么:

如果 $l<1$,则正项级数 $\sum\limits_{n=1}^{\infty}y_n$ 收敛;

如果 $l>1$,则正项级数 $\sum\limits_{n=1}^{\infty}y_n$ 发散.

例 1 判别正项级数 $\sum\limits_{n=1}^{\infty}\dfrac{n}{3^n}$ 的敛散性.

解:级数一般项 $y_n=\dfrac{n}{3^n}$,在 y_n 的表达式中,把 n 换成 $n+1$,得到 $y_{n+1}=\dfrac{n+1}{3^{n+1}}$,注意到幂恒等关系式,从而有关系式 $3^{n+1}=3^n\cdot 3$,计算极限

$$\lim_{n\to\infty}\frac{y_{n+1}}{y_n}=\lim_{n\to\infty}\frac{\frac{n+1}{3^{n+1}}}{\frac{n}{3^n}}=\lim_{n\to\infty}\frac{n+1}{3n}=\frac{1}{3}<1$$

根据达朗贝尔判别法则,所以正项级数 $\sum\limits_{n=1}^{\infty}\dfrac{n}{3^n}$ 收敛.

例 2　判别正项级数 $\sum_{n=1}^{\infty}\frac{1}{n!}$ 的敛散性.

解: 级数一般项 $y_n=\frac{1}{n!}$，从而 $y_{n+1}=\frac{1}{(n+1)!}$，注意到阶乘的定义，从而有关系式 $(n+1)!=(n+1)n!$，计算极限

$$\lim_{n\to\infty}\frac{y_{n+1}}{y_n}=\lim_{n\to\infty}\frac{\frac{1}{(n+1)!}}{\frac{1}{n!}}=\lim_{n\to\infty}\frac{1}{n+1}=0<1$$

根据达朗贝尔判别法则，所以正项级数 $\sum_{n=1}^{\infty}\frac{1}{n!}$ 收敛.

例 3　判别正项级数 $\sum_{n=1}^{\infty}\frac{5^n}{(2n+1)!}$ 的敛散性.

解: 级数一般项 $y_n=\frac{5^n}{(2n+1)!}$，从而 $y_{n+1}=\frac{5^{n+1}}{(2n+3)!}$，注意到阶乘的定义，从而有关系式 $(2n+3)!=(2n+3)(2n+2)(2n+1)!$，计算极限

$$\lim_{n\to\infty}\frac{y_{n+1}}{y_n}=\lim_{n\to\infty}\frac{\frac{5^{n+1}}{(2n+3)!}}{\frac{5^n}{(2n+1)!}}=\lim_{n\to\infty}\frac{5}{(2n+3)(2n+2)}=0<1$$

根据达朗贝尔判别法则，所以正项级数 $\sum_{n=1}^{\infty}\frac{5^n}{(2n+1)!}$ 收敛.

例 4　判别正项级数 $\sum_{n=1}^{\infty}\frac{10^n}{n^{10}}$ 的敛散性.

解: 级数一般项 $y_n=\frac{10^n}{n^{10}}$，从而 $y_{n+1}=\frac{10^{n+1}}{(n+1)^{10}}$，应用 §1.5 关于未定式极限第三种基本情况的一般结果，计算极限

$$\lim_{n\to\infty}\frac{y_{n+1}}{y_n}=\lim_{n\to\infty}\frac{\frac{10^{n+1}}{(n+1)^{10}}}{\frac{10^n}{n^{10}}}=\lim_{n\to\infty}\frac{10n^{10}}{(n+1)^{10}}=10>1$$

根据达朗贝尔判别法则，所以正项级数 $\sum_{n=1}^{\infty}\frac{10^n}{n^{10}}$ 发散.

在应用达朗贝尔判别法则判别正项级数 $\sum_{n=1}^{\infty}y_n(y_n>0;n=1,2,\cdots)$ 的敛散性时，如果极限 $\lim_{n\to\infty}\frac{y_{n+1}}{y_n}=1$，则正项级数 $\sum_{n=1}^{\infty}y_n$ 可能收敛，也可能发散，这时应该考虑应用比较判别法则判别它的敛散性.

比较判别法则 已知正项级数$\sum\limits_{n=1}^{\infty}u_n(u_n>0;n=1,2,\cdots)$与$\sum\limits_{n=1}^{\infty}v_n(v_n>0;n=1,2,\cdots)$,且$u_n\leqslant v_n(n=1,2,\cdots)$,那么:

如果正项级数$\sum\limits_{n=1}^{\infty}v_n$收敛,则正项级数$\sum\limits_{n=1}^{\infty}u_n$也收敛;

如果正项级数$\sum\limits_{n=1}^{\infty}u_n$发散,则正项级数$\sum\limits_{n=1}^{\infty}v_n$也发散.

下面讨论另一类非常重要的广义调和级数

$$\sum_{n=1}^{\infty}\frac{1}{n^p}=1+\frac{1}{2^p}+\frac{1}{3^p}+\frac{1}{4^p}+\cdots$$

的敛散性.广义调和级数的特征是一般项为变量n的幂函数之倒数,它当然是正项级数.经过深入的讨论,可以得到广义调和级数

$$\sum_{n=1}^{\infty}\frac{1}{n^p}\begin{cases}收敛 , & p>1\\ 发散 , & p\leqslant 1\end{cases}$$

作为广义调和级数的特殊情况,容易得到:正项级数$\sum\limits_{n=1}^{\infty}\dfrac{1}{n\sqrt{n}}=\sum\limits_{n=1}^{\infty}\dfrac{1}{n^{\frac{3}{2}}}$为$p=\dfrac{3}{2}>1$的广义调和级数,当然收敛;正项级数$\sum\limits_{n=1}^{\infty}\dfrac{1}{n^2}$为$p=2>1$的广义调和级数,当然收敛;正项级数$\sum\limits_{n=1}^{\infty}\dfrac{1}{\sqrt{n}}=\sum\limits_{n=1}^{\infty}\dfrac{1}{n^{\frac{1}{2}}}$为$p=\dfrac{1}{2}<1$的广义调和级数,当然发散.

作为广义调和级数的特殊情况,正项级数

$$\sum_{n=1}^{\infty}\frac{1}{n}=1+\frac{1}{2}+\frac{1}{3}+\frac{1}{4}+\cdots$$

为$p=1$的广义调和级数,它是一个重要的正项级数,称为调和级数,当然发散.

下面讨论与调和级数$\sum\limits_{n=1}^{\infty}\dfrac{1}{n}$有密切联系的正项级数$\sum\limits_{n=1}^{\infty}\dfrac{1}{2n}$与$\sum\limits_{n=1}^{\infty}\dfrac{1}{2n-1}$的敛散性.由于调和级数$\sum\limits_{n=1}^{\infty}\dfrac{1}{n}$发散,根据级数基本运算法则2,所以正项级数$\sum\limits_{n=1}^{\infty}\dfrac{1}{2n}$也发散;由于有不等式$2n-1<2n$,从而有$\dfrac{1}{2n-1}>\dfrac{1}{2n}(n=1,2,\cdots)$,又正项级数$\sum\limits_{n=1}^{\infty}\dfrac{1}{2n}$发散,根据比较判别法则,所以正项级数$\sum\limits_{n=1}^{\infty}\dfrac{1}{2n-1}$也发散.

当正项级数的一般项与广义调和级数的一般项容易比较大小时,须以广义调和级数作为比较标准,应用比较判别法则判别它的敛散性.特别地,若所给正项级数$\sum\limits_{n=1}^{\infty}y_n(y_n>0;n=1,2,\cdots)$的一般项$y_n$为变量$n$的有理分式,且分母最高幂次减分子最高幂次之差为$\alpha$,则所给正项级数一般项$y_n$须与分式$\dfrac{1}{n^{\alpha}}$进行比较.

例 5　判别正项级数 $\sum_{n=1}^{\infty}\frac{1}{n^2+1}$ 的敛散性.

解:注意到所给正项级数一般项 $y_n=\frac{1}{n^2+1}$ 为有理分式,分母最高幂次减分子最高幂次之差为 $\alpha=2-0=2$,因而一般项 $y_n=\frac{1}{n^2+1}$ 须与分式 $\frac{1}{n^2}$ 进行比较. 由于 $n^2+1>n^2$,从而有

$$\frac{1}{n^2+1}<\frac{1}{n^2}\quad(n=1,2,\cdots)$$

又正项级数 $\sum_{n=1}^{\infty}\frac{1}{n^2}$ 为 $p=2>1$ 的广义调和级数,当然收敛. 根据比较判别法则,所以正项级数 $\sum_{n=1}^{\infty}\frac{1}{n^2+1}$ 也收敛.

例 6　判别正项级数 $\sum_{n=1}^{\infty}\frac{1+n^2}{1+n^3}$ 的敛散性.

解:注意到所给正项级数一般项 $y_n=\frac{1+n^2}{1+n^3}$ 为有理分式,分母最高幂次减分子最高幂次之差为 $\alpha=3-2=1$,因而一般项 $y_n=\frac{1+n^2}{1+n^3}$ 须与分式 $\frac{1}{n}$ 进行比较. 由于容易得到不等式 $1+n^3\leqslant n+n^3=n(1+n^2)$,从而有

$$\frac{1}{1+n^3}\geqslant\frac{1}{n(1+n^2)}$$

即有

$$\frac{1+n^2}{1+n^3}\geqslant\frac{1}{n}\quad(n=1,2,\cdots)$$

又正项级数 $\sum_{n=1}^{\infty}\frac{1}{n}$ 为调和级数,当然发散. 根据比较判别法则,所以正项级数 $\sum_{n=1}^{\infty}\frac{1+n^2}{1+n^3}$ 也发散.

§7.3　交错级数

各项具有任意正负号的级数称为任意项级数,如何判别其敛散性?有绝对值判别法则.

绝对值判别法则　已知任意项级数 $\sum_{n=1}^{\infty}y_n$,如果其各项绝对值组成的正项级数 $\sum_{n=1}^{\infty}|y_n|$ 收敛,则此任意项级数 $\sum_{n=1}^{\infty}y_n$ 也收敛.

当然,如果正项级数 $\sum_{n=1}^{\infty}|y_n|$ 发散,则任意项级数 $\sum_{n=1}^{\infty}y_n$ 可能收敛,也可能发散,须进一步判别.

定义 7.4　已知任意项级数 $\sum_{n=1}^{\infty}y_n$,若正项级数 $\sum_{n=1}^{\infty}|y_n|$ 收敛,则称任意项级数 $\sum_{n=1}^{\infty}y_n$ 绝对收敛;若正项级数 $\sum_{n=1}^{\infty}|y_n|$ 发散,且任意项级数 $\sum_{n=1}^{\infty}y_n$ 收敛,则称任意项级数 $\sum_{n=1}^{\infty}y_n$ 条件收敛.

绝对收敛级数有很多性质，如任意交换各项的位置都不改变其敛散性，而条件收敛级数却没有这个性质，因此有必要区分收敛级数是绝对收敛还是条件收敛.

任意项级数有两种特殊类型:一种是正项级数,另一种是交错级数.

定义 7.5 若 $y_n > 0(n=1,2,\cdots)$,则称级数

$$\sum_{n=1}^{\infty}(-1)^{n-1}y_n = y_1 - y_2 + y_3 - y_4 + \cdots$$

为交错级数.

交错级数是重要的一类级数,其特征是各项的正负号交替出现.如何判别交错级数的敛散性?当然可以应用绝对值判别法则,即:如果正项级数 $\sum_{n=1}^{\infty} y_n(y_n > 0; n=1,2,\cdots)$ 收敛,则交错级数 $\sum_{n=1}^{\infty}(-1)^{n-1}y_n$ 也收敛,且为绝对收敛.

显然,判别正项级数敛散性的达朗贝尔判别法则与比较判别法则都可以应用于判别交错级数是否绝对收敛.

例 1 判别交错级数 $\sum_{n=1}^{\infty}(-1)^{n-1}\frac{2n-1}{2^n}$ 的敛散性.

解: 首先判别正项级数 $\sum_{n=1}^{\infty}\frac{2n-1}{2^n}$ 的敛散性. 级数一般项 $y_n = \frac{2n-1}{2^n}$, 从而得到 $y_{n+1} = \frac{2n+1}{2^{n+1}}$,计算极限

$$\lim_{n\to\infty}\frac{y_{n+1}}{y_n} = \lim_{n\to\infty}\frac{\frac{2n+1}{2^{n+1}}}{\frac{2n-1}{2^n}} = \lim_{n\to\infty}\frac{2n+1}{2(2n-1)} = \frac{1}{2} < 1$$

根据达朗贝尔判别法则,于是正项级数 $\sum_{n=1}^{\infty}\frac{2n-1}{2^n}$ 收敛.其次根据绝对值判别法则,所以交错级数 $\sum_{n=1}^{\infty}(-1)^{n-1}\frac{2n-1}{2^n}$ 也收敛,且为绝对收敛.

在应用绝对值判别法则判别交错级数 $\sum_{n=1}^{\infty}(-1)^{n-1}y_n(y_n > 0; n=1,2,\cdots)$ 的敛散性时,如果正项级数 $\sum_{n=1}^{\infty}y_n$ 发散,则说明交错级数 $\sum_{n=1}^{\infty}(-1)^{n-1}y_n$ 非绝对收敛,这时应该应用莱不尼兹判别法则判别它是否条件收敛.

莱不尼兹判别法则 已知交错级数 $\sum_{n=1}^{\infty}(-1)^{n-1}y_n(y_n > 0; n=1,2,\cdots)$,如果极限 $\lim_{n\to\infty}y_n = 0$,且 $y_{n+1} \leqslant y_n(n=1,2,\cdots)$,则交错级数 $\sum_{n=1}^{\infty}(-1)^{n-1}y_n$ 收敛.

下面讨论一个重要的交错级数

$$\sum_{n=1}^{\infty}(-1)^{n-1}\frac{1}{n} = 1 - \frac{1}{2} + \frac{1}{3} - \frac{1}{4} + \cdots$$

的敛散性.

首先由于正项级数$\sum\limits_{n=1}^{\infty}\frac{1}{n}$为调和级数，当然发散，于是交错级数$\sum\limits_{n=1}^{\infty}(-1)^{n-1}\frac{1}{n}$非绝对收敛. 其次判别它是否条件收敛，注意到$y_n=\frac{1}{n}$，$y_{n+1}=\frac{1}{n+1}$，有

$$\lim_{n\to\infty}y_n=\lim_{n\to\infty}\frac{1}{n}=0$$

$$\frac{1}{n+1}<\frac{1}{n}\text{ 即 }y_{n+1}<y_n\quad(n=1,2,\cdots)$$

根据莱不尼兹判别法则，所以交错级数$\sum\limits_{n=1}^{\infty}(-1)^{n-1}\frac{1}{n}$收敛，且为条件收敛.

例 2　判别交错级数$\sum\limits_{n=1}^{\infty}(-1)^{n-1}\frac{1}{\sqrt{n}}$的敛散性.

解: 首先由于正项级数$\sum\limits_{n=1}^{\infty}\frac{1}{\sqrt{n}}$为$p=\frac{1}{2}<1$的广义调和级数，当然发散，于是交错级数$\sum\limits_{n=1}^{\infty}(-1)^{n-1}\frac{1}{\sqrt{n}}$非绝对收敛. 其次判别它是否条件收敛，注意到$y_n=\frac{1}{\sqrt{n}}$，$y_{n+1}=\frac{1}{\sqrt{n+1}}$，有

$$\lim_{n\to\infty}y_n=\lim_{n\to\infty}\frac{1}{\sqrt{n}}=0$$

$$\frac{1}{\sqrt{n+1}}<\frac{1}{\sqrt{n}}\text{ 即 }y_{n+1}<y_n\quad(n=1,2,\cdots)$$

根据莱不尼兹判别法则，所以交错级数$\sum\limits_{n=1}^{\infty}(-1)^{n-1}\frac{1}{\sqrt{n}}$收敛，且为条件收敛.

显然，对于交错级数$\sum\limits_{n=1}^{\infty}(-1)^{n-1}y_n(y_n>0;n=1,2,\cdots)$，如果极限$\lim\limits_{n\to\infty}y_n$不存在，或虽然存在但不为零，则此交错级数一般项$(-1)^{n-1}y_n$的极限

$$\lim_{n\to\infty}(-1)^{n-1}y_n\text{ 不存在}$$

根据 §7.1 定理 7.1 的推论，所以交错级数$\sum\limits_{n=1}^{\infty}(-1)^{n-1}y_n$发散.

例 3　填空题

交错级数$\sum\limits_{n=1}^{\infty}(-1)^{n-1}\frac{n}{2n-1}$的敛散性是______.

解: 注意到$y_n=\frac{n}{2n-1}$，由于其极限

$$\lim_{n\to\infty}y_n=\lim_{n\to\infty}\frac{n}{2n-1}=\frac{1}{2}\neq0$$

因此交错级数$\sum\limits_{n=1}^{\infty}(-1)^{n-1}\frac{n}{2n-1}$发散，于是应将“发散”直接填在空内.

§7.4 幂级数

前面所讨论级数的一个特点是各项皆为常数,这样的级数称为常数项级数;若级数各项是由函数组成的,则称为函数项级数.在函数项级数中,基本而重要的一类级数是幂级数.

定义 7.6 若 $a_n(n=0,1,2,\cdots)$ 为常数,则称级数

$$\sum_{n=0}^{\infty}a_nx^n=a_0+a_1x+a_2x^2+a_3x^3+\cdots$$

为幂级数.

在幂级数 $\sum\limits_{n=0}^{\infty}a_nx^n$ 中,常数 $a_n(n=0,1,2,\cdots)$ 称为系数.当自变量 x 取一个确定数值 x_0 时,幂级数 $\sum\limits_{n=0}^{\infty}a_nx^n$ 化为相应的常数项级数 $\sum\limits_{n=0}^{\infty}a_nx_0^n$,可以判别其敛散性,使得幂级数 $\sum\limits_{n=0}^{\infty}a_nx^n$ 收敛的自变量 x 取值的集合称为收敛域.

自然提出问题:n 次多项式的定义域为全体实数即开区间 $(-\infty,+\infty)$,而幂级数的收敛域是否也为开区间 $(-\infty,+\infty)$?由于 n 次多项式是有限项相加,而幂级数是无限项相加,从有限项相加到无限项相加,不仅是数量上的增加,而且有了质的变化,所以一个幂级数的收敛域不一定为开区间 $(-\infty,+\infty)$.

容易看出:无论系数 $a_n(n=0,1,2,\cdots)$ 等于多少,幂级数 $\sum\limits_{n=0}^{\infty}a_nx^n$ 在原点 $x=0$ 处一定收敛.经过深入的讨论可以得到结论:幂级数 $\sum\limits_{n=0}^{\infty}a_nx^n$ 的收敛域是一个以原点为中心、R 为半径的区间(可以是开区间,也可以是闭区间或半开区间).称 R 为幂级数 $\sum\limits_{n=0}^{\infty}a_nx^n$ 的收敛半径,并称这个区间为幂级数 $\sum\limits_{n=0}^{\infty}a_nx^n$ 的收敛区间.特别地,若幂级数 $\sum\limits_{n=0}^{\infty}a_nx^n$ 仅在原点 $x=0$ 处收敛,则认为收敛半径 $R=0$;若幂级数 $\sum\limits_{n=0}^{\infty}a_nx^n$ 在区间 $(-\infty,+\infty)$ 内收敛,则认为收敛半径 $R=+\infty$.在收敛区间内,幂级数 $\sum\limits_{n=0}^{\infty}a_nx^n$ 绝对收敛,代表一个函数 $S(x)$,称这个函数 $S(x)$ 为和函数,即

$$\sum_{n=0}^{\infty}a_nx^n=S(x)$$

在收敛区间外,幂级数 $\sum\limits_{n=0}^{\infty}a_nx^n$ 发散,不代表任何函数.

如何求幂级数的收敛半径 R?有下面的定理.

定理 7.2　已知幂级数 $\sum_{n=0}^{\infty} a_n x^n$ 的系数 $a_n(n=0,1,2,\cdots)$ 中至多有限个等于零，如果极限 $\lim_{n\to\infty}\frac{|a_n|}{|a_{n+1}|}$ 存在或为 $+\infty$，则收敛半径

$$R=\lim_{n\to\infty}\frac{|a_n|}{|a_{n+1}|}$$

在求出幂级数 $\sum_{n=0}^{\infty} a_n x^n$ 的收敛半径 R 后，如何确定收敛区间？根据收敛半径 R 的取值范围，分下列三种情况讨论：

1. $R=0$

这时幂级数 $\sum_{n=0}^{\infty} a_n x^n$ 仅在原点 $x=0$ 处收敛，因而收敛区间缩为原点 $x=0$；

2. $R=+\infty$

这时幂级数 $\sum_{n=0}^{\infty} a_n x^n$ 在区间 $(-\infty,+\infty)$ 内收敛，因而收敛区间为 $(-\infty,+\infty)$；

3. $0<R<+\infty$

这时幂级数 $\sum_{n=0}^{\infty} a_n x^n$ 在开区间 $(-R,R)$ 内一定收敛，至于在端点 $x=-R$ 与 $x=R$ 处是否收敛，则须判别常数项级数 $\sum_{n=0}^{\infty} a_n(-R)^n$ 与 $\sum_{n=0}^{\infty} a_n R^n$ 的敛散性，因而得到收敛区间.

例 1　单项选择题

已知幂级数 $\sum_{n=0}^{\infty} a_n x^n$ 的收敛半径为 $r(0<r<+\infty)$，若 $b_n=(n+2)a_n(n=0,1,2,\cdots)$，则幂级数 $\sum_{n=0}^{\infty} b_n x^n$ 的收敛半径 $R=(\quad)$.

(a) $\frac{r}{2}$　　(b) r

(c) $2r$　　(d) $+\infty$

解：由于幂级数 $\sum_{n=0}^{\infty} a_n x^n$ 的收敛半径为 r，从而有极限

$$\lim_{n\to\infty}\frac{|a_n|}{|a_{n+1}|}=r$$

又所求幂级数中 x^n 系数的绝对值 $|b_n|=(n+2)|a_n|$，从而 $|b_{n+1}|=(n+3)|a_{n+1}|$，得到所求收敛半径

$$R=\lim_{n\to\infty}\frac{|b_n|}{|b_{n+1}|}=\lim_{n\to\infty}\frac{(n+2)|a_n|}{(n+3)|a_{n+1}|}=r$$

这个正确答案恰好就是备选答案(b)，所以选择(b).

例 2　填空题

幂级数 $\sum_{n=0}^{\infty} n!x^n$ 的收敛半径 $R=$ ______.

解：幂级数中 x^n 系数的绝对值 $|a_n|=n!$，从而 $|a_{n+1}|=(n+1)!$，得到收敛半径

$$R=\lim_{n\to\infty}\frac{|a_n|}{|a_{n+1}|}=\lim_{n\to\infty}\frac{n!}{(n+1)!}=\lim_{n\to\infty}\frac{1}{n+1}=0$$

于是应将“0”直接填在空内.

例 3 求幂级数 $\sum_{n=0}^{\infty} \frac{(-1)^n}{2^n}x^n$ 的收敛区间.

解:幂级数中 x^n 系数的绝对值 $|a_n| = \frac{1}{2^n}$,从而 $|a_{n+1}| = \frac{1}{2^{n+1}}$,得到收敛半径

$$R = \lim_{n\to\infty} \frac{|a_n|}{|a_{n+1}|} = \lim_{n\to\infty} \frac{\frac{1}{2^n}}{\frac{1}{2^{n+1}}} = \lim_{n\to\infty} 2 = 2$$

说明幂级数 $\sum_{n=0}^{\infty} \frac{(-1)^n}{2^n}x^n$ 在开区间 $(-2,2)$ 内一定收敛.

在端点 $x=-2$ 处,幂级数 $\sum_{n=0}^{\infty} \frac{(-1)^n}{2^n}x^n$ 化为常数项级数

$$\sum_{n=0}^{\infty} \frac{(-1)^n}{2^n}(-2)^n = \sum_{n=0}^{\infty} 1$$

由于级数一般项的极限 $\lim_{n\to\infty} 1 = 1 \neq 0$,因而这个常数项级数发散,即幂级数 $\sum_{n=0}^{\infty} \frac{(-1)^n}{2^n}x^n$ 在端点 $x=-2$ 处发散;

在端点 $x=2$ 处,幂级数 $\sum_{n=0}^{\infty} \frac{(-1)^n}{2^n}x^n$ 化为常数项级数

$$\sum_{n=0}^{\infty} \frac{(-1)^n}{2^n}2^n = \sum_{n=0}^{\infty} (-1)^n$$

由于级数一般项的极限 $\lim_{n\to\infty}(-1)^n$ 不存在,因而这个常数项级数发散,即幂级数 $\sum_{n=0}^{\infty} \frac{(-1)^n}{2^n}x^n$ 在端点 $x=2$ 处发散.

所以幂级数 $\sum_{n=0}^{\infty} \frac{(-1)^n}{2^n}x^n$ 的收敛区间为开区间 $(-2,2)$.

例 4 已知级数 $\sum_{n=1}^{\infty} \frac{a^n}{n^2 3^n}$ 收敛,求常数 a 的取值区间.

解:可以把级数 $\sum_{n=1}^{\infty} \frac{a^n}{n^2 3^n}$ 看作幂级数 $\sum_{n=1}^{\infty} \frac{1}{n^2 3^n}x^n$ 在变量 x 取值为 a 时而得到的常数项级数,级数 $\sum_{n=1}^{\infty} \frac{a^n}{n^2 3^n}$ 收敛意味着幂级数 $\sum_{n=1}^{\infty} \frac{1}{n^2 3^n}x^n$ 中变量 x 的取值 a 属于收敛区间,因而在级数 $\sum_{n=1}^{\infty} \frac{a^n}{n^2 3^n}$ 收敛情况下求 a 的取值区间,就是求幂级数 $\sum_{n=1}^{\infty} \frac{1}{n^2 3^n}x^n$ 的收敛区间.

幂级数中 x^n 系数的绝对值 $|a_n| = \frac{1}{n^2 3^n}$,从而 $|a_{n+1}| = \frac{1}{(n+1)^2 3^{n+1}}$,得到收敛半径

$$R = \lim_{n\to\infty} \frac{|a_n|}{|a_{n+1}|} = \lim_{n\to\infty} \frac{\frac{1}{n^2 3^n}}{\frac{1}{(n+1)^2 3^{n+1}}} = \lim_{n\to\infty} \frac{3(n+1)^2}{n^2} = 3$$

说明幂级数 $\sum_{n=1}^{\infty} \frac{1}{n^2 3^n}x^n$ 在开区间 $(-3,3)$ 内一定收敛.

在端点 $x=-3$ 处，幂级数 $\sum\limits_{n=1}^{\infty}\dfrac{1}{n^2 3^n}x^n$ 化为常数项级数

$$\sum_{n=1}^{\infty}\frac{1}{n^2 3^n}(-3)^n=\sum_{n=1}^{\infty}(-1)^n\frac{1}{n^2}$$

由于广义调和级数 $\sum\limits_{n=1}^{\infty}\dfrac{1}{n^2}$ 收敛，因而这个交错级数绝对收敛，即幂级数 $\sum\limits_{n=1}^{\infty}\dfrac{1}{n^2 3^n}x^n$ 在端点 $x=-3$ 处收敛；

在端点 $x=3$ 处，幂级数 $\sum\limits_{n=1}^{\infty}\dfrac{1}{n^2 3^n}x^n$ 化为常数项级数

$$\sum_{n=1}^{\infty}\frac{1}{n^2 3^n}3^n=\sum_{n=1}^{\infty}\frac{1}{n^2}$$

由于这个广义调和级数收敛，因而幂级数 $\sum\limits_{n=1}^{\infty}\dfrac{1}{n^2 3^n}x^n$ 在端点 $x=3$ 处收敛.

说明幂级数 $\sum\limits_{n=1}^{\infty}\dfrac{1}{n^2 3^n}x^n$ 的收敛区间为闭区间 $[-3,3]$，所以在级数 $\sum\limits_{n=1}^{\infty}\dfrac{a^n}{n^2 3^n}$ 收敛情况下，常数 a 的取值区间为闭区间 $[-3,3]$.

幂级数具有下列重要性质：

性质 1　幂级数 $\sum\limits_{n=0}^{\infty}a_nx^n$ 在收敛区间 $(-R,R)(R>0)$ 内可逐项求导数，即

$$\left(\sum_{n=0}^{\infty}a_nx^n\right)'=\sum_{n=0}^{\infty}(a_nx^n)'=\sum_{n=1}^{\infty}na_nx^{n-1}\quad(-R<x<R)$$

幂级数 $\sum\limits_{n=0}^{\infty}a_nx^n$ 的和函数 $S(x)$ 在收敛区间 $(-R,R)(R>0)$ 内具有一切阶导数.

性质 2　幂级数 $\sum\limits_{n=0}^{\infty}a_nx^n$ 在收敛区间 $(-R,R)(R>0)$ 内可逐项求积分，即

$$\int_0^x\left(\sum_{n=0}^{\infty}a_nx^n\right)\mathrm{d}x=\sum_{n=0}^{\infty}\int_0^x a_nx^n\mathrm{d}x=\sum_{n=0}^{\infty}\frac{a_n}{n+1}x^{n+1}\quad(-R<x<R)$$

根据幂级数的概念，若给出一个幂级数 $\sum\limits_{n=0}^{\infty}a_nx^n$，则在收敛区间内，它代表和函数 $S(x)$，即

$$\sum_{n=0}^{\infty}a_nx^n=S(x)$$

现在提出相反的问题：若给出一个函数 $f(x)$，能否找到一个幂级数 $\sum\limits_{n=0}^{\infty}a_nx^n$，使得这个幂级数在收敛区间内的和函数就是给出的函数 $f(x)$，即

$$f(x)=\sum_{n=0}^{\infty}a_nx^n$$

若等式成立，则称幂级数 $\sum\limits_{n=0}^{\infty}a_nx^n$ 为函数 $f(x)$ 的幂级数展开式，这个问题称为函数的幂级数展开.

假设函数 $f(x)$ 展开为幂级数 $\sum_{n=0}^{\infty} a_n x^n$，即

$$f(x) = \sum_{n=0}^{\infty} a_n x^n = a_0 + a_1 x + \cdots + a_n x^n + a_{n+1} x^{n+1} + \cdots$$

那么幂级数 $\sum_{n=0}^{\infty} a_n x^n$ 的系数 $a_n (n = 0,1,2,\cdots)$ 与已知函数 $f(x)$ 有什么关系?根据幂级数性质1，作为幂级数 $\sum_{n=0}^{\infty} a_n x^n$ 的和函数 $f(x)$ 在收敛区间内具有一切阶导数；又注意到 §2.6 例7得到的结论：$(x^n)^{(n)} = n!$，$(x^m)^{(n)} = 0$(正整数 $m < n$)，容易得到 n 阶导数

$$f^{(n)}(x) = n!a_n + (n+1)n\cdots 2a_{n+1}x + \cdots$$

由于原点 $x = 0$ 一定在收敛区间内，不妨规定函数 $f(x)$ 在原点 $x = 0$ 处的零阶导数值为函数值 $f(0)$，于是函数 $f(x)$ 在原点 $x = 0$ 处的 n 阶导数值

$$f^{(n)}(0) = n!a_n \quad (n = 0,1,2,\cdots)$$

即有

$$a_n = \frac{f^{(n)}(0)}{n!} \quad (n = 0,1,2,\cdots)$$

由此可知：当函数 $f(x)$ 在原点 $x = 0$ 处存在一切阶导数值时，它才有可能展开为幂级数；如果函数 $f(x)$ 能够展开为幂级数，则这个幂级数一定是

$$\sum_{n=0}^{\infty} \frac{f^{(n)}(0)}{n!} x^n = f(0) + \frac{f'(0)}{1!} x + \frac{f''(0)}{2!} x^2 + \frac{f'''(0)}{3!} x^3 + \cdots$$

定义 7.7 若函数 $f(x)$ 在原点 $x = 0$ 处存在一切阶导数值，则称幂级数 $\sum_{n=0}^{\infty} \frac{f^{(n)}(0)}{n!} x^n$ 为函数 $f(x)$ 的马克劳林(Maclaurin)级数.

下面讨论指数函数 $f(x) = e^x$ 的马克劳林级数. 根据 §2.6 例8得到的结论，有 n 阶导数

$$f^{(n)}(x) = e^x$$

因而得到 n 阶导数值

$$f^{(n)}(0) = 1 \quad (n = 0,1,2,\cdots)$$

于是函数 $f(x) = e^x$ 的马克劳林级数为

$$\sum_{n=0}^{\infty} \frac{f^{(n)}(0)}{n!} x^n = \sum_{n=0}^{\infty} \frac{1}{n!} x^n$$

此幂级数中 x^n 系数的绝对值 $|a_n| = \frac{1}{n!}$，从而 $|a_{n+1}| = \frac{1}{(n+1)!}$，得到收敛半径

$$R = \lim_{n\to\infty} \frac{|a_n|}{|a_{n+1}|} = \lim_{n\to\infty} \frac{\frac{1}{n!}}{\frac{1}{(n+1)!}} = \lim_{n\to\infty}(n+1) = +\infty$$

说明收敛区间为$(-\infty, +\infty)$.

经过深入的讨论可以得到结论：指数函数 $f(x) = e^x$ 能够展开为幂级数，即

$$e^x = \sum_{n=0}^{\infty} \frac{1}{n!} x^n = 1 + \frac{1}{1!} x + \frac{1}{2!} x^2 + \frac{1}{3!} x^3 + \cdots \quad (-\infty < x < +\infty)$$

继续考虑幂级数$\sum_{n=0}^{\infty} x^n$，可以看作是首项$a=1$，公比$q=x$的几何级数，当$|x|<1$时，它是收敛的，有

$$\sum_{n=0}^{\infty} x^n = \frac{1}{1-x} \quad (-1<x<1)$$

所以分式函数 $f(x)=\frac{1}{1-x}$ 能够展开为幂级数，即

$$\frac{1}{1-x} = \sum_{n=0}^{\infty} x^n = 1+x+x^2+x^3+\cdots \quad (-1<x<1)$$

综合上面的讨论，得到两个重要函数的幂级数展开式：

1. 指数函数

$$e^x = \sum_{n=0}^{\infty} \frac{1}{n!} x^n \quad (-\infty<x<+\infty)$$

2. 分式函数

$$\frac{1}{1-x} = \sum_{n=0}^{\infty} x^n \quad (-1<x<1)$$

在这两个重要函数的幂级数展开式中，若把自变量 x 换成中间变量 kx^m($k\neq 0$，m 为正整数)，就得到指数函数 e^{kx^m} 与分式函数$\frac{1}{1-kx^m}$的幂级数展开式，并容易求得收敛区间.

例 5　将指数函数 $f(x)=e^{3x}$ 展开为幂级数.

解：考虑到指数函数 e^x 的幂级数展开式为

$$e^x = \sum_{n=0}^{\infty} \frac{1}{n!} x^n \quad (-\infty<x<+\infty)$$

在此展开式中，把自变量 x 换成中间变量 $3x$，得到

$$f(x) = e^{3x} = \sum_{n=0}^{\infty} \frac{1}{n!}(3x)^n = \sum_{n=0}^{\infty} \frac{3^n}{n!} x^n$$

其中自变量 x 取值满足不等式

$$-\infty<3x<+\infty$$

因而自变量 x 的取值范围为

$$-\infty<x<+\infty$$

所以指数函数 $f(x)=e^{3x}$ 的幂级数展开式为

$$f(x) = e^{3x} = \sum_{n=0}^{\infty} \frac{3^n}{n!} x^n \quad (-\infty<x<+\infty)$$

例 6　将分式函数 $f(x)=\frac{1}{2+x}$ 展开为幂级数.

解：注意到所给分式函数

$$f(x) = \frac{1}{2+x} = \frac{1}{2}\,\frac{1}{1+\frac{x}{2}} = \frac{1}{2}\,\frac{1}{1-\left(-\frac{x}{2}\right)}$$

考虑到分式函数$\frac{1}{1-x}$的幂级数展开式为

$$\frac{1}{1-x} = \sum_{n=0}^{\infty} x^n \quad (-1<x<1)$$

在此展开式中,把自变量 x 换成中间变量 $-\frac{x}{2}$,得到

$$f(x)=\frac{1}{2+x}=\frac{1}{2}\frac{1}{1-\left(-\frac{x}{2}\right)}=\frac{1}{2}\sum_{n=0}^{\infty}\left(-\frac{x}{2}\right)^n=\frac{1}{2}\sum_{n=0}^{\infty}\frac{(-1)^n}{2^n}x^n$$

$$=\sum_{n=0}^{\infty}\frac{(-1)^n}{2^{n+1}}x^n$$

其中自变量 x 取值满足不等式

$$-1<-\frac{x}{2}<1$$

因而自变量 x 的取值范围为

$$-2<x<2$$

所以分式函数 $f(x)=\frac{1}{2+x}$ 的幂级数展开式为

$$f(x)=\frac{1}{2+x}=\sum_{n=0}^{\infty}\frac{(-1)^n}{2^{n+1}}x^n \quad (-2<x<2)$$

例 7 填空题

正项级数 $\sum_{n=0}^{\infty}\frac{2^n}{n!}$ 的和为______.

解:根据指数函数 e^x 的幂级数展开式

$$\sum_{n=0}^{\infty}\frac{1}{n!}x^n=e^x \quad (-\infty<x<+\infty)$$

可以把正项级数 $\sum_{n=0}^{\infty}\frac{2^n}{n!}$ 看作幂级数 $\sum_{n=0}^{\infty}\frac{1}{n!}x^n$ 在自变量 x 取值为 2 时而得到的常数项级数,因此有

$$\sum_{n=0}^{\infty}\frac{2^n}{n!}=e^2$$

说明正项级数 $\sum_{n=0}^{\infty}\frac{2^n}{n!}$ 的和为 e^2,于是应将"e^2"直接填在空内.

在函数的幂级数展开式中仅保留前 $n+1$ 项,得到函数的 n 阶近似表达式,如在指数函数 e^x 的幂级数展开式中仅保留前 $n+1$ 项,同时令自变量 x 取值为 1,得到无理数 e 的 n 阶近似计算公式

$$e\approx 1+\frac{1}{1!}+\frac{1}{2!}+\frac{1}{3!}+\cdots+\frac{1}{n!}$$

§7.5 微分方程的概念

在实际问题中,往往还需要根据客观规律得到有关变量的函数关系,但这些客观规律不仅与所求函数有关,而且也与所求函数的导数、微分或偏导数有关,因而建立起含有所求函数导数、微分或偏导数的方程式.

定义 7.8　含未知函数导数、微分或偏导数的方程式称为微分方程.

只有一个自变量的微分方程称为常微分方程,自变量个数超过一个的微分方程称为偏微分方程. 本门课程只讨论常微分方程,简称为微分方程. 微分方程可以显含自变量、未知函数,也可以不显含自变量、未知函数.

在微分方程中,出现未知函数最高阶导数的阶数称为微分方程的阶数.

未知函数及其各阶导数皆以一次项形式出现的微分方程称为线性微分方程,否则称为非线性微分方程.

在本门课程所讨论的微分方程中,变量 x 为自变量,变量 y 为未知函数.

例 1　填空题

微分方程 $(y')^4+y(y'')^3=x^5$ 的阶数是______.

解:在所给微分方程中,出现未知函数 y 的最高阶导数为二阶导数 y'',因此所给微分方程的阶数是 2,于是应将"2" 直接填在空内.

例 2　单项选择题

下列一阶微分方程中(　　)为一阶线性微分方程.

(a) $y'=3y^{\frac{2}{3}}$　　(b) $y'=e^{x-y}$

(c) $y'+y\cos x=e^{-\sin x}$　　(d) $(x-1)yy'-y^2=1$

解:注意到一阶线性微分方程是指未知函数 y 及其一阶导数 y' 皆以一次项形式出现在微分方程中,可以依次对备选答案进行判别. 首先考虑备选答案(a):由于所给一阶微分方程等号右端为项 $3y^{\frac{2}{3}}=3\sqrt[3]{y^2}$,其中根式 $\sqrt[3]{y^2}$ 不符合线性微分方程的要求,从而备选答案(a)落选;

其次考虑备选答案(b):由于所给一阶微分方程等号右端为项 $e^{x-y}=\frac{e^x}{e^y}$,其中分式$\frac{1}{e^y}$ 不符合线性微分方程的要求,从而备选答案(b) 落选;

再考虑备选答案(c):由于所给一阶微分方程中,未知函数 y 及其一阶导数 y' 皆以一次项形式出现,符合线性微分方程的要求,说明所给一阶微分方程为一阶线性微分方程,从而备选答案(c) 当选,所以选择(c).

至于备选答案(d):由于所给一阶微分方程等号左端第 1 项 $(x-1)yy'$ 中乘积 yy' 与第 2 项 y^2 都不符合线性微分方程的要求,从而备选答案(d) 落选,进一步说明选择(c) 是正确的.

定义 7.9　将一个已知函数代入微分方程后,若使得微分方程成为恒等关系式,则称这个函数为微分方程的解.

微分方程的解可以用显函数表示,也可以用隐函数表示.

对于一阶微分方程,含一个任意常数 c 的解称为通解. 在通解以外,可能有其他解,因此通解不一定是全部解. 在通解表达式中,将任意常数 c 取一个具体数值所得到的解称为特解.

一阶微分方程的一般形状为 $F(x,y,y')=0$,在解一阶微分方程 $F(x,y,y')=0$ 的实际问题中,往往需要从通解中确定一个满足初值条件 $y\Big|_{x=x_0}=y_0$ 的特解,特解既是一阶微分方程 $F(x,y,y')=0$ 的解,又同时满足初值条件 $y\Big|_{x=x_0}=y_0$.

求一阶微分方程特解的步骤如下：

步骤1　解一阶微分方程 $F(x,y,y')=0$，得到通解表达式；

步骤2　由初值条件 $y\Big|_{x=x_0}=y_0$ 确定通解表达式中任意常数 c 的具体数值，将任意常数 c 的具体数值代回到通解表达式中，得到所求特解.

在微分方程的求解过程中，须进行求原函数运算，这时特殊规定不定积分仅表示被积函数的一个原函数，不含任意常数，因此被积函数的所有原函数等于其不定积分加上积分常数，说明出现不定积分的同时，必须单独加上积分常数，这与第四章不定积分的概念不完全一样. 有时为了使得通解的形式简单，积分常数不一定都写成 c，也可以根据通解表达式的特点，将积分常数写成特殊的形状如 $\frac{1}{2}c^2$，$\ln|c|$，$\frac{1}{6}c$ 等.

例 3　单项选择题

微分方程 $y'=3y^{\frac{2}{3}}$ 的通解为(　　).

(a) $y=(x+c)^3$　　(b) $y=(x+1)^3$

(c) $y=x^3+c$　　(d) $y=x^3+1$

解：注意到所给微分方程为一阶微分方程，其通解表达式中必须含一个任意常数 c. 观察所给四项备选答案，其中备选答案(b)，(d)：所给函数表达式都不含任意常数 c，不可能是所给一阶微分方程的通解，当然都落选；而备选答案(a)，(c)：所给函数表达式都含一个任意常数 c，有可能是所给一阶微分方程的通解，从而有可能当选，须进一步判别是否为解.

继续考虑备选答案(a)：将所给函数 $y=(x+c)^3$ 代入所给一阶微分方程等号左端，有

$$y'=3(x+c)^2(x+c)'=3(x+c)^2$$

再将所给函数 $y=(x+c)^3$ 代入所给一阶微分方程等号右端，有

$$3y^{\frac{2}{3}}=3[(x+c)^3]^{\frac{2}{3}}=3(x+c)^2$$

容易看出：这时所给一阶微分方程等号左端恒等于等号右端，即使得所给一阶微分方程成为恒等关系式，因而所给函数 $y=(x+c)^3$ 为所给一阶微分方程的解，又由于它含一个任意常数 c，说明所给一阶微分方程的通解为所给函数 $y=(x+c)^3$，从而备选答案(a) 当选，所以选择(a).

至于备选答案(c)：将所给函数 $y=x^3+c$ 代入所给一阶微分方程等号两端后，得到非恒等关系式

$$3x^2\neq 3(x^3+c)^{\frac{2}{3}}$$

因而所给函数 $y=x^3+c$ 不是所给一阶微分方程的解，当然更不会是所给一阶微分方程的通解，从而备选答案(c) 落选，进一步说明选择(a) 是正确的.

§7.6　一阶可分离变量微分方程

定义 7.10　若一阶微分方程经一阶导数 $y'=\frac{\mathrm{d}y}{\mathrm{d}x}$ 与代数恒等变形可以化为

$$g(y)\mathrm{d}y=f(x)\mathrm{d}x$$

这样的形状，则称原一阶微分方程为一阶可分离变量微分方程.

一阶微分方程可分离变量是指其经一阶导数 $y'=\frac{\mathrm{d}y}{\mathrm{d}x}$ 与代数恒等变形，可以使得微分 $\mathrm{d}x$ 的系数不显含未知函数 y，且微分 $\mathrm{d}y$ 的系数不显含自变量 x，否则一阶微分方程不可分离变量. 如一阶微分方程 $y'=\mathrm{e}^{x-y}$ 可以化为 $\frac{\mathrm{d}y}{\mathrm{d}x}=\frac{\mathrm{e}^x}{\mathrm{e}^y}$，即有 $\mathrm{e}^y\mathrm{d}y=\mathrm{e}^x\mathrm{d}x$，说明原一阶微分方程可分离变量；如一阶微分方程 $y'+3y=\mathrm{e}^{2x}$ 可以化为 $\frac{\mathrm{d}y}{\mathrm{d}x}=\mathrm{e}^{2x}-3y$，即有 $\mathrm{d}y=(\mathrm{e}^{2x}-3y)\mathrm{d}x$，其中微分 $\mathrm{d}x$ 的系数为 $\mathrm{e}^{2x}-3y$，它显含未知函数 y，而且在微分 $\mathrm{d}y$ 的系数不显含自变量 x 的条件下，无论经何种代数恒等变形都不能使得微分 $\mathrm{d}x$ 的系数不显含未知函数 y，说明原一阶微分方程不可分离变量.

一阶可分离变量微分方程是基本而重要的一类微分方程，求一阶可分离变量微分方程通解的步骤如下：

步骤 1　分离变量. 一阶可分离变量微分方程经一阶导数 $y'=\frac{\mathrm{d}y}{\mathrm{d}x}$ 与代数恒等变形，使得微分 $\mathrm{d}x$ 的系数不显含未知函数 y，且微分 $\mathrm{d}y$ 的系数不显含自变量 x，化为

$$g(y)\mathrm{d}y=f(x)\mathrm{d}x$$

这样的形状.

步骤 2　求原函数运算. 已经分离变量的一阶微分方程等号两端皆求所有原函数，并注意到在微分方程的求解过程中，特殊规定不定积分仅表示被积函数的一个原函数，得到

$$\int g(y)\mathrm{d}y=\int f(x)\mathrm{d}x+c$$

等号左端不定积分中，尽管积分变量 y 不是自变量，而是自变量 x 的函数，但根据不定积分第一换元积分法则，仍可以求得原函数. 于是通过求原函数运算，可以得到通解 $y=y(x,c)$ 或 $\Phi(x,y,c)=0$.

显然，第四章求函数 $f(x)$ 的不定积分就是解最简单的一阶可分离变量微分方程 $\frac{\mathrm{d}y}{\mathrm{d}x}=f(x)$，求函数 $f(x)$ 的满足初值条件 $y\Big|_{x=x_0}=y_0$ 的一个原函数就是求最简单的一阶可分离变量微分方程 $\frac{\mathrm{d}y}{\mathrm{d}x}=f(x)$ 满足初值条件 $y\Big|_{x=x_0}=y_0$ 的特解.

例 1　填空题

微分方程 $\cos x\mathrm{d}x=\sin y\mathrm{d}y$ 的通解为______.

解：所给微分方程为一阶可分离变量微分方程且已经分离变量，等号两端皆求所有原函数，有

$$\int\cos x\mathrm{d}x=\int\sin y\mathrm{d}y+c$$

得到通解为

$$\sin x=-\cos y+c$$

即有

$$\sin x+\cos y=c$$

于是应将"$\sin x+\cos y=c$"直接填在空内.

例 2 求微分方程 $y' = -\frac{x}{y}$ 的通解.

解:所给微分方程为一阶可分离变量微分方程,首先分离变量,所给微分方程化为

$$y\mathrm{d}y = -x\mathrm{d}x$$

然后等号两端皆求所有原函数,并将积分常数写成$\frac{1}{2}c^2(c \neq 0)$,有

$$\int y\mathrm{d}y = -\int x\mathrm{d}x + \frac{1}{2}c^2 \quad (c \neq 0)$$

所以所求通解为

$$\frac{1}{2}y^2 = -\frac{1}{2}x^2 + \frac{1}{2}c^2 \quad (c \neq 0)$$

即有

$$x^2 + y^2 = c^2 \quad (c \neq 0)$$

例 3 求微分方程 $y' = y^2$ 的通解.

解:所给微分方程为一阶可分离变量微分方程,首先分离变量,若 $y \neq 0$,所给微分方程化为

$$\frac{1}{y^2}\mathrm{d}y = \mathrm{d}x$$

然后等号两端皆求所有原函数,有

$$\int \frac{1}{y^2}\mathrm{d}y = \int \mathrm{d}x + c$$

所以所求通解为

$$-\frac{1}{y} = x + c$$

即有

$$y = -\frac{1}{x+c}$$

容易验证常量函数 $y = 0$ 也是所给微分方程的解,由于在函数族$y = -\frac{1}{x+c}$ 内无论任意常数 c 取什么数值都得不到常量函数 $y = 0$,因此常量函数 $y = 0$ 是通解以外的解.

例 4 求微分方程 $x\mathrm{d}y - y\mathrm{d}x = 0$ 的通解.

解:所给微分方程为一阶可分离变量微分方程,首先分离变量,若 $y \neq 0$,所给微分方程化为

$$\frac{1}{y}\mathrm{d}y - \frac{1}{x}\mathrm{d}x = 0$$

然后等号两端皆求所有原函数,并将积分常数写成 $\ln|c|$ $(c \neq 0)$,有

$$\int \frac{1}{y}\mathrm{d}y - \int \frac{1}{x}\mathrm{d}x = \ln|c| \quad (c \neq 0)$$

得到

$$\ln|y| - \ln|x| = \ln|c| \quad (c \neq 0)$$

即有

$$y = cx \quad (c \neq 0)$$

容易验证常量函数 $y = 0$ 也是所给微分方程的解，由于在函数族 $y = cx$ 内任意常数 c 取值为零就得到常量函数 $y = 0$，因此常量函数 $y = 0$ 是通解以内的解. 所以所求通解为

$$y = cx$$

例 5　求微分方程 $(x^2y + y)\mathrm{d}y + (xy^2 + x)\mathrm{d}x = 0$ 的通解.

解：所给微分方程为一阶可分离变量微分方程，首先分离变量，所给微分方程化为

$$\frac{y}{y^2+1}\mathrm{d}y + \frac{x}{x^2+1}\mathrm{d}x = 0$$

然后等号两端皆求所有原函数，并将积分常数写成 $\frac{1}{2}\ln c(c \geqslant 1)$，有

$$\int \frac{y}{y^2+1}\mathrm{d}y + \int \frac{x}{x^2+1}\mathrm{d}x = \frac{1}{2}\ln c \quad (c \geqslant 1)$$

应用不定积分第一换元积分法则，得到

$$\frac{1}{2}\int \frac{1}{y^2+1}\mathrm{d}(y^2+1) + \frac{1}{2}\int \frac{1}{x^2+1}\mathrm{d}(x^2+1) = \frac{1}{2}\ln c \quad (c \geqslant 1)$$

即有

$$\ln(y^2+1) + \ln(x^2+1) = \ln c \quad (c \geqslant 1)$$

所以所求通解为

$$(y^2+1)(x^2+1) = c \quad (c \geqslant 1)$$

即有

$$y^2 = \frac{c}{x^2+1} - 1 \quad (c \geqslant 1)$$

例 6　求微分方程 $\mathrm{e}^y y' - 2\mathrm{e}^x = 0$ 满足初值条件 $y\Big|_{x=0} = 0$ 的特解.

解：所给微分方程为一阶可分离变量微分方程，首先分离变量，所给微分方程化为

$$\mathrm{e}^y\mathrm{d}y = 2\mathrm{e}^x\mathrm{d}x$$

然后等号两端皆求所有原函数，有

$$\int \mathrm{e}^y\mathrm{d}y = \int 2\mathrm{e}^x\mathrm{d}x + c$$

即有

$$\mathrm{e}^y = 2\mathrm{e}^x + c$$

得到通解为

$$y = \ln(2\mathrm{e}^x + c)$$

将初值条件 $y\Big|_{x=0} = 0$ 代入到通解表达式中，得到关系式

$$0 = \ln(2\mathrm{e}^0 + c)$$

从而确定积分常数

$$c = -1$$

所以所求特解为

$$y = \ln(2\mathrm{e}^x - 1)$$

§7.7 一阶线性微分方程

定义 7.11 微分方程

$$y'+p(x)y=0$$

称为标准形状的一阶齐次线性微分方程；

微分方程

$$y'+p(x)y=q(x)\quad (q(x)\neq 0)$$

称为标准形状的一阶非齐次线性微分方程.

下面分别给出标准形状的一阶齐次线性微分方程与标准形状的一阶非齐次线性微分方程的通解：

1. 标准形状的一阶齐次线性微分方程

$$\boldsymbol{y'+p(x)y=0}$$

注意到它又是一阶可分离变量微分方程，首先分离变量，若 $y\neq 0$，此微分方程化为

$$\frac{1}{y}\mathrm{d}y=-p(x)\mathrm{d}x$$

然后等号两端皆求所有原函数，并将积分常数写成 $\ln|c|$ $(c\neq 0)$，有

$$\int\frac{1}{y}\mathrm{d}y=-\int p(x)\mathrm{d}x+\ln|c|\quad (c\neq 0)$$

得到

$$\ln|y|=-\int p(x)\mathrm{d}x+\ln|c|\quad (c\neq 0)$$

整理为

$$\ln\left|\frac{y}{c}\right|=-\int p(x)\mathrm{d}x\quad (c\neq 0)$$

即有

$$y=c\mathrm{e}^{-\int p(x)\mathrm{d}x}\quad (c\neq 0)$$

容易验证常量函数 $y=0$ 也是此微分方程的解，由于在函数族 $y=c\mathrm{e}^{-\int p(x)\mathrm{d}x}$ 内任意常数 c 取值为零就得到常量函数 $y=0$，因此常量函数 $y=0$ 是通解以内的解.

所以标准形状的一阶齐次线性微分方程的通解为

$$y=c\mathrm{e}^{-\int p(x)\mathrm{d}x}$$

2. 标准形状的一阶非齐次线性微分方程

$$\boldsymbol{y'+p(x)y=q(x)\quad (q(x)\neq 0)}$$

对此微分方程作函数代换 $y=c(x)u(x)$，其中函数 $c(x)$ 为新的未知函数，$u(x)$ 为待定

函数,可根据解微分方程的需要选择待定函数 $u(x)$ 的表达式. 将函数代换 $y=c(x)u(x)$ 代入到此微分方程中,有

$$(c(x)u(x))'+p(x)(c(x)u(x))=q(x)$$

得到自变量为 x、未知函数为 $c(x)$ 的一阶非齐次线性微分方程

$$u(x)c'(x)+(u'(x)+p(x)u(x))c(x)=q(x)$$

为了简化这个微分方程,应该选择待定函数 $u(x)$ 满足关系式

$$u'(x)+p(x)u(x)\equiv 0$$

意味着选择待定函数 $u(x)$ 为标准形状的一阶齐次线性微分方程

$$u'+p(x)u=0$$

的解,当然有无限个,不妨选择待定函数 $u(x)$ 为任意常数 c 取值为 1 所得到的特解,即

$$u(x)=\mathrm{e}^{-\int p(x)\mathrm{d}x}$$

于是上述函数代换为

$$y=c(x)\mathrm{e}^{-\int p(x)\mathrm{d}x}$$

这时上面得到的自变量为 x、未知函数为 $c(x)$ 的一阶非齐次线性微分方程则化为

$$\mathrm{e}^{-\int p(x)\mathrm{d}x}c'(x)=q(x)$$

即有

$$c'(x)=q(x)\mathrm{e}^{\int p(x)\mathrm{d}x}$$

得到通解即函数 $c(x)$ 的表达式为

$$c(x)=\int q(x)\mathrm{e}^{\int p(x)\mathrm{d}x}\mathrm{d}x+c$$

所以标准形状的一阶非齐次线性微分方程的通解为

$$y=\left(\int q(x)\mathrm{e}^{\int p(x)\mathrm{d}x}\mathrm{d}x+c\right)\mathrm{e}^{-\int p(x)\mathrm{d}x}$$

在求一阶线性微分方程通解的过程中,有时需应用根据对数函数与指数函数互为逆运算关系而得到的恒等关系式,如 $\mathrm{e}^{\ln|x|}=|x|$, $\mathrm{e}^{-\ln|x|}=\frac{1}{|x|}$ 等.

例 1　填空题

微分方程 $y'+2y=0$ 的通解为______.

解:所给微分方程为标准形状的一阶齐次线性微分方程,注意到 $p(x)=2$,根据一阶齐次线性微分方程的通解公式,得到通解为

$$y=c\mathrm{e}^{-\int p(x)\mathrm{d}x}=c\mathrm{e}^{-\int 2\mathrm{d}x}=c\mathrm{e}^{-2x}$$

于是应将"$y=c\mathrm{e}^{-2x}$"直接填在空内.

例 2　填空题

微分方程 $y'+\frac{1}{x^2}y=0$ 的通解为______.

解:所给微分方程为标准形状的一阶齐次线性微分方程,注意到 $p(x)=\frac{1}{x^2}$,根据一阶齐次线性微分方程的通解公式,因此所求通解为

$$y=ce^{-\int p(x)\mathrm{d}x}=ce^{-\int\frac{1}{x^2}\mathrm{d}x}=ce^{\frac{1}{x}}$$

于是应将“$y=ce^{\frac{1}{x}}$”直接填在空内.

例 3 求微分方程 $xy'+y=0$ 的通解.

解:所给微分方程为一阶齐次线性微分方程,但非标准形状,应该化为标准形状,有

$$y'+\frac{1}{x}y=0$$

注意到 $p(x)=\frac{1}{x}$,根据一阶齐次线性微分方程的通解公式,得到通解为

$$y=ce^{-\int p(x)\mathrm{d}x}=ce^{-\int\frac{1}{x}\mathrm{d}x}=ce^{-\ln|x|}=\frac{c}{|x|}=\begin{cases}-\frac{c}{x}, & x<0\\ \frac{c}{x}, & x>0\end{cases}$$

由于 c 为任意常数,从而 $-c$ 也为任意常数,因此可以将它们统一写成 c. 所以所求通解为

$$y=\frac{c}{x}$$

例 4 求微分方程 $y'-3x^2y=0$ 满足初值条件 $y\Big|_{x=0}=2$ 的特解.

解:所给微分方程为标准形状的一阶齐次线性微分方程,注意到 $p(x)=-3x^2$,根据一阶齐次线性微分方程的通解公式,得到通解为

$$y=ce^{-\int p(x)\mathrm{d}x}=ce^{-\int(-3x^2)\mathrm{d}x}=ce^{x^3}$$

将初值条件 $y\Big|_{x=0}=2$ 代入到通解表达式中,得到关系式

$$2=ce^0$$

从而确定积分常数

$$c=2$$

所以所求特解为

$$y=2e^{x^3}$$

例 5 求微分方程 $y'+y=x$ 的通解.

解:所给微分方程为标准形状的一阶非齐次线性微分方程,注意到 $p(x)=1,q(x)=x$,根据一阶非齐次线性微分方程的通解公式,并应用不定积分分部积分法则,所以所求通解为

$$\begin{aligned}y&=\left(\int q(x)e^{\int p(x)\mathrm{d}x}\mathrm{d}x+c\right)e^{-\int p(x)\mathrm{d}x}=\left(\int xe^{\int\mathrm{d}x}\mathrm{d}x+c\right)e^{-\int\mathrm{d}x}=\left(\int xe^x\mathrm{d}x+c\right)e^{-x}\\&=\left[\int x\mathrm{d}(e^x)+c\right]e^{-x}=\left(xe^x-\int e^x\mathrm{d}x+c\right)e^{-x}=(xe^x-e^x+c)e^{-x}\\&=x-1+ce^{-x}\end{aligned}$$

例 6　求微分方程 $y'+2xy=x$ 的通解.

解:所给微分方程为标准形状的一阶非齐次线性微分方程,注意到 $p(x)=2x,q(x)=x$,根据一阶非齐次线性微分方程的通解公式,并应用不定积分第一换元积分法则,所以所求通解为

$$y=\left(\int q(x)e^{\int p(x)dx}dx+c\right)e^{-\int p(x)dx}=\left(\int xe^{\int 2xdx}dx+c\right)e^{-\int 2xdx}=\left(\int xe^{x^2}dx+c\right)e^{-x^2}$$

$$=\left[\frac{1}{2}\int e^{x^2}d(x^2)+c\right]e^{-x^2}=\left(\frac{1}{2}e^{x^2}+c\right)e^{-x^2}=\frac{1}{2}+ce^{-x^2}$$

例 7　求微分方程 $xy'-2y=x^3\cos x$ 满足初值条件 $y\Big|_{x=\pi}=0$ 的特解.

解:所给微分方程为一阶非齐次线性微分方程,但非标准形状,应该化为标准形状,有

$$y'-\frac{2}{x}y=x^2\cos x$$

注意到 $p(x)=-\frac{2}{x},q(x)=x^2\cos x$,根据一阶非齐次线性微分方程的通解公式,得到通解为

$$y=\left(\int q(x)e^{\int p(x)dx}dx+c\right)e^{-\int p(x)dx}=\left[\int x^2\cos x\cdot e^{\int\left(-\frac{2}{x}\right)dx}dx+c\right]e^{-\int\left(-\frac{2}{x}\right)dx}$$

$$=\left(\int x^2\cos x\cdot e^{-2\ln|x|}dx+c\right)e^{2\ln|x|}=\left(\int x^2\cos x\cdot e^{-\ln x^2}dx+c\right)e^{\ln x^2}$$

$$=\left(\int x^2\cos x\cdot\frac{1}{x^2}dx+c\right)x^2=\left(\int\cos xdx+c\right)x^2=x^2(\sin x+c)$$

将初值条件 $y\Big|_{x=\pi}=0$ 代入到通解表达式中,得到关系式

$$0=\pi^2(\sin\pi+c)$$

从而确定积分常数

$$c=0$$

所以所求特解为

$$y=x^2\sin x$$

习 题 七

7.01　判别下列级数的敛散性,若收敛,则求出和:

(1) $\sum_{n=1}^{\infty}\frac{3^n}{5^n}$　　(2) $\sum_{n=1}^{\infty}(-1)^{n-1}\left(\frac{2}{3}\right)^n$

7.02　判别下列正项级数的敛散性:

(1) $\sum_{n=1}^{\infty}\frac{n}{4^n}$　　(2) $\sum_{n=1}^{\infty}\frac{1}{(2n+1)3^n}$

(3) $\sum_{n=1}^{\infty}\frac{n!}{(2n)!}$　　(4) $\sum_{n=1}^{\infty}\frac{n!}{10^n}$

7.03　判别下列正项级数的敛散性：

(1) $\sum\limits_{n=1}^{\infty} \frac{1}{\sqrt[3]{n^4}}$　　(2) $\sum\limits_{n=1}^{\infty} \frac{2}{n^2}$

(3) $\sum\limits_{n=1}^{\infty} \frac{1}{3n}$　　(4) $\sum\limits_{n=1}^{\infty} \frac{1}{n+10}$

7.04　判别下列正项级数的敛散性：

(1) $\sum\limits_{n=1}^{\infty} \frac{1}{(n+1)(n+3)}$　　(2) $\sum\limits_{n=1}^{\infty} \frac{n+1}{n^2+n+1}$

7.05　判别下列交错级数的敛散性，若收敛，则指明是绝对收敛还是条件收敛.

(1) $\sum\limits_{n=1}^{\infty} (-1)^{n-1} \frac{1}{(2n-1)!}$　　(2) $\sum\limits_{n=1}^{\infty} (-1)^{n-1} \frac{1}{\sqrt[3]{n}}$

7.06　求下列幂级数的收敛区间：

(1) $\sum\limits_{n=0}^{\infty} (-1)^n x^n$　　(2) $\sum\limits_{n=1}^{\infty} \frac{1}{n^3 2^n} x^n$

7.07　已知级数 $\sum\limits_{n=1}^{\infty} \frac{(-1)^{n-1} 5^n a^n}{n}$ 收敛，求常数 a 的取值区间.

7.08　将下列函数展开为幂级数：

(1) $f(x) = \mathrm{e}^{-\frac{x}{2}}$　　(2) $f(x) = \frac{x}{3-x}$

7.09　求级数 $\sum\limits_{n=1}^{\infty} \frac{4^n}{n!}$ 的和.

7.10　求下列微分方程的通解：

(1) $y' = \frac{1}{y^2}$　　(2) $y' = \mathrm{e}^{x-y}$

(3) $yy' + \sin x = 0$　　(4) $(1+x^2)\mathrm{e}^y y' - 2x(1+\mathrm{e}^y) = 0$

7.11　求下列微分方程的通解：

(1) $\sqrt{x}\mathrm{d}y = \sqrt{y}\mathrm{d}x$　　(2) $(1+x^2)\mathrm{d}y = (1+y^2)\mathrm{d}x$

(3) $\frac{x}{1+y}\mathrm{d}x - \frac{y}{1+x}\mathrm{d}y = 0$　　(4) $y\ln x\mathrm{d}x - x\ln y\mathrm{d}y = 0$

7.12　求微分方程 $y' = 3y^{\frac{2}{3}}$ 满足初值条件 $y\big|_{x=-1} = 8$ 的特解.

7.13　求下列微分方程的通解：

(1) $y' + y\sin x = 0$　　(2) $(x+1)y' - 2y = 0$

7.14　求微分方程 $y' - \frac{1}{2\sqrt{x}}y = 0$ 满足初值条件 $y\big|_{x=4} = \mathrm{e}^2$ 的特解.

7.15　求下列微分方程的通解：

(1) $y' + 2xy = 2x\mathrm{e}^{-x^2}$　　(2) $y' + y\cos x = \mathrm{e}^{-\sin x}$

7.16　求微分方程 $y' - 4y = \mathrm{e}^{4x}$ 满足初值条件 $y\big|_{x=0} = 0$ 的特解.

7.17　填空题

(1) 若级数 $\sum_{n=1}^{\infty} y_n$ 的前 n 项部分和 $S_n = \frac{2n+5}{n+3}$，则级数 $\sum_{n=1}^{\infty} y_n$ 的和为______.

(2) 若级数 $\sum_{n=1}^{\infty} y_n(y_n \neq 0, n=1,2,\cdots)$ 收敛，则级数 $\sum_{n=1}^{\infty} \frac{1}{y_n}$ 的敛散性是______.

(3) 正项级数 $\sum_{n=1}^{\infty} \left(\frac{1}{2^n} + \frac{1}{n^2}\right)$ 的敛散性是______.

(4) 已知 $y_n > 0(n=1,2,\cdots)$，若极限 $\lim\limits_{n\to\infty} \frac{y_{n+1}}{y_n} = \frac{1}{\pi}$，则交错级数 $\sum_{n=1}^{\infty} (-1)^{n-1} y_n$ 的敛散性是______.

(5) 已知常数 $b_n \neq 0(n=0,1,2,\cdots)$，若极限 $\lim\limits_{n\to\infty} \frac{|b_n|}{|b_{n+1}|} = 4$，则幂级数 $\sum_{n=0}^{\infty} \frac{1}{b_n} x^n$ 的收敛半径 $R =$ ______.

(6) 指数函数 $f(x) = \mathrm{e}^{-x}$ 在区间 $(-\infty, +\infty)$ 内的幂级数展开式为______.

(7) 微分方程 $y^2 y' = x^2$ 满足初值条件 $y\Big|_{x=1} = 2$ 的特解为______.

(8) 微分方程 $y' + y = 1$ 的通解为______.

7.18　单项选择题

(1) 已知级数 $\sum_{n=1}^{\infty} y_n$，其前 n 项部分和为 S_n，当(　　)时，级数 $\sum_{n=1}^{\infty} y_n$ 收敛.

(a) $\lim\limits_{n\to\infty} y_n = 0$　　(b) $\lim\limits_{n\to\infty} y_n \neq 0$

(c) $\lim\limits_{n\to\infty} S_n$ 存在　　(d) $\lim\limits_{n\to\infty} S_n$ 不存在

(2) 若级数 $\sum_{n=1}^{\infty} y_n$ 收敛，则下列级数中(　　)发散.

(a) $\sum_{n=1}^{\infty} y_{100+n}$　　(b) $100 + \sum_{n=1}^{\infty} y_n$

(c) $\sum_{n=1}^{\infty} (100 + y_n)$　　(d) $\sum_{n=1}^{\infty} 100 y_n$

(3) 当(　　)时，正项级数 $\sum_{n=1}^{\infty} y_n(y_n > 0; n=1,2,\cdots)$ 收敛.

(a) $\lim\limits_{n\to\infty} \frac{y_n}{y_{n+1}} < 1$　　(b) $\lim\limits_{n\to\infty} \frac{y_n}{y_{n+1}} > 1$

(c) $y_n < \frac{1}{n}(n=1,2,\cdots)$　　(d) $y_n > \frac{1}{n}(n=1,2,\cdots)$

(4) 当(　　)时，正项级数 $\sum_{n=1}^{\infty} n^{\alpha}$ 收敛.

(a) $\alpha < -1$　　(b) $\alpha > -1$

(c) $\alpha < 1$　　(d) $\alpha > 1$

(5) 幂级数$\sum_{n=1}^{\infty} nx^n$ 的收敛区间为(　　).

(a)$(-1,1)$　　(b)$(-1,1]$

(c)$[-1,1)$　　(d)$[-1,1]$

(6) 幂级数$\sum_{n=0}^{\infty}(-1)^n x^n$ 在收敛区间$(-1,1)$内的和函数$S(x)=$(　　).

(a) $-\frac{1}{1-x}$　　(b) $\frac{1}{1-x}$

(c) $-\frac{1}{1+x}$　　(d) $\frac{1}{1+x}$

(7) 微分方程 $x\mathrm{d}y+2y\mathrm{d}x=0$ 的通解为(　　).

(a)$y=cx$　　(b)$y=cx^2$

(c)$y=\frac{c}{x}$　　(d)$y=\frac{c}{x^2}$

(8) 微分方程 $y'+y=0$ 满足初值条件 $y\big|_{x=0}=3$ 的特解为(　　).

(a)$y=3\mathrm{e}^{-x}$　　(b)$y=3\mathrm{e}^{x}$

(c)$y=\mathrm{e}^{-x}+2$　　(d)$y=\mathrm{e}^{x}+2$

习题答案

习　题　一

1.01　$V = V(x) = x(a-2x)^2 \quad \left(0 < x < \frac{a}{2}\right)$

1.02　$S = S(x) = 4x^2 + \frac{216}{x}(\mathrm{m}^2) \quad (x > 0)$

1.03　$T = T(r) = 2\pi a\left(\frac{250}{r} + r^2\right)$(元)　$(r > 0)$

1.04　$L = L(Q) = -6Q^2 + 24Q - 10$(万元)　$\left(0 < Q < \frac{28}{5}\right)$

1.05　(1)$\overline{C} = \overline{C}(x) = \frac{1}{5}x + 4 + \frac{20}{x} \quad (x > 0)$

(2)$R = R(p) = 160p - 5p^2 \quad (0 < p < 32)$

1.06　(1)1　　(2) $\frac{2}{3}$

(3) $\frac{1}{2}$　　(4) $\frac{\pi}{4}$

1.07　2

1.08　(1)0　　(2)∞

1.09　(1)-6　　(2)1

(3) $\frac{1}{2}$　　(4) $\frac{2}{5}$

1.10　(1) $\frac{5}{6}$　　(2)1

(3) $\sqrt{2}$　　(4)2

1.11 (1)∞ (2)5

(3)0 (4) $\frac{2}{7}$

1.12 (1)0 (2)3

(3) $\frac{1}{3}$ (4)2

1.13 (1)e (2)e^5

(3)e^9 (4)e^{-8}

1.14 ln3

1.15 $\frac{1}{3}$

1.16 $\frac{1}{4}$

1.17 (1)1 (2)9

(3)π (4)0

(5)1 (6)3

(7)1 (8)2

1.18 (1)(d) (2)(b)

(3)(d) (4)(a)

(5)(c) (6)(d)

(7)(c) (8)(b)

习 题 二

2.01 -12

2.02 $\frac{1}{9}$

2.03 (1) $\frac{1}{4}+16x^3$ (2)$x^5-\frac{36}{x^7}$

(3) $\frac{3}{2}\sqrt{x}-\frac{3}{2\sqrt{x}}$ (4) $\frac{1-x^2}{(1+x^2)^2}$

(5)$-10^x\ln10$ (6)$(2x+x^2\ln2)2^x$

(7)$(x+3)e^x$ (8) $\frac{xe^x}{(1+x)^2}$

2.04 (1) $\frac{1}{x\ln2}-\frac{1}{x\ln5}$ (2)$10^x\left(\ln10\lg x+\frac{1}{x\ln10}\right)$

(3)$2x\ln x+x$ (4)$-\frac{x+1}{x(x+\ln x)^2}$

(5)$\ln x\sin x+\sin x+x\ln x\cos x$ (6)$-\frac{x\sin x+\cos x}{x^2}$

(7)$e^x(\tan x+\sec^2 x)$ (8)$\cos x-\csc^2 x$

2.05 (1) $\frac{\sqrt{1-x^2}+2x\arcsin x}{(1-x^2)^2}$ (2) $\arccos x-\frac{x}{\sqrt{1-x^2}}$

(3) $2x\arctan x+1$ (4) $\frac{2}{1+x^2}$

(5) e^x-e (6) $\frac{1}{x(1-\ln x)^2}$

(7) $\frac{1}{1+\cos x}$ (8) $-2x\arcsin x+\sqrt{1-x^2}$

2.06 (1) $60(1+2x)^{29}$ (2) $\frac{x}{\sqrt{1+x^2}}$

(3) $\frac{e^{\sqrt{x}}}{2\sqrt{x}}$ (4) $\frac{1}{x+1}$

(5) $-\frac{\sin\ln x}{x}$ (6) $\sec^2\left(x-\frac{\pi}{8}\right)$

(7) $\frac{3x^2}{\sqrt{1-x^6}}$ (8) $-\frac{2}{1+4x^2}$

2.07 (1) $30x^2(1+x^3)^9$ (2) $3(1+10^x)^2 10^x\ln 10$

(3) $\frac{1}{2(\sqrt{x}+x)}$ (4) $\frac{1}{2x\sqrt{1+\ln x}}$

(5) $e^{\sin x}\cos x$ (6) $e^x\cos e^x$

(7) $\frac{2x}{1+x^4}$ (8) $\frac{2\arctan x}{1+x^2}$

2.08 (1) $\frac{1}{x\ln x\ln\ln x}$ (2) $20\sin^3 5x\cos 5x$

(3) $(2x-1)e^{\frac{1}{x}}$ (4) $\arctan\sqrt{x}+\frac{\sqrt{x}}{2(1+x)}$

(5) $\frac{3x\cos 3x-\sin 3x}{x^2}$ (6) $-\frac{3e^{3x}}{(e^{3x}+1)^2}$

2.09 (1) $2x\ln^2 x$ (2) $e^{2x}\cos e^x$

2.10 (1) $\frac{f'(\sqrt{x})}{2\sqrt{x}}$ (2) $\frac{f'(x)}{2\sqrt{f(x)}}$。

(3) $f'(e^x)e^x$ (4) $e^{f(x)}f'(x)$

2.11 (1) $27-27\ln 3$ (2) π^2

2.12 (1) $\frac{y-2x}{2y-x}$ (2) $\frac{2x}{3(y^2-1)}$

(3) $\frac{3ex^2-y}{e^y+x}$ (4) $\frac{ye^y-2xy}{1-xye^y}$

2.13 (1) $12x^2-12x$ (2) $6x\ln x+5x$

(3) $-2e^x\sin x$ (4) $\frac{2(1-\ln x)}{x^2}$

2.14 13e

2.15 (1) $(12x^2-4x^3)\mathrm{d}x$ (2) $\dfrac{\sin x-x\cos x}{\sin^2 x}\mathrm{d}x$

(3) $\dfrac{1}{1+\mathrm{e}^x}\mathrm{d}x$ (4) $(1-2x)\mathrm{e}^{-2x}\mathrm{d}x$

2.16 $-\dfrac{y^2}{xy+1}\mathrm{d}x$

2.17 (1) $-\dfrac{1}{2}$ (2) $-\dfrac{1}{x\ln 10\lg^2 x}$

(3) $-\dfrac{2x}{1+x^4}$ (4) $\dfrac{\sin\frac{1}{x}}{x^2}$

(5) 2 (6) $-\dfrac{1}{\mathrm{e}}$

(7) $\dfrac{1}{x}$ (8) 0.02

2.18 (1)(c) (2)(b)

(3)(d) (4)(c)

(5)(b) (7)(a)

(7)(a) (8)(c)

习 题 三

3.01 (1) $\dfrac{2}{5}$ (2) 2

(3) 2 (4) $\dfrac{3}{\mathrm{e}}$

(5) $\dfrac{5}{2}$ (6) -1

(7) 3 (8) $\dfrac{1}{3}$

3.02 (1) $\dfrac{3}{2}$ (2) $\dfrac{\mathrm{e}}{2}$

(3) 1 (4) $\dfrac{1}{6}$

3.03 $3x-y-1=0$

3.04 $(-2,2)$

3.05 (1) 单调增加区间$(-\infty,+\infty)$
无极值

(2) 单调增加区间$(-\infty,0)$ 单调减少区间$(0,+\infty)$
极大值 $f(0)=1$

(3) 单调增加区间$(-\infty,1)$ 单调减少区间$(1,+\infty)$
极大值 $f(1)=0$

(4) 单调减少区间$(0,2)$ 单调增加区间$(2,+\infty)$
极小值 $f(2)=4-8\ln 2$

(5) 单调减少区间$(-\infty,0),(1,+\infty)$　单调增加区间$(0,1)$

极小值 $f(0)=0$　极大值 $f(1)=1$

(6) 单调增加区间$(-\infty,-3),(1,+\infty)$　单调减少区间$(-3,1)$

极大值 $f(-3)=6e^{-3}$　极小值 $f(1)=-2e$

3.06　提示：当 $x>0$ 时，函数 $f(x)=(1+x)\ln(1+x)-\arctan x$ 单调增加

3.07　(1) 最大值 $f(0)=1$　(2) 最小值 $f(2)=\ln 2+1$

3.08　(1) 最大值 $f(9)=\dfrac{3}{2}$　最小值 $f(1)=-\dfrac{1}{2}$

(2) 最大值 $f(1)=\dfrac{1}{2}$　最小值 $f(0)=0$

3.09　(1) 上凹区间$(-\infty,+\infty)$

无拐点

(2) 下凹区间$(-\infty,0)$　上凹区间$(0,+\infty)$

拐点$(0,-2)$

(3) 上凹区间$(0,1)$　下凹区间$(1,+\infty)$

拐点$(1,-1)$

(4) 上凹区间$(-\infty,0),(1,+\infty)$　下凹区间$(0,1)$

拐点$(0,3),(1,2)$

3.10　(1) 单调增加区间$(-\infty,-1),(1,+\infty)$　单调减少区间$(-1,1)$

极大值 $y\Big|_{x=-1}=2$　极小值 $y\Big|_{x=1}=-2$

下凹区间$(-\infty,0)$　上凹区间$(0,+\infty)$

拐点$(0,0)$

(2) 单调减少区间$(-\infty,0)$　单调增加区间$(0,+\infty)$

极小值 $y\Big|_{x=0}=0$

下凹区间$(-\infty,-1),(1,+\infty)$　上凹区间$(-1,1)$

拐点$(-1,\ln 2),(1,\ln 2)$

3.11　(1)9.5 元 /kg

(2) $-4\ln 2$

3.12　$x=18\text{m},\ u=12\text{m}$

3.13　$x=6\text{m},\ h=3\text{m}$

3.14　$r=\sqrt[3]{\dfrac{V_0}{2\pi}},\ \dfrac{h}{r}=2$

3.15　$x=200\text{t},\ \overline{C}(200)=4$ 万元 /t

3.16　$x=45$ kg, $L(45)=800$ 元

3.17　(1) $-\dfrac{3}{2}$　(2) $2x$

(3) 1　(4) 2

(5) 0　(6) $\ln 2$

(7) $(-\infty,+\infty)$　(8) $(0,1)$

3.18 (1)(d) (2)(a)
(3)(c) (4)(c)
(5)(a) (6)(b)
(7)(c) (8)(c)

习　题　四

4.01 (1)$3x^3+2x^2+c$ (2)$-\frac{1}{x^2}+\frac{1}{x^3}+c$

(3)$\sqrt{3}x-\frac{2}{3}\sqrt{x^3}+c$ (4)$\frac{1}{6}x^2-3\ln|x|+c$

(5)$\frac{1}{2}x^2+3x+2\ln|x|+c$ (6)$\frac{1}{3}x^3+2\ln|x|-\frac{1}{3x^3}+c$

4.02 (1)$\frac{10^x}{\ln 10}-\frac{10}{11}\sqrt[10]{x^{11}}+c$ (2)$\frac{2^x3^x}{\ln 2+\ln 3}+c$

(3)e^x-x+c (4)$-\cos x+\sin x+c$

(5)$\tan x+c$ (6)$-\frac{1}{x}+\arctan x+c$

4.03 (1)$\frac{1}{10}(x-1)^{10}+c$ (2)$\frac{1}{2}\ln|1+2x|+c$

(3)$\frac{1}{3}e^{3x}+c$ (4)$4\sin\frac{x}{4}+c$

(5)$-\frac{1}{4}\cot\left(4x+\frac{\pi}{3}\right)+c$ (6)$\arcsin\frac{x}{3}+c$

4.04 (1)$\frac{1}{12}(x^2-3)^6+c$ (2)$-\frac{1}{2(1+x^2)}+c$

(3)$-\frac{1}{2}\cos(x^2+1)+c$ (4)$\frac{1}{3}\ln|1+x^3|+c$

(5)$-\frac{1}{3}e^{-x^3}+c$ (6)$\frac{1}{3}\arctan x^3+c$

4.05 (1)$e^{-\frac{1}{x}}+c$ (2)$\cos\frac{1}{x}+c$

(3)$-\sin\frac{1}{x}+c$ (4)$2e^{\sqrt{x}}+c$

(5)$2\sin\sqrt{x}+c$ (6)$2\arctan\sqrt{x}+c$

4.06 (1)$\frac{1}{2}\ln^2 x+c$ (2)$-\frac{1}{\ln x}+c$

(3)$-\cos\ln x+c$ (4)$\ln(1+e^x)+c$

(5)$\sin e^x+c$ (6)$\arctan e^x+c$

4.07 (1)$-\frac{1}{6}\cos^6 x+c$ (2)$\frac{1}{1+\cos x}+c$

(3)$-\cos x+\frac{1}{3}\cos^3 x+c$ (4)$2\sqrt{1+\sin x}+c$

(5)$\ln|\sin x|+c$ (6)$e^{\sin x}+c$

4.08 $\frac{1}{3}\sin^3 x - \frac{1}{5}\sin^5 x + c$

4.09 (1)$2f(\sqrt{x}) + c$ (2)$2\sqrt{f(x)} + c$

(3)$f(e^x) + c$ (4)$e^{f(x)} + c$

(5)$-f(\cos x) + c$ (6)$\sin f(x) + c$

4.10 (1)$\ln|x+2| + c$ (2)$x - 2\ln|x+2| + c$

(3)$\frac{1}{2}\ln(x^2+2) + c$ (4)$\ln\left|\frac{x+1}{x+2}\right| + c$

4.11 (1)$\sqrt{2x-1} - \ln(\sqrt{2x-1}+1) + c$ (2)$2\sqrt{x} - 2\arctan\sqrt{x} + c$

(3)$2\arctan\sqrt{x-1} + c$ (4)$3\ln\left|\sqrt[3]{x}+1\right| + c$

4.12 (1)$x\lg x - \frac{1}{\ln 10}x + c$ (2)$x\ln(x^2+1) - 2x + 2\arctan x + c$

4.13 (1)$-\frac{1}{x^2+1}$

(2)$x\arctan\frac{1}{x} + \frac{1}{2}\ln(x^2+1) + c$

4.14 (1)$x\sin x + \cos x + c$ (2)$\frac{1}{3}x^3\ln x - \frac{1}{9}x^3 + c$

(3)$x^2e^x - 2xe^x + 2e^x + c$ (4)$x^2\sin x + 2x\cos x - 2\sin x + c$

4.15 (1)$2\sqrt{x}e^{\sqrt{x}} - 2e^{\sqrt{x}} + c$ (2)$-2\sqrt{x}\cos\sqrt{x} + 2\sin\sqrt{x} + c$

4.16 (1)$\frac{1}{2}e^{x^2} - xe^x + e^x + c$ (2)$\ln|\ln x| + \frac{1}{2}x^2\ln x - \frac{1}{4}x^2 + c$

4.17 (1)$2xe^{x^2}$ (2)$\frac{\sqrt{2}}{2}$

(3)$u(x) + \frac{1}{v(x)} + c$ (4)$\ln|\sin x + \cos x| + c$

(5)$-F\left(\frac{1}{x}\right) + c$ (6)$\ln F(x) + c$

(7)$\int t^2 f(t)\mathrm{d}t$ (8)$e^{\cos x}\cos x - e^{\cos x} + c$

4.18 (1)(c) (2)(a)

(3)(d) (4)(d)

(5)(b) (6)(b)

(7)(a) (8)(a)

习　题　五

5.01 (1)$\sqrt{1+x^2}$ (2)$-\sqrt{1+x^2}$

(3)$16x^3e^{2x}$ (4)$\frac{1}{2}xe^{\sqrt{x}}$

5.02 (1)1 (2)2

5.03 1

5.04 (1)4 (2)2

(3)e^2-1 (4)$\frac{\sqrt{2}}{2}$

5.05 (1)$\frac{\ln 7}{3}$ (2)$\frac{\pi}{8}$

(3)$\frac{7}{3}$ (4)$\frac{e}{3}-\frac{1}{3}$

(5)$e-e^{\frac{1}{2}}$ (6)$\frac{11}{24}$

5.06 $-\frac{7}{3}$

5.07 1

5.08 (1)$1-\ln 2$ (2)$2\ln 2$

(3)$2\sqrt{3}-\frac{2\pi}{3}$ (4)$3\ln\frac{5}{2}$

5.09 提示:作变量代换 $x=3-t$

5.10 (1)1 (2)$\frac{\sqrt{3}\pi}{3}-\ln 2$

5.11 (1)e^2+1 (2)1

(3)$\frac{\pi}{12}+\frac{\sqrt{3}}{2}-1$ (4)$2\ln 2-\frac{3}{4}$

5.12 (1)$\frac{1}{2}$ (2)$\frac{3\pi}{4}$

5.13 $\pi-1$

5.14 $3\ln 3-2$

5.15 $\frac{1}{3}$

5.16 (1)$y=ex$

(2)$\frac{e}{2}-1$

5.17 (1)$(1,+\infty)$ (2)$\sqrt{e^2-1}$

(3)$\frac{1}{3}$ (4)$-\frac{11}{3}$

(5)0 (6)e

(7)$-\frac{1}{2}$ (8)π

5.18 (1)(d) (2)(d)

(3)(b) (4)(b)

(5)(c) (6)(d)

(7)(b) (8)(c)

习　题　六

6.01　(1)$z'_x = 4x^3 - 5y^3$　$z'_y = -15xy^2$　(2)$z'_x = y^2 e^y$　$z'_y = x(2y + y^2)e^y$

(3)$z'_x = \dfrac{e^x}{e^x + e^y}$　$z'_y = \dfrac{e^y}{e^x + e^y}$　(4)$z'_x = -\dfrac{y}{x^2}\cos\dfrac{y}{x}$　$z'_y = \dfrac{1}{x}\cos\dfrac{y}{x}$

(5)$z'_x = \dfrac{2x^3}{\sqrt{x^4 + y^4}}$　$z'_y = \dfrac{2y^3}{\sqrt{x^4 + y^4}}$　(6)$z'_x = y^x \ln y$　$z'_y = xy^{x-1}$

6.02　$\dfrac{1}{10}$

6.03　$z'_x = \dfrac{2x}{1-2z}$

6.04　$\dfrac{1}{2e}$

6.05　(1)$z''_{xx} = -2y$　$z''_{xy} = z''_{yx} = 4y^3 - 2x$　$z''_{yy} = 12xy^2$

(2)$z''_{xx} = y^2 e^{xy}$　$z''_{xy} = z''_{yx} = (1 + xy)e^{xy}$　$z''_{yy} = x^2 e^{xy}$

6.06　$\dfrac{3}{2}$

6.07　(1) $\dfrac{2x}{y}dx - \dfrac{x^2}{y^2}dy$　(2) $\dfrac{3dx - 2dy}{3x - 2y}$

6.08　$\dfrac{yz\,dx + xz\,dy}{z^2 - xy}$

6.09　极大值 $f(0,0) = 2$

6.10　极小值 $f(2,1) = -3$

6.11　无极值

6.12　$(e-1)^2$

6.13　$\dfrac{\ln 2}{6}$

6.14　$\dfrac{9}{4}$

6.15　$\dfrac{1}{15}$

6.16　$\dfrac{4}{3}$

6.17　(1) $-\dfrac{2}{25}$　(2) $-\dfrac{y+z}{x+y}$

(3)2　(4)0.1

(5)(0,0)　(6) $\dfrac{1}{2}$

(7)17　(8)$\int_0^1 dx \int_{1-x}^{2-x} f(x,y)dy$

6.18　(1)(a)　(2)(c)

(3)(d)　(4)(b)

(5)(b)　(6)(b)

(7)(b)　(8)(d)

习　题　七

7.01　(1) 收敛且和为$\frac{3}{2}$　　(2) 收敛且和为$\frac{2}{5}$

7.02　(1) 收敛　　(2) 收敛

(3) 收敛　　(4) 发散

7.03　(1) 收敛　　(2) 收敛

(3) 发散　　(4) 发散

7.04　(1) 收敛　　(2) 发散

7.05　(1) 绝对收敛　　(2) 条件收敛

7.06　(1)$(-1,1)$　　(2)$[-2,2]$

7.07　$\left(-\frac{1}{5},\frac{1}{5}\right]$

7.08　(1)$\sum_{n=0}^{\infty}\frac{(-1)^n}{2^n n!}x^n(-\infty<x<+\infty)$　　(2)$\sum_{n=0}^{\infty}\frac{1}{3^{n+1}}x^{n+1}(-3<x<3)$

7.09　e^4-1

7.10　(1)$y=\sqrt[3]{3x+c}$　　(2)$y=\ln(e^x+c)$

(3)$y=\sqrt{2\cos x+c}$　　(4)$y=\ln[c(1+x^2)-1]$　$(c>0)$

7.11　(1)$y=(\sqrt{x}+c)^2$　　(2)$\arctan y=\arctan x+c$

(3)$3(x^2-y^2)+2(x^3-y^3)=c$　　(4)$\ln^2 x-\ln^2 y=c$

7.12　$y=(x+3)^3$

7.13　(1)$y=ce^{\cos x}$　　(2)$y=c(x+1)^2$

7.14　$y=e^{\sqrt{x}}$

7.15　(1)$y=(x^2+c)e^{-x^2}$　　(2)$y=(x+c)e^{-\sin x}$

7.16　$y=xe^{4x}$

7.17　(1)2　　(2) 发散

(3) 收敛　　(4) 绝对收敛

(5) $\frac{1}{4}$　　(6)$\sum_{n=0}^{\infty}\frac{(-1)^n}{n!}x^n$

(7)$y=\sqrt[3]{x^3+7}$　　(8)$y=1+ce^{-x}$

7.18　(1)(c)　　(2)(c)

(3)(b)　　(4)(a)

(5)(a)　　(6)(d)

(7)(d)　　(8)(a)

图书在版编目（CIP）数据

微积分/周誓达编著. —4 版. —北京：中国人民大学出版社，2018.1
大学本科经济应用数学基础特色教材系列
ISBN 978-7-300-24788-5

Ⅰ.①微… Ⅱ.①周… Ⅲ.①微积分-高等学校-教材 Ⅳ.①O172

中国版本图书馆 CIP 数据核字（2017）第 196911 号

大学本科经济应用数学基础特色教材系列
经济应用数学基础（一）
微积分（第四版）
（经济类与管理类）
周誓达 编著
Weijifen

出版发行 中国人民大学出版社
社　　址 北京中关村大街 31 号　　邮政编码 100080
电　　话 010－62511242（总编室）　　010－62511770（质管部）
　　　　 010－82501766（邮购部）　　010－62514148（门市部）
　　　　 010－62515195（发行公司）　　010－62515275（盗版举报）
网　　址 http://www.crup.com.cn
经　　销 新华书店
印　　刷 北京溢漾印刷有限公司
开　　本 787 mm×1092 mm 1/16
印　　张 15
字　　数 366 000
版　　次 2005 年 5 月第 1 版
　　　　 2018 年 1 月第 4 版
印　　次 2023 年 8 月第 5 次印刷
定　　价 35.00 元